微信小程序开发基础

吴 胜◎编著

清華大學出版社
北 京

内容简介

本书从基础知识开始逐步介绍微信小程序开发的相关知识，包括微信小程序组件、API以及示例代码；还介绍了WeUI、wx-charts的应用；最后，介绍了旅游、菜谱等项目；演示了微信小程序开发的全过程。本书内容由浅入深，文字通俗易懂，结合示例介绍各个知识点，可以帮助读者更好地理解、掌握微信小程序开发技术。

本书适合微信小程序初学者(特别是在校学生)、微信应用开发者和移动开发爱好者等，也可以作为大学相关课程的教材。

图书在版编目(CIP)数据

微信小程序开发基础/吴胜编著. —北京：清华大学出版社，2018(2022.7重印)
ISBN 978-7-302-49915-2

Ⅰ. ①微… Ⅱ. ①吴… Ⅲ. ①移动终端—应用程序—程序设计 Ⅳ. ①TN929.53

中国版本图书馆CIP数据核字(2018)第055450号

责任编辑：袁勤勇
封面设计：傅瑞学
责任校对：时翠兰
责任印制：丛怀宇

出版发行：清华大学出版社
网　　址：http://www.tup.com.cn，http://www.wqbook.com
地　　址：北京清华大学学研大厦A座　　**邮　　编**：100084
社 总 机：010-83470000　　**邮　　购**：010-62786544
投稿与读者服务：010-62776969，c-service@tup.tsinghua.edu.cn
质量反馈：010-62772015，zhiliang@tup.tsinghua.edu.cn
课件下载：http://www.tup.com.cn，010-83470236
印 装 者：天津鑫丰华印务有限公司
经　　销：全国新华书店
开　　本：185mm×260mm　　**印　　张**：23.75　　**字　　数**：548千字
版　　次：2018年9月第1版　　**印　　次**：2022年7月第5次印刷
定　　价：68.00元

产品编号：077677-04

前言 Foreword

微信是目前手机上最流行的应用软件之一。由于具备“触手可及、用完即走”的特点，微信小程序减少了对用户手机资源的占用。而且，微信小程序的简易性给企业提供了更简便、高效的营销渠道，可以帮助更多的用户找到企业提供的服务。微信小程序开发是实现小程序的手段。

从2017年1月微信小程序正式上线发布以来，微信小程序正进行着快速的更新。这增加了学习微信小程序开发的难度。而且，这还可能导致本书介绍的一些知识点在新版本中有所更改，或者新版本中增加了新的内容。这需要读者在学习微信小程序开发时参考官方文档进行调整。

为了帮助广大读者更好地掌握微信小程序开发技术，本书循序渐进地介绍微信小程序开发知识。本书的读者对象包括计算机相关专业(如软件工程、计算机科学与技术专业)的在校学生、微信应用开发者和移动开发爱好者等。

本书全面系统地介绍了微信小程序开发知识，并提供了大量的示例代码。为了帮助读者更好地安排学习时间和帮助学校更好地安排课程，本书给出了对各个章节的建议学时，建议学时分为理论学习学时和动手实践学时，如下表所示。

章　内　容	建议理论学习学时	建议动手实践学时
第1章　微信小程序开发起步	4	2
第2章　视图容器组件	2	2
第3章　基础组件	2	2
第4章　表单组件	4	4
第5章　互动操作组件	1	1
第6章　媒体组件	1	1
第7章　其他组件	2	2

续表

章 内 容	建议理论学习学时	建议动手实践学时
第 8 章 网络 API	2	2
第 9 章 媒体 API	3	3
第 10 章 设备 API	4	4
第 11 章 界面 API	4	4
第 12 章 开放接口	5	4
第 13 章 其他 API	3	3
第 14 章 使用 WeUI 进行设计	2	3
第 15 章 使用 wx-charts 进行设计	1	2
第 16 章 项目	2	3
合计学时	42	42

学校在开设微信小程序开发相关课程时可以根据总课时、学生基础和教学目标等情况调整各个章节的学时。读者也可以有选择地阅读章节内容并安排好学时。

本书的示例代码、电子课件、习题答案可以通过清华大学出版社官网下载。提醒读者注意的是，本书所提供的示例代码是相对项目创建之初发生过变动的代码，而从项目创建之初一直没有发生变动的代码不包含在所提供的代码之中。

由于编者水平有限，书中难免有疏漏之处，敬请读者朋友批评指正。联系邮箱：woodstone1978@163.com。

编 者

2018 年 2 月

目录 Contents

第1章 Chapter 1

微信小程序开发起步

微信小程序是一种新型微信应用，具备“触手可及、用完即走”的特点，随时可用，无须安装、卸载，它减少了对用户手机资源的占用。目前，微信小程序的开发技术处在起步阶段，但它更新速度较快，这增加了微信小程序开发的难度。本章介绍微信小程序的主要特点、开发工具、新建 Hello World 项目、项目的基本组成、小程序的生命周期、小程序框架、项目运行时数据的初始化与绑定、运行时的渲染、使用模板、小程序开发的一般步骤、小程序设计指南等内容。

1.1 微信小程序简介

微信小程序（weixin xiaochengxu），简称小程序，缩写为 XCX，英文名为 mini program，是一种不需要下载、安装即可使用的应用。它实现了用户对应用“触手可及”的梦想，用户扫一扫或搜一下即可打开应用。小程序是在订阅号、服务号、企业号之后，微信公众平台上推出的一种新的连接用户和服务的方式。

2016 年 9 月 21 日，微信小程序正式开启内测。2017 年 1 月 9 日，微信第一批小程序上线，用户可以体验到各种各样小程序提供的服务。全面开放申请后，主体类型为个人、企业、政府、媒体或其他组织的开发者，均可申请注册小程序。

对于开发者而言，小程序开发门槛相对较低，难度不及 App，能够满足简单的基础应用。小程序能够实现分享页、分享对话、消息通知、线下扫码进入微信小程序、挂起状态、公众号关联等功能。

但是，小程序也有不足之处。小程序没有集中入口，没有应用商店，用户可以通过搜索、扫描二维码、好友分享等多种途径进入微信小程序。小程序没有订阅关系，没有粉丝，只有访问量。

1.2 微信小程序开发工具的下载、安装和使用

为了帮助开发者简单、高效地开发微信小程序，微信官方推出了小程序开发工具，开发工具具有代码编辑、调试、发布等功能。图 1-1 中给出了截至 2019 年 1 月 13 日适用于 Windows 64 位、Windows 32 位 和 Mac OS 的最新正式版本（1.02.1812271 版）开发工具

下载网站界面。具体网址如下,依次为:

https://dldir1.qq.com/WechatWebDev/1.0.0/201812271/wechat_devtools_1.02.1812271_x64.exe

https://dldir1.qq.com/WechatWebDev/1.0.0/201812271/wechat_devtools_1.02.1812271_ia32.exe

https://dldir1.qq.com/WechatWebDev/1.0.0/201812271/wechat_devtools_1.02.1812271_dmg

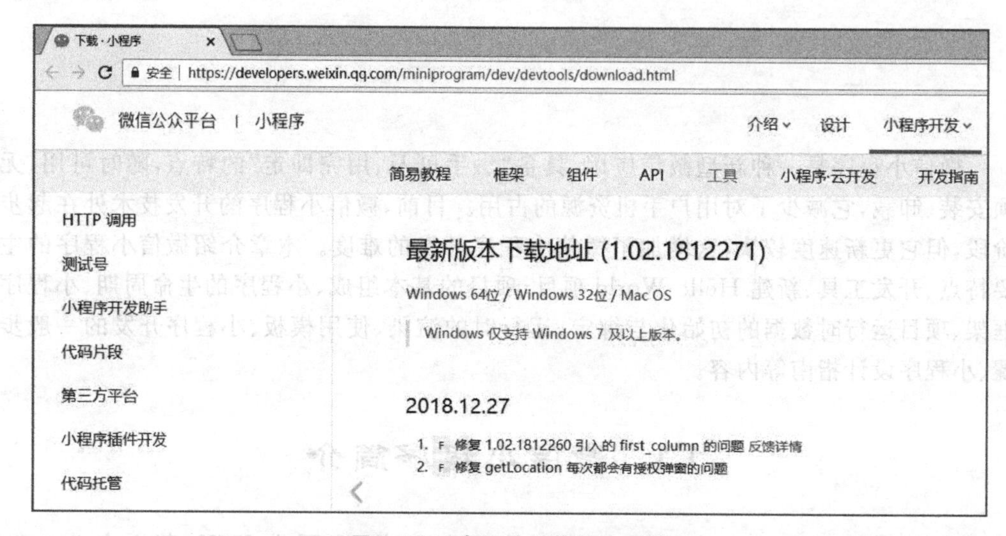

图 1-1 开发工具下载网站界面

下载完微信小程序开发工具后,可以安装开发工具。例如,图 1-2～图 1-6 是安装 Windows 64 位版开发工具的过程。

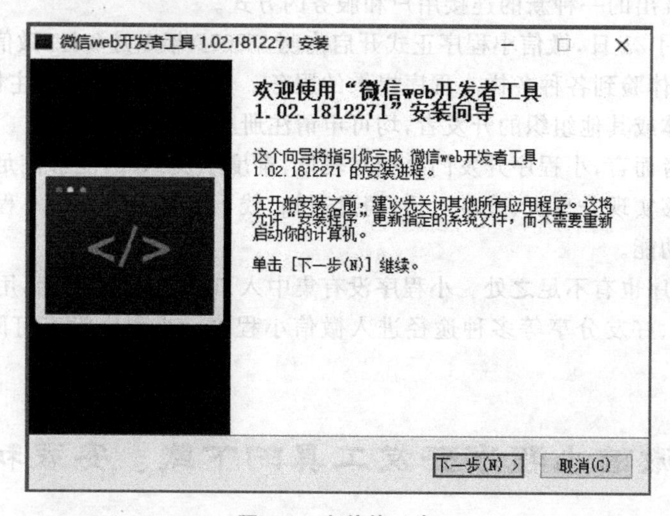

图 1-2 安装第一步

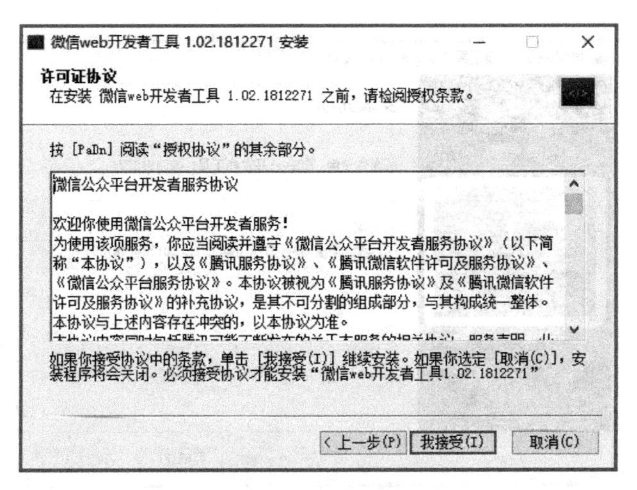

图 1-3　安装第二步

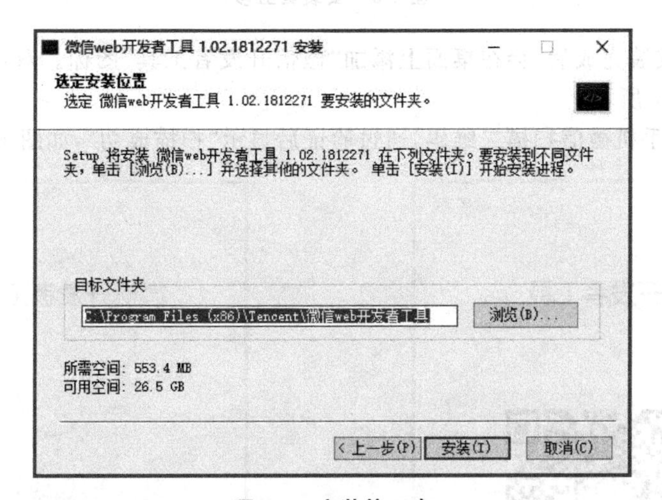

图 1-4　安装第三步

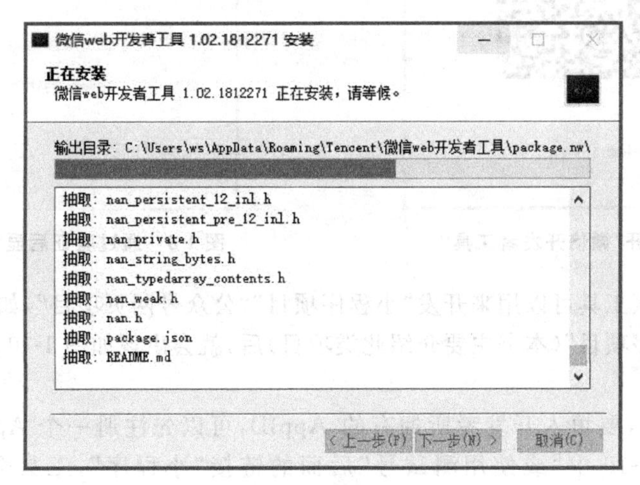

图 1-5　安装第四步

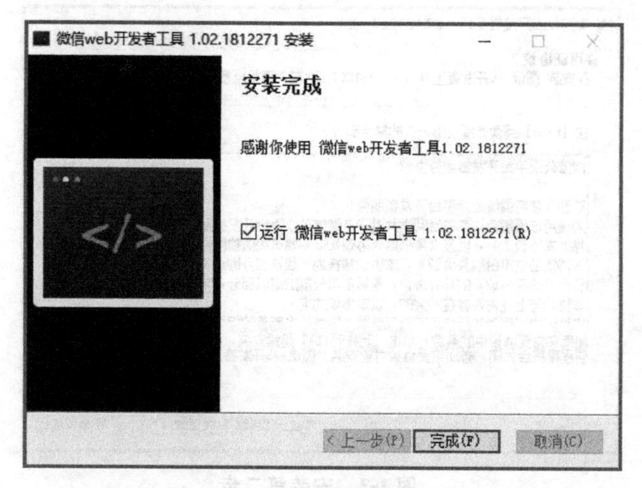

图 1-6　安装第五步

开发工具安装完成后，会在桌面上添加“微信开发者工具”图标。双击该图标打开开发工具，如图 1-7 所示。

然后，打开手机微信扫描二维码，通过验证后显示“扫描成功”，如图 1-8 所示。

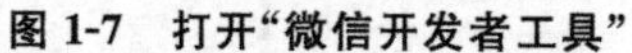

图 1-7　打开“微信开发者工具”

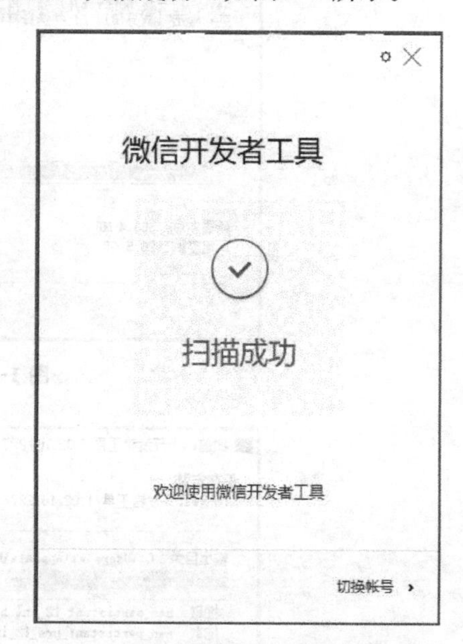

图 1-8　通过验证后显示“扫描成功”

接着，显示该工具可以用来开发“小程序项目”“公众号网页项目”，如图 1-9 所示。

选择“小程序项目”(本书主要介绍此类项目)后，就会出现如图 1-10 所示的添加项目信息的界面。

添加项目时，要填入开发者所拥有的 AppID，可以先注册一个 AppID。如果没有 AppID，选择图 1-10 中“或使用测试号”后面的链接“小程序”，工具会临时产生一个 AppID。

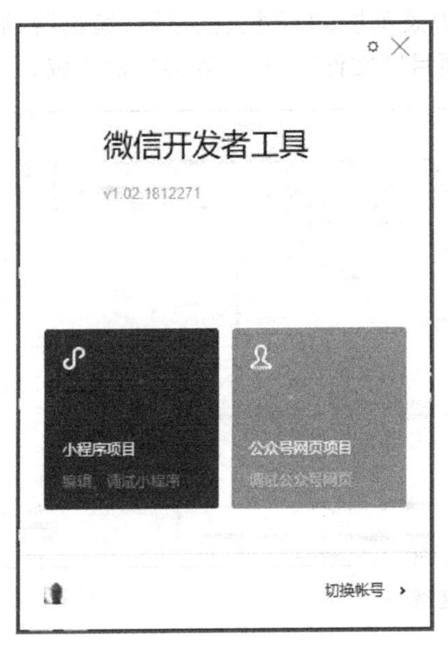

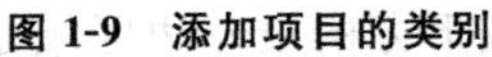

图 1-9 添加项目的类别

图 1-10 添加项目信息的界面

添加项目时，设置项目名称为“helloworld”；并选择文件夹“D:\wxxcxkfjc”作为项目目录，选择“建立普通快速启动模板”(也可以根据需要选择其他选项)，如图 1-10 所示。若在图 1-10 中选择的文件夹是个空文件夹，单击“确定”按钮后，开发工具默认创建一个 Hello World 项目(项目名称为 helloword)，结果如图 1-11 所示。

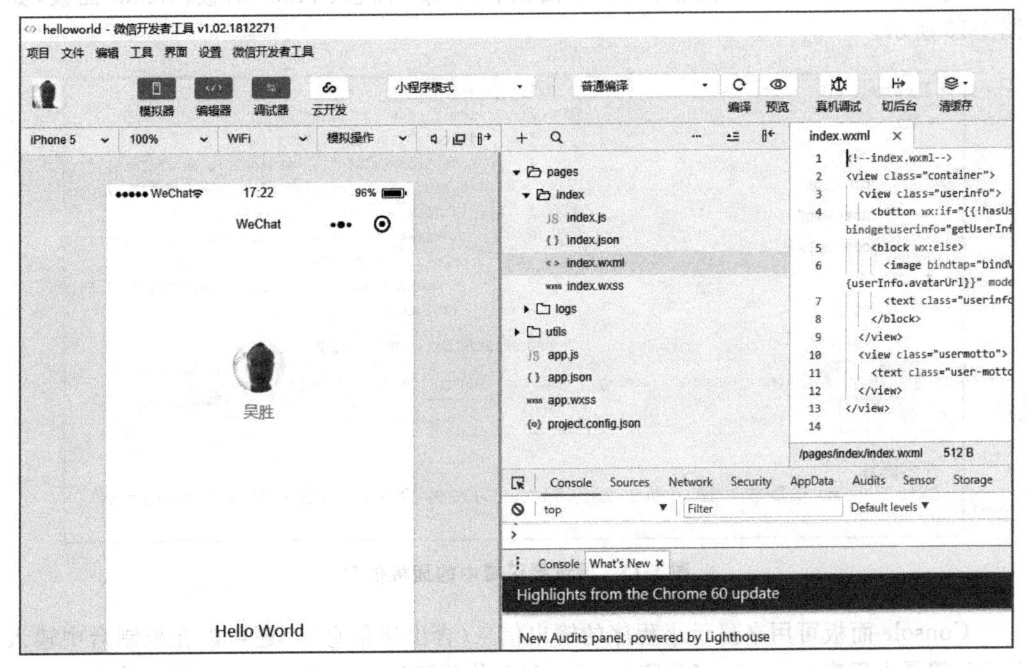

图 1-11 helloworld 项目信息界面

当开发工具处在编辑状态时，开发工具可以分为菜单栏、工具栏、模拟器、编辑器、调试器等区域，如图 1-12 所示。工具的最上端的是“项目”“文件”“编辑”等菜单栏区域。

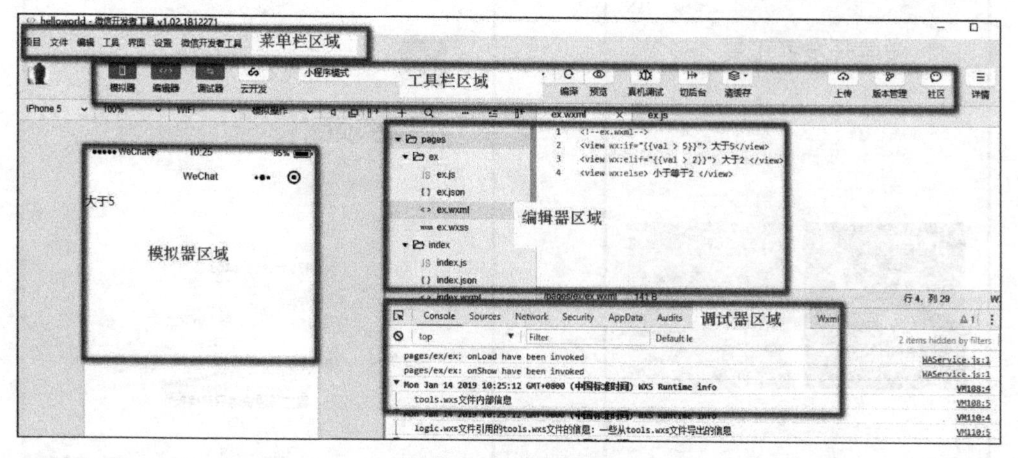

图 1-12　开发工具区域

在菜单栏区域下方的区域是工具栏区域。工具栏区域下方的最左边区域是模拟器区域（即“WeChat”所在的区域）。模拟器右边的区域是项目的目录与文件区域，项目目录与文件区域的右边区域是代码区域；两者共同构成编辑器区域。编辑器区域下方是调试器区域。

开发工具的调试功能分为 Console 面板、Sources 面板、Network 面板、Security 面板、AppData 面板、Audits 面板、Sensor 面板、Storage 面板、Trace 面板、Wxml 面板，如图 1-13 所示。

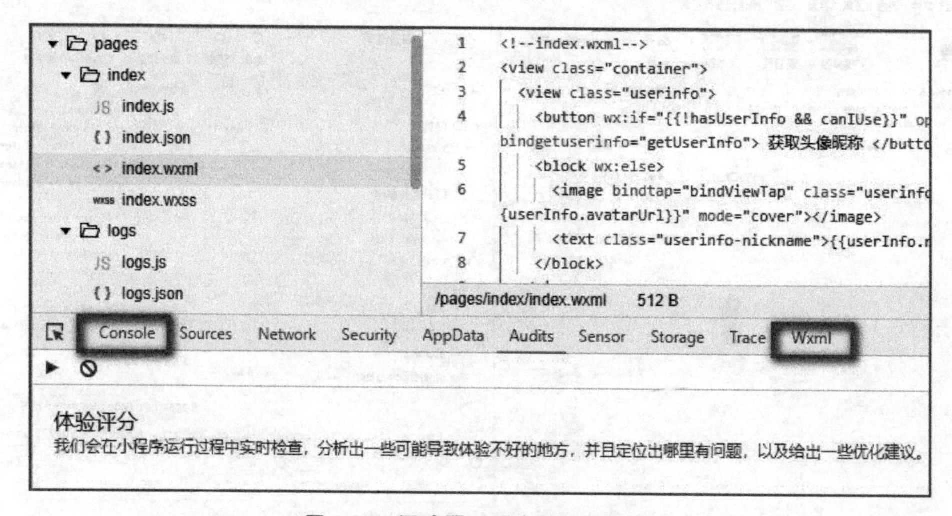

图 1-13　调试器区域中的面板信息

Console 面板可用来显示小程序的输出信息（含出错信息）。还可以在控制台中输入 build（编译小程序）、preview（预览）、upload（上传代码）、openVendor（打开基础库所在目录）、openToolsLog（打开工具日志目录）等命令和执行检查指定 url 的代理使用情况的

checkProxy(url)命令。Sources 面板用于显示当前项目的脚本文件，同浏览器开发不同，微信小程序框架会对脚本文件进行编译，所以在 Sources panel 中开发者看到的文件是经过处理之后的脚本文件，开发者的代码都会被包裹在 define 函数中，并且对于 Page 代码，在尾部会有 require 的主动调用。Network 面板可用来观察发送请求 request 和调用文件 socket 的信息。Security 面板可用来去调试当前网页的安全和认证等问题并确保已经在网站上正确地实现 HTTPS。AppData 面板可用于显示当前项目运行时小程序 AppData 具体数据，实时地反映项目数据情况，可以在此处编辑数据，并及时地反馈到界面上。Audits 面板在小程序运行过程中实时检查，分析出一些可能导致体验不好的地方，并且定位出哪里有问题，以及给出一些优化建议。Sensor 面板可以在这里选择模拟地理位置(纬度、经度、速度、精确度、高度、水平精确度、垂直精确度等地理定位信息和方向定位信息)；模拟移动设备表现，用于调试重力感应 API。Storage 面板用于显示当前项目的脚本文件，同浏览器开发不同，微信小程序框架会对脚本文件进行编译，所以在 Sources panel 中开发者看到的文件是经过处理之后的脚本文件，开发者的代码都会被包裹在 define 函数中，并且对于 Page 代码，在尾部会有 require 的主动调用。Trace 面板实现对不同设备的监测。Wxml 面板用于帮助开发者开发 wxml 转化后的界面。在这里可以看到真实的页面结构以及结构对应的 wxss 属性，同时可以通过修改对应 wxss 属性，在模拟器中实时看到修改的情况(仅为实时预览，无法保存到文件)。通过调试模块左上角的选择器，还可以快速定位页面中组件对应的 wxml 代码。

1.3 小程序项目的基本组成

创建了新项目(helloworld)之后，在开发工具的目录与文件区域就包含了一些文件和文件夹，如图 1-14 所示。

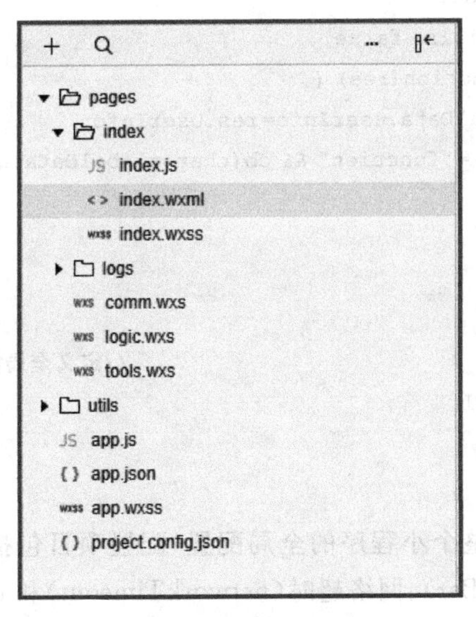

图 1-14 项目组成

在微信小程序项目根目录下有 4 个重要文件，分别是 app. js、app. json、app. wxss 和 project. config. json。其中，带. js 扩展名的 app. js 文件是脚本文件，带. json 扩展名的 app. json 文件是 app 界面配置文件，带. wxss 扩展名的 app. wxss 文件是样式表文件，project. config. json 是项目配置文件。小程序包含一个描述整体程序的 app（与 app. js、app. json、app. wxss 和 project. config. json 有关）和 pages 内若干个页面；每个页面都包含同名的 *. js、*. json、*. wxml 和 *. wxss 等 4 个文件。

可以在 app. js 中监听并处理小程序的生命周期函数、声明全局变量，还可以调用微信小程序的 API。例 1-1 中 app. js 的代码如下：

例 1-1

```
//app.js
App({
  onLaunch: function() {                           //生命周期函数
    //调用 API 从本地缓存中获取数据
    var logs=wx.getStorageSync('logs') || []
    logs.unshift(Date.now())
    wx.setStorageSync('logs', logs)
  },
  getUserInfo: function(cb) {                      //定义全局函数
  var that=this
    if (this.globalData.userInfo) {
      typeof cb=="function" && cb(this.globalData.userInfo)
    } else {
      //调用登录接口
      wx.getUserInfo({
        withCredentials: false,
        success: function(res) {
          that.globalData.userInfo=res.userInfo
          typeof cb=="function" && cb(that.globalData.userInfo)
        }
      })
    }
  },
  globalData: {                                    //定义全局数据
    userInfo: null
  }
})
```

app. json 能实现对整个小程序的全局配置，配置项目包括页面路径（pages）、窗口（window）、标签导航（tabBar）、网络超时（networkTimeout）和 debug 模式。该文件不可添加任何注释。在开发过程中若修改了页面，要修改相关配置信息（如页面路径）。例 1-2 中 app. json 的代码如下：

例 1-2

```
{
"pages": [
  "pages/index/index",
    "pages/logs/logs"
  ],
    "window": {
    "backgroundTextStyle":"light",
    "navigationBarBackgroundColor": "#fff",
    "navigationBarTitleText": "WeChat",
    "navigationBarTextStyle":"black"
  },
"tabBar": {
    "list": [{
    "pagePath": "pages/index/index",
    "text": "首页"
    }, {
    "pagePath": "pages/logs/logs",
      "text": "日志"
    }]
  },
    "networkTimeout": {
    "request": 10000,
    "downloadFile": 10000
  },
  "debug": true
}
```

app. wxss 是整个小程序的公共样式表，可以在页面组件的 class 属性上直接使用 app. wxss 中声明的样式规则。例 1-3 中 app. wxss 代码如下：

例 1-3

```
/**app.wxss**/
  .container {
  height: 100%;
  display: flex;
  flex-direction: column;
  align-items: center;
  justify-content: space-between;
  padding: 200rpx 0;
  box-sizing: border-box;
}
```

新建项目的 pages 目录中还有 index 和 log 两个文件夹，分别对应着小程序的一个页面。每个页面是由同一路径下 4 个同名但扩展名不同的文件组成，如 index. js、 index. wxml、index. wxss、index. json 等文件。页面目录中文件的类型含义与根目录中文件的类型含义相同，例如以. wxml 为扩展名的文件是页面结构文件。

例 1-4 中 index. wxml 使用<view>、<image>、<text>来搭建页面结构，绑定数据和交互处理函数。具体代码如下：

例 1-4

```
<!--index.wxml-->
<view class="container">
  <view bindtap="bindViewTap" class="userinfo">
    <image class="userinfo-avatar" src="{{userInfo.avatarUrl}}"
              background-size="cover">
    </image>
    <text class="userinfo-nickname">{{userInfo.nickName}}</text>
  </view>
  <view class="usermotto">
    <text class="user-motto">{{motto}}</text>
  </view>
</view>
```

index. js 是页面的脚本文件，可以用来监听并处理页面的生命周期函数，获取小程序实例，声明并处理数据，响应页面交互事件等。具体代码如例 1-5 所示。

例 1-5

```
//index.js
var app=getApp()
Page({
      data: {
    motto: 'Hello World',
    userInfo: {}
  },
  //事件处理函数
  bindViewTap: function() {
    wx.navigateTo({
      url: '../logs/logs'
    })
  },
  onLoad: function() {
    console.log('onLoad')
      var that=this
      //调用应用实例的方法获取全局数据
    app.getUserInfo(function(userInfo){
      //更新数据
      that.setData({
```

```
            userInfo:userInfo
          })
        })
      }
})
```

index. wxss 是页面的样式表，定义了 index. wxml 文件中组件的样式。具体代码如例 1-6 所示。

例 1-6

```
/**index.wxss**/
.userinfo {
    display: flex;
    flex-direction: column;
    align-items: center;
}
.userinfo-avatar {
    width: 128rpx;
    height: 128rpx;
    margin: 20rpx;
    border-radius: 50%;
}
.userinfo-nickname {
    color: #aaa;
}
.usermotto {
    margin-top: 200px;
}
```

一个页面可以不定义页面的样式表，此时该页面就用 app. wxss 中定义的样式规则。若页面定义了自己的样式表，则其定义的样式会覆盖 app. wxss 中对同一类组件所定义的样式规则。

一个页面可以不定义配置文件，此时该页面直接就用 app. json 中定义的配置。若页面定义了自己的配置文件，则其定义的配置项会覆盖 app. json 中与 window 相关的配置项。

logs 目录下文件扩展名的含义与 index 目录下文件扩展名的含义相同，代码如例 1-7 所示。

例 1-7

```
<!--logs.wxml-->
<view class="container log-list">
    <block wx:for="{{logs}}" wx:for-item="log">
    <text class="log-item">{{index+1}}. {{log}}</text>
```

```
    </block>
</view>

//logs.js
var util=require('../../utils/util.js')
Page({
    data: {
    logs: []
    },
    onLoad: function() {
        this.setData({
          logs: (wx.getStorageSync('logs') || []).map(function(log) {
        return util.formatTime(new Date(log))
          })
    })
    }
})
```

项目中还有utils文件夹,用来存放日期格式化、时间格式化等一些常用函数。项目中还可能包含一些图片、音频、视频等文件。项目tc的输出效果(“Hello World”)如图1-15所示。

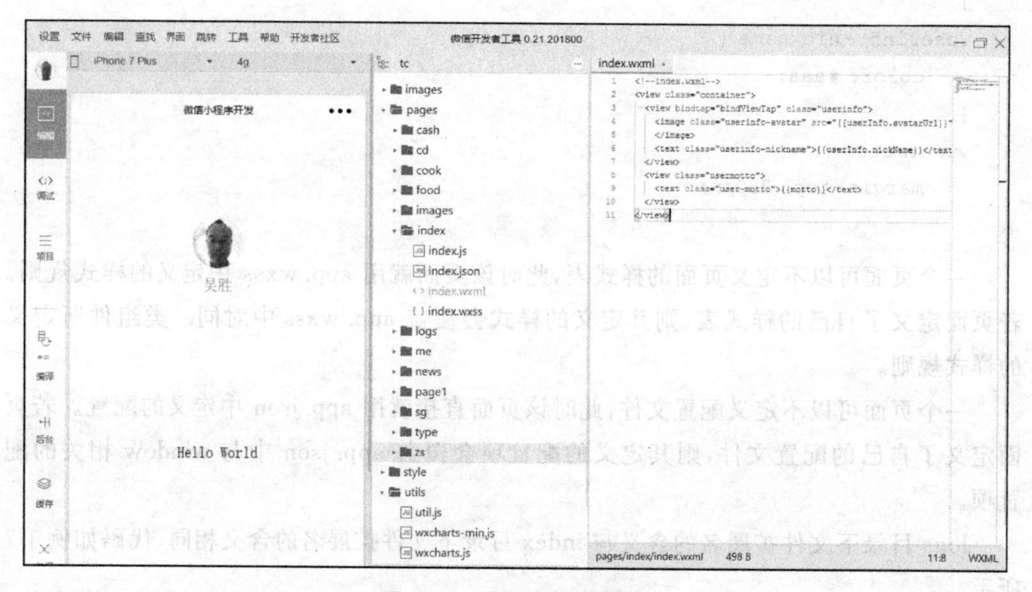

图1-15 项目tc输出效果

1.4 小程序的生命周期

App()是小程序注册入口，被用来注册一个小程序，全局只有一个，全局的数据可以放到这里面来操作。小程序的 App()生命周期中有 onLaunch、onShow、onHide 等事件可以监听。

```
//注册微信小程序，全局只有一个
let appConfig={
    //小程序生命周期的各个阶段
    onLaunch: function(){},        //小程序加载完成之后调用，全局只触发一次
    onShow: function(){},          //小程序启动，或者从后台到前台会触发一次
    onHide: function(){},          //小程序从前台到后台会触发一次
    onError: function(){},
    //自定义函数或者属性
    ...
};
App(appConfig);
//在别的地方可以获取这个全局唯一的小程序实例
const app=getApp();
```

小程序并没有提供销毁的方式，只有当小程序进入后台一定时间或者系统资源占用过高的时候，才会被真正的销毁。

Page()是页面注册入口，被用来注册一个页面，维护该页面的生命周期以及数据。

```
//注册微信小程序，全局只有一个
let pageConfig={
    data: {},                   //data 页面的初始数据，可以使用 setData 更新定义的数据
    //页面生命周期的各个阶段
    onLoad: function(){},       //页面加载事件
    onShow: function(){},       //页面显示事件
    onReady: function(){},      //页面渲染完成
    onHide: function(){},       //页面隐藏
    onUnload: function(){},     //页面卸载
    onPullDownRefresh: function(){},
    onReachBottom: function(){},
    onShareAppMessage: function(){},
    //自定义函数或者属性
    ...
};
Page(pageConfig);
//获取页面堆栈，表示历史访问过的页面，最后一个元素为当前页面
const page=getCurrentPages();
```

关于各个生命周期的细节以及流程如图 1-16 所示。app.json 和 page.json 维护了应用和页面的配置属性。App()和 Page()维护了应用和页面的各个生命周期以及数据。

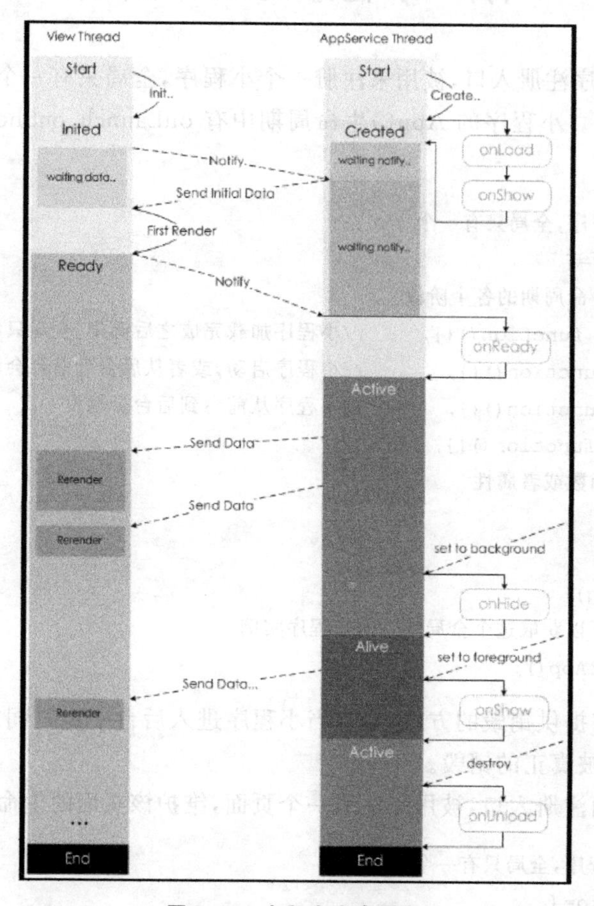

图 1-16 小程序生命周期

1.5 小程序的框架

小程序采用 MINA 框架，如图 1-17 所示，可以分为视图层和逻辑层。小程序的视图层用到了描述语言 WXML 和 WXSS，逻辑层采用的语言是 JavaScript。在视图层与逻辑层间提供了数据传输和事件系统，可以让开发者方便地聚焦于数据与逻辑上。分层设计使得中间层完全控制了程序对界面的操作，同时对传递数据和响应时间进行监控。

view 模块负责 UI 显示，由开发者编写的 wxml 和 wxss 文件代码转换后以及微信提供的相关辅助模块组成。小程序支持多个 view 同时存在。view 模块通过微信 JSBridge 对象和后台通信。

service 模块负责应用的后台逻辑，由小程序的 js 代码以及微信提供的相关辅助模块组成。一个应用只有一个 service 进程，同样也是一个页面；与 view 模块不同的是，它在程序生命周期内的后台运行。service 模块与 view 模块接口格式一样，实现不同的

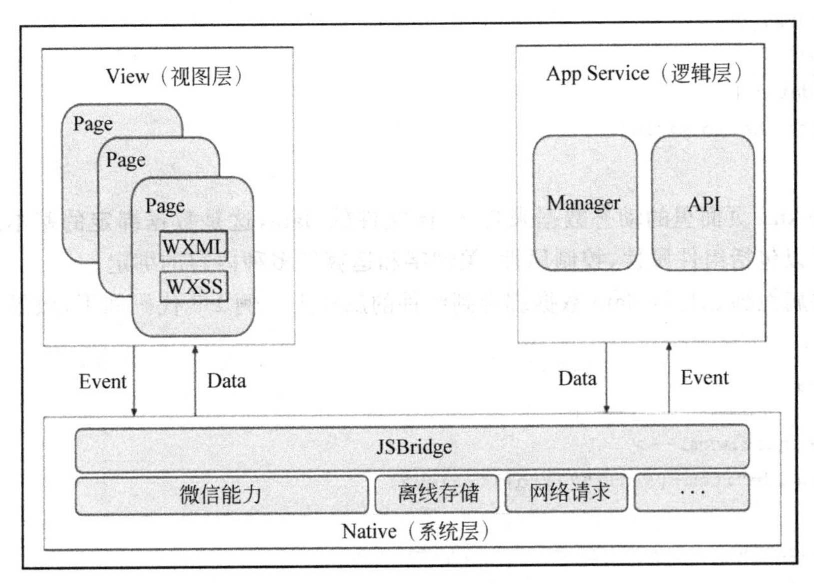

图 1-17 小程序 MINA 框架示意图

JSBridge 对象和后台通信。

MINA 框架运行的典型流程包括：用户点击界面触发事件；view 模块接收事件后将事件封装成所需格式后调用 publish 方法进行发送；后台将数据处理后发送给 service 模块；service 模块的 JSBridge 内回调函数依据传来的数据找到对应 view 的 page 模块后执行 eventName 指向的函数；回调函数调用 this. setData({hidden: true})改变 data，serivce 层计算该页面 data 后向后台发送 send_app_data 和 appdataChange 事件；后台收到 appDataChange 事件数据后再将数据进行简单封装，转发到 view 层；view 层的 JSBridge 接收到后台数据，若与 webviewID 匹配则将数据与现有页面 data 合并；然后就是 virtual dom 模块进行 diff 和 apply 操作改变 Dom。

在小程序的 js 代码里面不能直接使用浏览器提供的 DOM 和 BOM 接口。一方面是因为 js 代码外层使用了局部变量进行屏蔽；另一方面即使可以操作 DOM 和 BOM 接口，它们对应的也是 service 模块页面，并不会对页面产生影响。

1.6 数据的初始化、绑定和渲染

真实的小程序应用会涉及数据的存取、处理、赋值、绑定和渲染等问题。以例 1-8 代码为例，运行 index. wxml 文件可以发现显示的结果不是“{{motto}}”，而是来自 index. js 文件中的“Hello World”。这就涉及数据的绑定，此处的数据绑定也是第一次渲染。

例 1-8

```
<!--index.wxml-->
<text class="user-motto">{{motto}}</text>
```

```
//index.js
Page({
    data: {
motto: 'Hello World',
...
```

*.wxml 页面里的动态数据来自 *.js 文件的 data，这是数据绑定的基本思路。数据绑定可以包括组件属性、控制属性、关键字和运算等多种内容的绑定。

组件属性绑定是将 data 数据绑定到组件的属性上。例 1-9 代码如下，效果如图 1-18 所示。

例 1-9

```
<!--index.wxml-->
<view id="item-{{id}}">{{id}}</view>

//index.js
Page({
  data: {
    id: 0,}
})
```

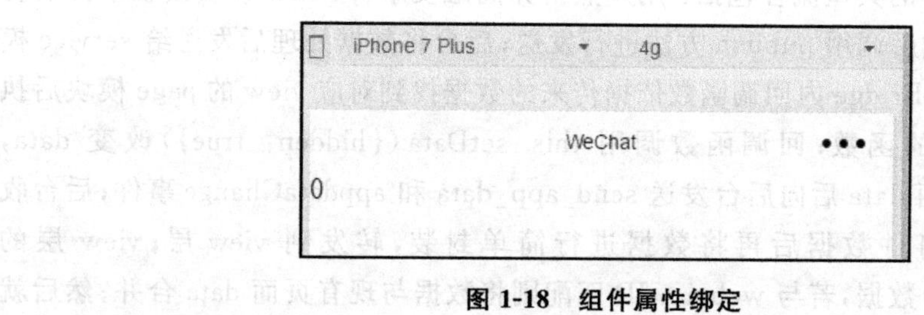

图 1-18 组件属性绑定

控制属性绑定用来进行 if 语句条件判断；如果条件满足则执行，否则不执行。例 1-10 代码如下，效果如图 1-19 所示。

例 1-10

```
<!--index.wxml-->
<view wx:if="{{condition}}">{{condition}}</view>

//index.js
Page({
  data: {
    condition: true,
  }
})
```

关键字绑定用于绑定组件的关键字，如复选框组件 checked 关键字的绑定。例 1-11 代码如下，效果如图 1-20 所示。

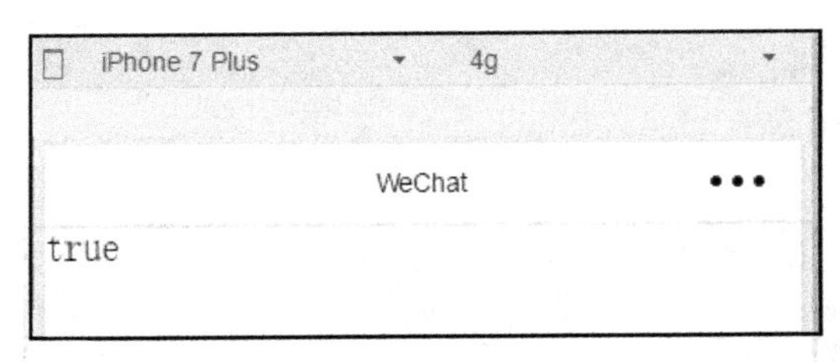

图 1-19 控制属性绑定

例 1-11

```
<!--index.wxml-->
<checkbox checked="{{true}}"></checkbox>
```

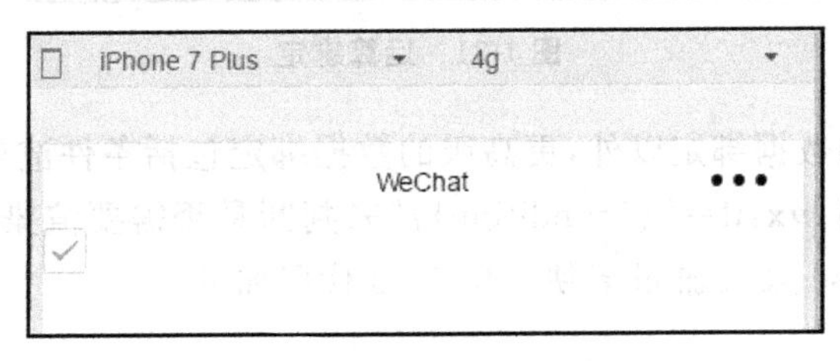

图 1-20 关键字绑定

运算绑定包括三元运算、数学运算、逻辑判断、字符串运算以及数据路径运算的绑定。例 1-12 代码如下,效果如图 1-21 所示。

例 1-12

```
<!--index.wxml-->
<view hidden="{{flag ? true : false}}">Hidden</view>
<view>{{a}}+{{b}}={{a+b}}</view>
<view wx:if="{{val>5}}">{{val}}</view>
<view><text>{{"hello  "+user.name}}</text></view>
<view>{{object.key}} {{array[0]}}</view>

//index.js
Page({
  data: {
    a:2,
    b:3,
    val:6,
    user:{
      name: "zhangsan",
      age:19
    },
    object:{
      key: '你好'
    },
```

```
    array:'MINA'
  }
})
```

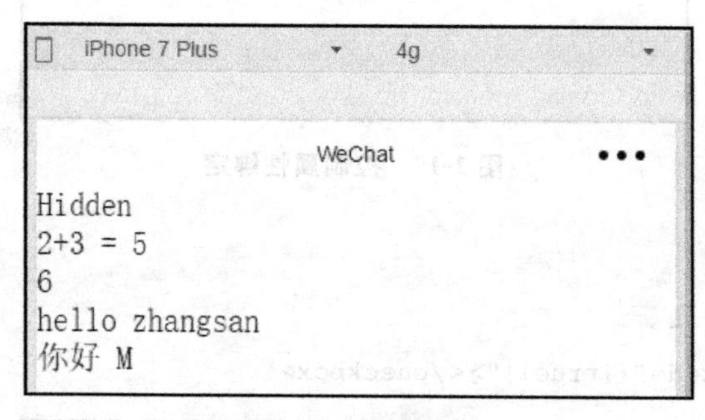

图 1-21 运算绑定

除了比较简单的数据绑定以外，更高级的数据绑定包括条件渲染、列表渲染、使用模板等内容。可以使用 wx:if="{{condition}}"来判断是否需要渲染所对应的内容，还可用 wx:elif 和 wx:else 来添加 else 块。例 1-13 代码如下。

例 1-13

```
<!--index.wxml-->
<view wx:if="{{val>5}}">1</view>
<view wx:elif="{{val>2}}">2</view>
<view wx:else>3</view>

//index.js
Page({
  data: {
   val:6}
})
```

wx:elif 和 wx:else 要紧跟在 wx:if 后。如果满足 wx:if 的条件，那么后面的 wx:elif 和 wx:else 都不会执行。如果用多个 wx:if，只要 wx:if 条件满足，那么每个 wx:if 都会执行。

wx:if 是一个控制属性，需要将它添加到一个组件上。如果想一次性判断多个组件，可以使用<block>将多个组件包装起来，并对其使用 wx:if 控制属性。例 1-14 代码如下，效果如图 1-22 所示。

例 1-14

```
<!--index.wxml-->
<block wx:if="{{true}}">
  <view>view1</view>
  <view>view2</view>
</block>

//index.js
```

```
Page({
  data: {
   true:true}
})
```

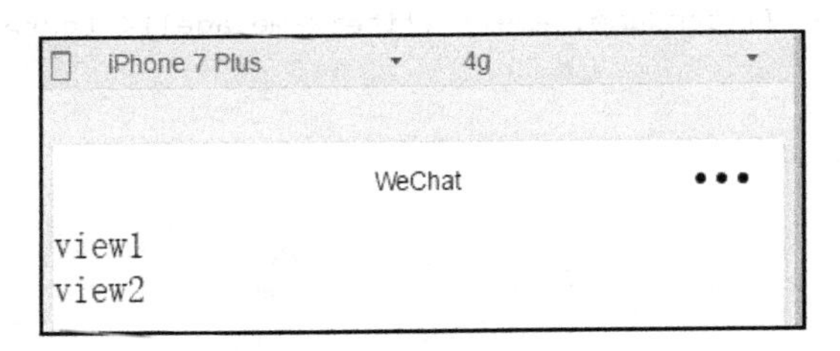

图 1-22 条件渲染

在组件上使用 wx:for 控制属性可绑定一个数组，即可用数组的各项数据重复渲染该组件。数组的默认下标名为 index，数组当前项的变量名默认为 item。例 1-15 代码如下，效果如图 1-23 所示。

例 1-15

```
<!--index.wxml-->
<view wx:for="{{array}}">
  {{index}}: {{item.message}}
</view>

//index.js
Page({
  data: {
    array: [
      {
      message:'foo',
    },
    {
    message: 'bar',
    }]
  }
})
```

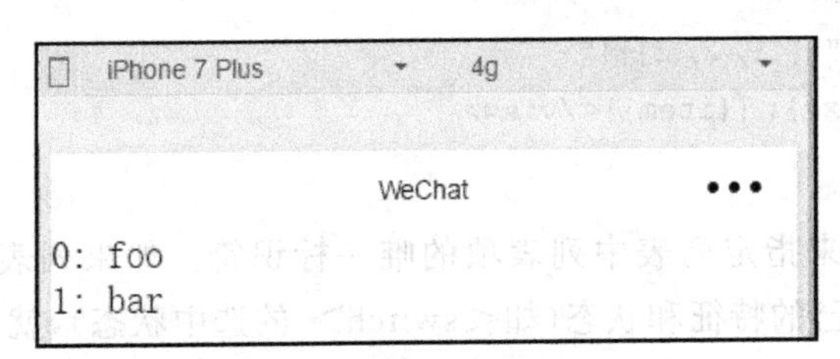

图 1-23 默认变量名的列表渲染

可以使用 wx:for-item 来指定数组当前元素的变量名，可以使用 wx:for-index 来指定数组当前下标的变量名。例 1-16 代码如下，效果如图 1-24 所示。

例 1-16

```
<!--index.wxml-->
<view wx:for="{{users}}" wx:for-index="idx" wx:for-item="itemName">
  <text>{{idx}}: {{itemName.name}}-{{itemName.age}}</text>
</view>

//index.js
Page({
  data: {
    users:[
      {name:"zhangsan",
      age:18},
      {name:"lisi",
      age:19},
      {name:"wangwu",
      age:20}
    ]
  }
})
```

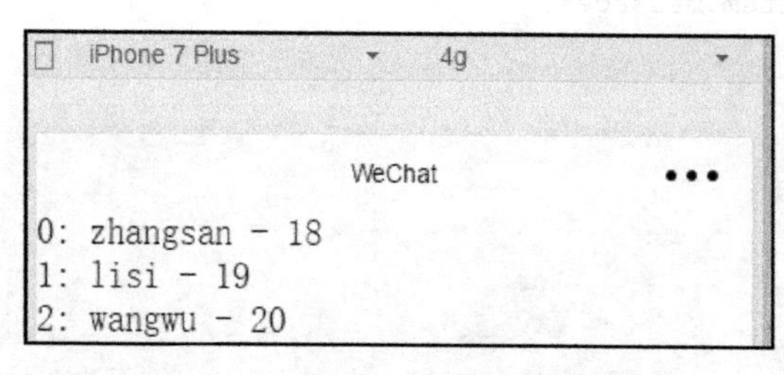

图 1-24 自定义变量名的列表渲染

wx:for 一般应用在一个组件上，如果想渲染包含多节点的结构块，wx:for 就需要应用在<block>上。例 1-17 代码如下，效果如图 1-25 所示。

例 1-17

```
<!--index.wxml-->
<block wx:for="{{[1, 2, 3]}}">
  <view>{{index}}: {{item}}</view>
</block>
```

wx:key 可以用来指定列表中列表项的唯一标识符。如果列表项的位置会动态改变，并且希望保持自己的特征和状态(如<switch> 的选中状态)，就需要用到 wx:key。

wx:key 的值有字符串和保留关键字 * this 两种形式。字符串代表在 for 循环的 array 中 item 的某个 property，该 property 的值需要是列表中唯一的字符串或数字，且不能动态改变。保留关键字 * this 代表在 for 循环中的 item 本身，这种表示需要 item 本身是一个唯一的字符串或者数字。

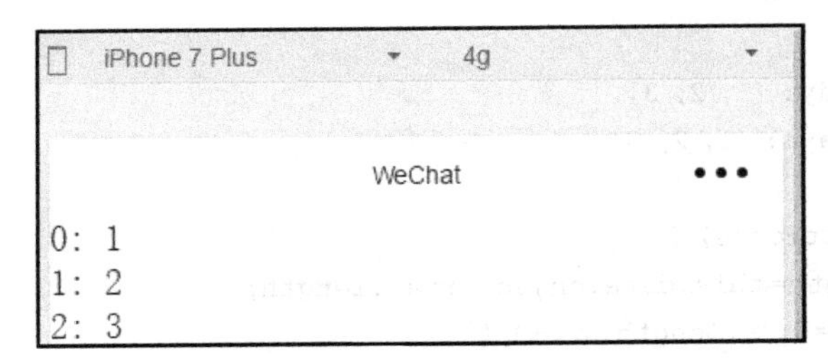

图 1-25 块列表渲染

wx:key="unique"会发现无论如何交换数组元素，指定选中的状态永远不变；如果数组的元素类型不是对象，而是字符串或数值，就需要将对比分析 wx:key 属性的值设置为 * this。为了说明 wx:key 的属性，例 1-18 中 index.wxml 和 index.js 的代码如下，效果如图 1-26 所示。

例 1-18

```
<!--index.wxml-->
<switch wx:for="{{objectArray}}" style="display:block;">item{{item.id}}
</switch>
<button bindtap="switch">Switch</button>
<switch wx:for="{{objectArray1}}" style="display:block;" wx:key="id">item
{{item.id}}
</switch>
<button bindtap="switch1">Switch(wx:key)</button>
<switch wx:for="{{numberArray}}" style="display:block;">item{{item}}
</switch>
<button bindtap="addNumberToFront">AddNumberToFront</button>
<switch wx:for="{{numberArray1}}" style="display:block;" wx:key="*this">
  item{{item}}
</switch>
<button bindtap="addNumberToFront1">AddNumberToFront(wx:key)</button>

//index.js
var app=getApp()
Page({
  data: {
    condition: 1>2,
    count: 3,
    objectArray: [
      { id: 0, unique: 'key0' },
      { id: 1, unique: 'key1' },
      { id: 2, unique: 'key2' },
    ],
    objectArray1: [
      { id: 0, unique: 'key0' },
      { id: 1, unique: 'key1' },
      { id: 2, unique: 'key2' },
```

```
    ],
    numberArray: [1, 2, 3],
    numberArray1: [1, 2, 3]
  },
  switch: function(e) {
    const length=this.data.objectArray.length;
    for (let i=0; i<length; i++) {
      const x=Math.floor(Math.random() * length);
      const y=Math.floor(Math.random() * length);
      //交换两个数组元素值
      const temp=this.data.objectArray[x];
      this.data.objectArray[x]=this.data.objectArray[y];
      this.data.objectArray[y]=temp;
    }
    //更新 objectArray 数组
    this.setData(
      {
        objectArray: this.data.objectArray
      }
    )
  },
  switch1: function(e) {
    const length=this.data.objectArray1.length;
    for(let i=0; i<length; i++) {
      const x=Math.floor(Math.random() * length);
      const y=Math.floor(Math.random() * length);
      //交换两个数组元素值
      const temp=this.data.objectArray1[x];
      this.data.objectArray1[x]=this.data.objectArray1[y];
      this.data.objectArray1[y]=temp;
    }
    //更新 objectArray 数组
    this.setData(
      {
        objectArray1: this.data.objectArray1
      }
    )
  },
  addNumberToFront: function(e) {
    this.data.numberArray=[this.data.numberArray.length+1].concat(this.data.
    numberArray);
    this.setData(
      {
        numberArray: this.data.numberArray
      }
    )
  },
```

```
  addNumberToFront1: function(e) {
    this.data.numberArray1= [this.data.numberArray1.length+ 1].concat(this.
    data.numberArray1);
    this.setData(
      {
        numberArray1: this.data.numberArray1
      }
    )
  },
  onLoad: function() {
    console.log('onLoad')
    var that=this
    //调用应用实例的方法获取全局数据
    app.getUserInfo(function(userInfo) {
      //更新数据
      that.setData({
        userInfo: userInfo
      })
    })
  }
})
```

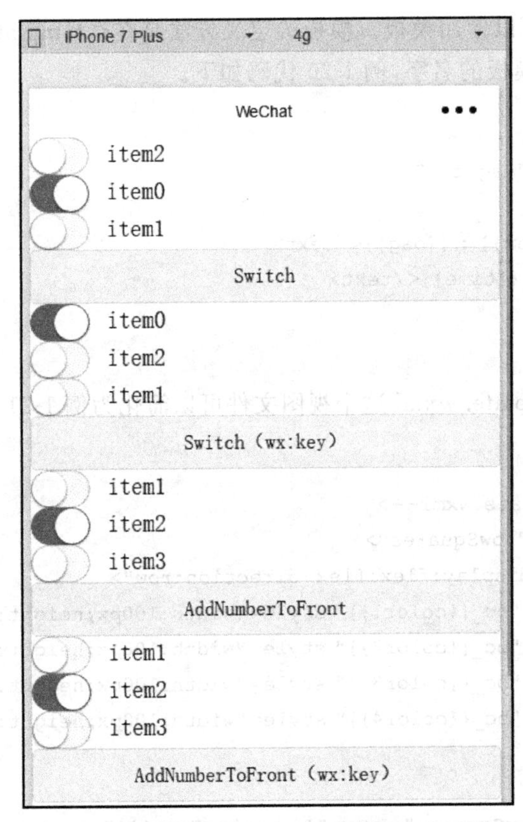

图 1-26 wx:key 应用

1.7 使用模板提高效率

例 1-19 中代码有许多重复之处，如下所示。

例 1-19

```
<!--beforeTemplate.wxml-->
<view style="display:flex;flex-direction:row">
  <view class="bc_green" style="width:100px;height:100px" />
  <view class="bc_red" style="width:100px;height:100px" />
  <view class="bc_blue" style="width:100px;height:100px" />
  <view class="bc_yellow" style="width:100px;height:100px" />
</view>
<view style="display:flex;flex-direction:row">
  <view class="bc_blue" style="width:100px;height:100px" />
  <view class="bc_yellow" style="width:100px;height:100px" />
  <view class="bc_green" style="width:100px;height:100px" />
  <view class="bc_red" style="width:100px;height:100px" />
</view>
```

为了避免重复，可以使用模板。模板的定义方法是在<template>内定义代码片段，使用 name 属性作为模板的名字，例 1-20 代码如下。

例 1-20

```
<template name="msgItem">
  <view>
    <text>{{index}} : {{msg}}</text>
    <text>Time: {{time}}</text>
  </view>
</template>
```

于是，beforeTemplate. wxml 这个视图文件可以简化为例 1-21 的文件。

例 1-21

```
<!--defineTemplate.wxml-->
<template name="rowSquares">
  <view style="display:flex;flex-direction:row">
    <view class="bc_{{color1}}" style="width:100px;height:100px" />
    <view class="bc_{{color2}}" style="width:100px;height:100px" />
    <view class="bc_{{color3}}" style="width:100px;height:100px" />
    <view class="bc_{{color4}}" style="width:100px;height:100px" />
  </view>
</template>
<template is="rowSquares" data="{{...colorItem1}}"/>
<template is="rowSquares" data="{{...colorItem2}}"/>
```

在 WXML 文件里，使用 is 属性，声明需要使用的模板，然后将模板所需要的 data 传入，模板拥有自己的作用域，只能使用 data 传入的数据。例 1-22 代码如下。

例 1-22

```
<!--index.wxml-->
<template is="msgItem" data="{{item}}"/>

//index.js
Page({
  data: {
      item: {
     index: 0,
     msg: 'this is a template',
    time: '2017-08-16'
  }
}
})
```

is 属性可以使用三元运算语法来动态地决定需要渲染哪个模板，例 1-23 代码如下，其效果如图 1-27 所示。

例 1-23

```
<!--index.wxml-->
<template name="odd">
  <view>odd</view>
</template>
<template name="even">
  <view>even</view>
</template>
<block wx:for="{{[1,2,3,4,5]}}">
  <template is="{{item %2==0 ? 'even' : 'odd' }}" />
</block>
```

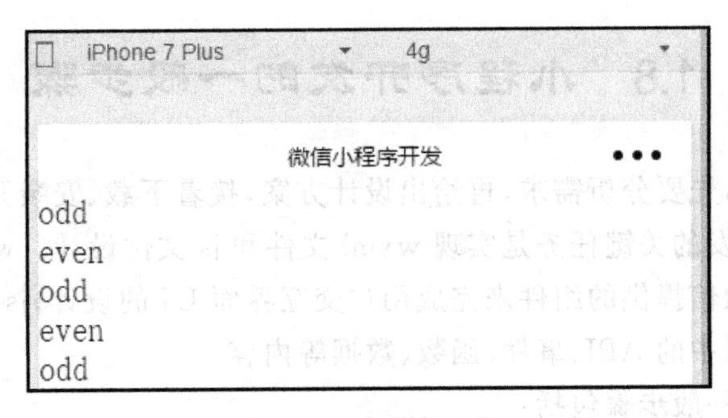

图 1-27 模板的应用

import 可以在文件中使用目标文件定义的 template。例如，在例 1-24 的 item. wxml 中定义了一个叫 item 的 template。

例 1-24

```
<!--item.wxml -->
<template name="item">
<text>{{text}}</text>
</template>
```

在 index. wxml 中引用了 item. wxml，就可以使用 item 模板，例 1-25 代码如下。import 有作用域的概念，即只会输入目标文件中定义的 template，而不会输入目标文件输入的 template。如：C import B，B import A，在 C 中可以使用 B 定义的 template，在 B 中可以使用 A 定义的 template，但是 C 不能使用 A 定义的 template。

例 1-25

```
<!--index.wxml -->
<import src="item.wxml"/>
<template is="item"  data="{{text: 'forbar'}}"/>
```

include 可以将目标文件除了＜template＞之外的整块代码引入，相当于复制到 include 位置，例 1-26 代码如下。

例 1-26

```
<!--header.wxml -->
<view>header</view>

<!--footer.wxml -->
<view>footer</view>

<!--index.wxml -->
<include src="header.wxml"/>
<view>body</view>
<include src="footer.wxml"/>
```

1.8 小程序开发的一般步骤

开发小程序时，先要分析需求，再给出设计方案，接着下载、安装开发工具，进行小程序开发。小程序开发的关键任务是实现 wxml 文件和 js 文件设计。wxml 文件是项目的视图部分，它应用微信提供的组件来完成用户交互界面 UI 的设计；js 文件是项目的逻辑部分，它要处理视图中的 API、事件、函数、数据等内容。

小程序开发的一般步骤包括：

- Step 1：登录开发工具；
- Step 2：创建目录后添加项目；
- Step 3：根据情况决定是否修改 app. json 文件，若需要则修改；否则跳过此步骤；

- Step 4：设计所有需要修改的 *.wxml 文件；
- Step 5：设计所有需要修改的 *.js 文件；
- Step 6：根据情况判断是否需要设计 *.wxss 文件，若需要就进行设计；否则为了使说明问题简便，本书忽略此步骤；
- Step 7：编辑设计所有需要修改的 * json 文件(除 app.json 之外)；除非一定要覆盖原有配置，否则为了使说明问题简便，本书忽略此步骤；
- Step 8：根据情况决定是否需要修改 app.js 文件、app.wxss 文件、utils 文件夹下面的文件或其他文件；
- Step 9：保存所有文件；
- Step 10：调试文件以保证小程序正常运行；
- Step 11：重复 Step 3 至 Step 10，直至完成小程序所有设计为止。

1.9 小程序的设计指南

由于微信小程序本身对工程化支持不够，所以在小程序的分析设计、开发中具有更大的挑战。设计指南是建立在充分尊重用户知情权与操作权的基础之上；旨在微信生态体系内，建立友好、高效、一致的用户体验。同时，最大程度适应和解决不同需求，实现用户与小程序服务方的共赢。

微信小程序的设计分为友好礼貌、清晰明确、便捷优雅、统一稳定四个原则。除此之外，微信官方还提供了一些组件。没有太多设计经验的开发者请尽可能使用微信提供的组件样式，这样可以在快速开发的前提下，保证小程序的用户体验。

小程序的每个页面应该聚焦于某个重点功能，不能与该功能无关。其次，页面的导航应该按照用户的预期设计。如果开发者有需要，可以在小程序的首页中使用页面内导航，包括顶部标签和底部标签导航。每个项目最多不能超过五个导航标签。用户在操作小程序时，小程序应该明示当前状态，同时尽量减少用户在操作上的限制和等待时间。页面内的加载提示推荐使用局部加载反馈而非全局加载反馈。加载时间较长时，建议提供进度条以减缓用户等待的焦灼感。当用户在输入时，可以通过联想、API 接口以及其他方式(例如扫描银行卡等)，帮助用户快速准确地填充输入内容。

微信官方在文档中提到，可点击元素应该要保证足够大，以便用户能够有明确的点击反馈。小程序在整体上应该要为用户提供整齐划一的功能，避免同一种视觉元素在不同页面中有不同的样式，这样的原则有助于保证用户的认知稳定性。在设计的时候，要避免一个小程序中多种元素风格差异较大，以免不能保证小程序的视觉统一性，以及对用户的认知稳定性造成严重破坏。

对于 UI 设计师来说，移动 UI 中的设计思维和模式能用在小程序设计上；且不需要为 iOS 与 Android 系统设计不同的界面。另一方面来说，微信提供的控件较为有限。微信中只提供了按钮、toast、icon、开关、多选框、复选框和滑块等控件。在设计时，可以参考官方文档《微信小程序设计指南》，以便设计出符合标准的小程序界面。

习题 1

问答题

1. 请分析微信小程序项目的一般组成。
2. 请分析微信小程序开发的一般步骤。
3. 请创建小程序项目，使其输出“你好，世界！”。
4. 请说明对数据绑定、渲染的理解。
5. 请说明对微信小程序框架的理解。
6. 请说明对模板的理解。
7. 请说明对小程序生命周期的理解。
8. 请说明对小程序设计原则的理解。

第 2 章 Chapter 2

视图容器组件

任何支持用户界面 UI 的技术都会涉及布局。小程序的布局采用了 flex(弹性)布局的方法。本章主要介绍最常用的组件 view、滚动视图组件 scroll-view、滑块视图容器组件 swiper、组件 movable-view 和 movable-area、组件 cover-view 和 cover-image 等组件的属性和常见用法。本书将每个组件的三种表述方式视为相同,如组件 view、view 组合、view 均视为同一组件。后面章节均遵守此约定。

2.1 flex 布局和组件 view

任何支持用户界面 UI 的技术都会涉及布局。小程序的布局采用了 flex(弹性)布局的方法,即分为水平布局和垂直布局。默认是从左向右水平依次放置组件,或从上到下垂直依次放置组件。

wxml 文件定义页面的结构,可用于放置参与布局的组件。view 组件是最常用的组件,往往是 wxml 文件中可视组件的根。任何可视组件都可用一些属性完成布局,例如,用 style 属性定义样式。

与 HTML 中的标签类似,小程序中的组件也可以使用 class 属性,它和定义样式规则的 wxss 文件配合起来使用。例如,例 2-1 中 ex1. wxml 和 ex1. wxss 文件组成的项目效果如图 2-1 所示。其中,样式规则"flex-direction: flex-row;"能令 view 组件以水平方式呈现。

为了保证例 2-1 能正常运行,还需要修改 app. json 文件中的路径信息,要在路径"pages/index/index"之前增加"pages/ex1/ex1,"这样的路径信息(本章后面的例 2-2 至例 2-10等 9 个例子也要对 app. json 文件进行相似的增加路径设置)。

例 2-1

```
<!--ex1.wxml-->
<view class="flex-wrp " style="flex-direction:flex-row;">
    <view class="flex-item bc_green"></view>
    <view class="flex-item bc_red"></view>
    <view class="flex-item bc_blue"></view>
</view>
```

```
/**ex1.wxss**/
.flex-wrp{
    height: 100px;
    display:flex;
    background-color: #FFFFFF;
}
.flex-item{
    width: 100px;
    height: 100px;
}
.bc_green {
  background-color: #09BB07;
}
.bc_red {
  background-color: red;
}
.bc_blue {
  background-color: blue;
}
```

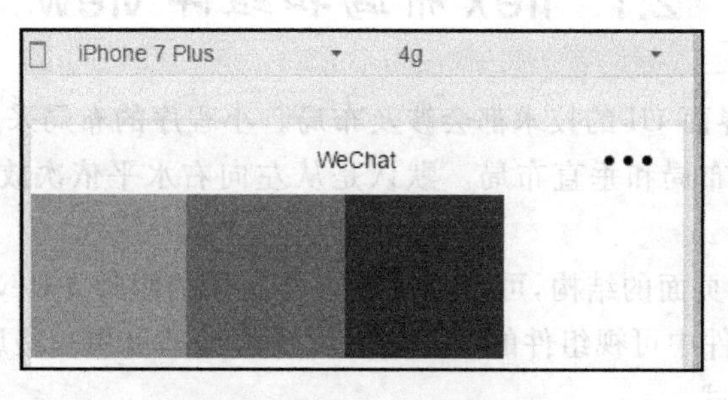

图 2-1　三个 view 组件显示

例 2-2 中 ex2. wxml 和 ex2. wxss(内容与 ex1. wxss 完全相同,因此省略了 ex2. wxss 文件内容)组成的项目效果如图 2-2 所示。ex1 和 ex2 所用到的组件数量不同,对比图 2-1 和图 2-2,可以发现图 2-2 中组件 view 的宽度是动态调整的。

例 2-2

```
<!--ex2.wxml-->
<view class="flex-wrp flex-row">
    <view class="flex-item bc_green"></view>
    <view class="flex-item bc_red"></view>
    <view class="flex-item bc_blue"></view>
    <view class="flex-item bc_green"></view>
    <view class="flex-item bc_red"></view>
    <view class="flex-item bc_blue"></view>
    <view class="flex-item bc_green"></view>
    <view class="flex-item bc_red"></view>
```

```
    <view class="flex-item bc_blue"></view>
</view>
```

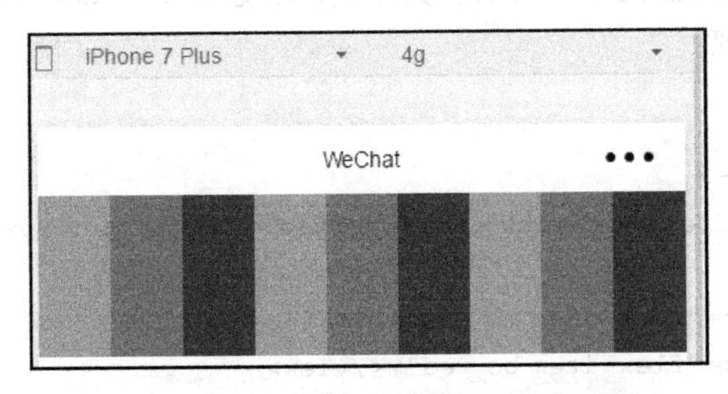

图 2-2 九个 view 组件的水平不换行显示

例 2-3 中 ex3. wxml 和 ex3. wxss(内容与 ex1. wxss 完全相同,因此省略了 ex3. wxss 文件内容)的组合效果如图 2-3 所示。其中,样式规则"flex-wrap: wrap"令 view 组件换行。

例 2-3

```
<!--ex3.wxml-->
<view class="flex-wrp flex-row"  style="flex-wrap:wrap;">
    <view class="flex-item bc_green"></view>
    <view class="flex-item bc_red"></view>
    <view class="flex-item bc_blue"></view>
    <view class="flex-item bc_green"></view>
    <view class="flex-item bc_red"></view>
    <view class="flex-item bc_blue"></view>
    <view class="flex-item bc_green"></view>
    <view class="flex-item bc_red"></view>
    <view class="flex-item bc_blue"></view>
</view>
```

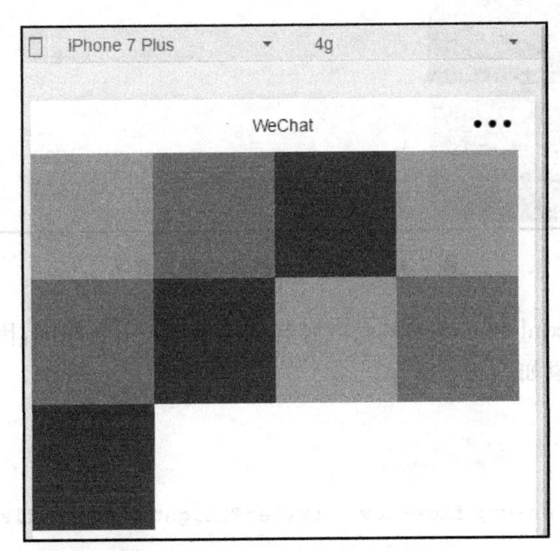

图 2-3 九个 view 组件的水平换行显示

例 2-4 中 ex4. wxml 和 ex4. wxss(内容与 ex1. wxss 完全相同,因此省略了 ex4. wxss 文件内容)的组合效果如图 2-4 所示。其中,样式规则"flex-direction:column;"令组件 view 以垂直方式呈现。

例 2-4

```
<!--ex4.wxml-->
<view class="flex-wrp flex-row"  style="height : 300px; flex-direction :
column;">
    <view class="flex-item bc_green"></view>
    <view class="flex-item bc_red"></view>
    <view class="flex-item bc_blue"></view>
    <view class="flex-item bc_green"></view>
    <view class="flex-item bc_red"></view>
    <view class="flex-item bc_blue"></view>
    <view class="flex-item bc_green"></view>
    <view class="flex-item bc_red"></view>
    <view class="flex-item bc_blue"></view>
</view>
```

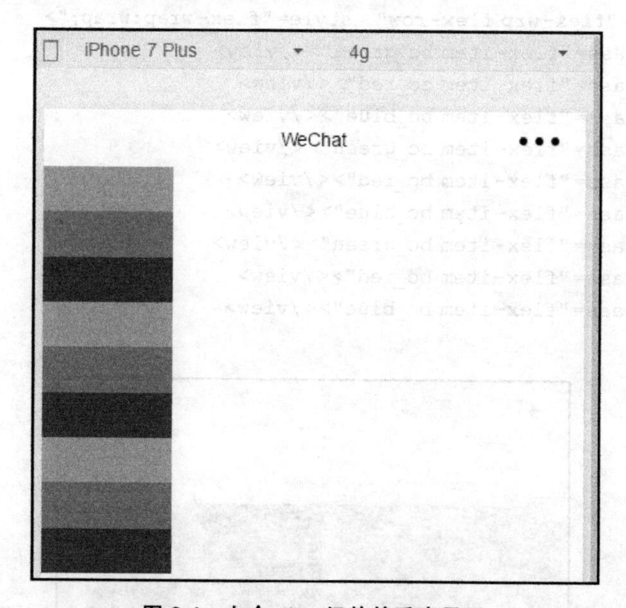

图 2-4 九个 view 组件的垂直显示

例 2-5 中 ex5. wxml 和 ex5. wxss(内容与 ex1. wxss 完全相同,因此省略了 ex5. wxss 文件内容)的组合效果如图 2-5 所示。

例 2-5

```
<!--ex5.wxml-->
<view class="flex-wrp flex-row"  style="height : 300px; flex-direction
:column;
flex-wrap:wrap;">
```

```
    <view class="flex-item bc_green"></view>
    <view class="flex-item bc_red"></view>
    <view class="flex-item bc_blue"></view>
    <view class="flex-item bc_green"></view>
    <view class="flex-item bc_red"></view>
    <view class="flex-item bc_blue"></view>
    <view class="flex-item bc_green"></view>
    <view class="flex-item bc_red"></view>
    <view class="flex-item bc_blue"></view>
</view>
```

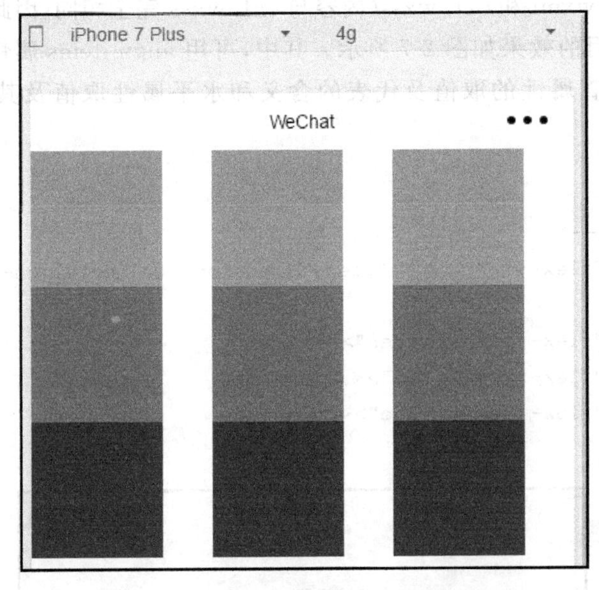

图 2-5 九个 view 组件的垂直换行显示

例 2-6 中 ex6. wxml 和 ex6. wxss(内容与 ex1. wxss 完全相同,因此省略了 ex6. wxss 文件内容)组成的项目效果如图 2-6 所示。其中,样式规则"justify-content:flex-end;"令 view 组件以右对齐方式显示;样式规则"justify-content:flex-start;"和"justify-content:center;"分别令 view 组件以左对齐、居中对齐方式显示。默认的情况下以左对齐的方式显示。

例 2-6

```
<!--ex6.wxml-->
<view class="flex-wrp " style="flex-direction:flex-row;justify-content:flex
-end;">
    <view class="flex-item bc_green"></view>
    <view class="flex-item bc_red"></view>
    <view class="flex-item bc_blue"></view>
</view>
```

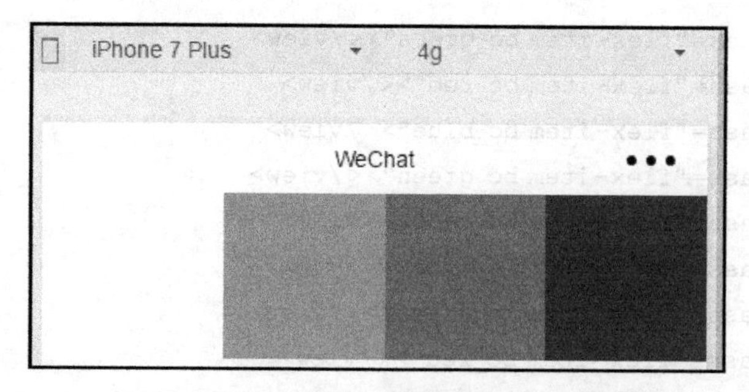

图 2-6 三个 view 组件的水平右对齐显示

例 2-7 中 ex7. wxml 和 ex7. wxss(内容与 ex1. wxss 完全相同,因此省略了 ex7. wxss 文件内容)组成项目的效果如图 2-7 所示。其中,可用 align-items 属性设置垂直排列组件的对齐方式,垂直属性的取值及代表的含义和水平属性取值及其代表的含义完全相同。

例 2-7

```
<!--ex7.wxml-->
<view class="flex-wrp" style="flex-direction : column;align-items:
center;">
<view class="flex-item bc_green"></view>
<view class="flex-item bc_red"></view>
<view class="flex-item bc_blue"></view>
</view>
```

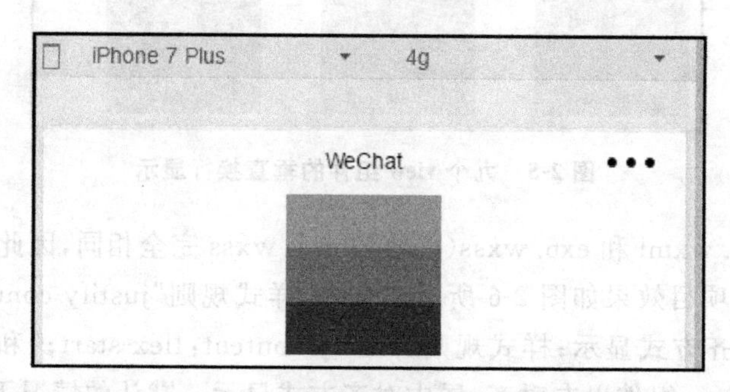

图 2-7 三个 view 组件的垂直居中对齐显示

要想让 view 组件呈均匀间隔地水平分布且左右靠近边缘顶格显示,要令 justify-content 的属性值为 space-between。要想让 view 组件呈均匀间隔地水平分布且左右与边缘有一定间距显示,要令 justify-content 的属性值为 space-around。例 2-8 中 ex8. wxml和 ex8. wxss(内容与 ex1. wxss 完全相同,因此省略了 ex8. wxss 文件内容)组成的项目效果如图 2-8 所示。

例 2-8

```
<!--ex8.wxml-->
<!--让 view 均匀间隔地水平分布且左右靠近边缘顶格显示-->
```

```
<view class="flex-wrp " style="flex-direction:flex-row;justify-content:space
-between;">
<view class="flex-item bc_green"></view>
<view class="flex-item bc_red"></view>
<view class="flex-item bc_blue"></view>
</view>
<!--让 view 水平地分布且右对齐-->
<view class="flex-wrp " style="flex-direction:flex-row;justify-content:flex
-end;">
<view class="flex-item bc_green"></view>
<view class="flex-item bc_red"></view>
<view class="flex-item bc_blue"></view>
</view>
<!--让 view 均匀间隔地水平分布且左右与边缘有一定间距显示-->
<view class="flex-wrp " style="flex-direction:flex-row;justify-content:
space-around;">
<view class="flex-item bc_green"></view>
<view class="flex-item bc_red"></view>
<view class="flex-item bc_blue"></view>
</view>
```

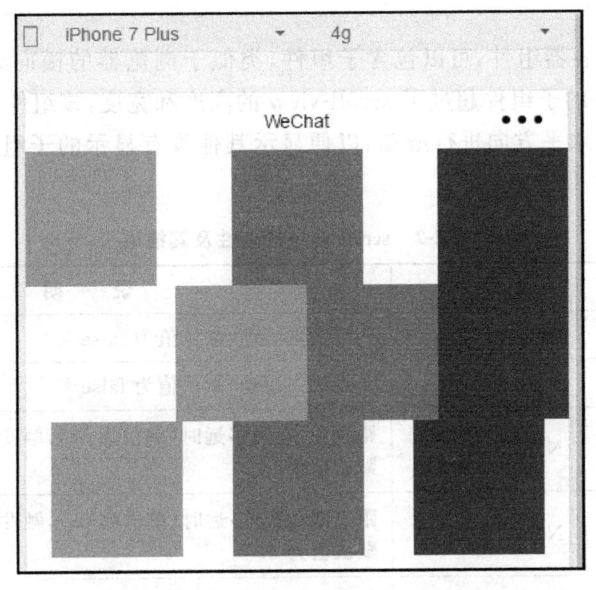

图 2-8 justify-content 不同取值结果显示

除了 class 和 style 之外，view 还有 hidden、data-＊、bind＊、catch＊ 等通用属性和 hover、hover-class、hover-start-time、hover-stay-time 等私有属性。这些属性的说明如表 2-1 所示。

表 2-1 view 具有的组件通用属性和私有属性信息

类型	属 性	类 型	说 明
通用	class	String	自定义要声明样式的对象,并在 wxss 文件中声明对象的样式,默认值为 none
	style	String	根据属性取值设置组件的内联样式,默认值为 none
	hidden	Boolean	默认情况下组件显示(不隐藏),默认值为 false
	data-*	任意	如自定义属性 data-test="test1"
	bind*	事件	为组件定义事件,且不阻止事件的传递
	catch*	事件	为组件定义事件,且阻止事件的传递
私有	hover	Boolean	是否启用点击态;默认值为 false
	hover-class	String	指定按下去的样式类。当 hover-class="none" 时,没有点击态效果,默认值为 none
	hover-start-time	Number	按住多久后出现点击态,单位为毫秒(ms),默认值为 50
	hover-stay-time	Number	手指松开后点击态保留时间,单位为毫秒(ms);默认值为 400

2.2 滚动视图组件 scroll-view

scroll-view 是容器组件,可以包含子组件,类似于浏览器的横向滚动条和垂直滚动条。当 scroll-view 的子组件超过了 scroll-view 的高度和宽度,该组件会允许视图容器内的子组件在垂直或水平方向进行滚动,以便显示其他没有显示的子组件。scroll-view 的属性及其描述如表 2-2 所示。

表 2-2 scroll-view 的属性及其描述

属 性	类 型	说 明
scroll-x	Boolean	允许横向滚动,默认值为 false
scroll-y	Boolean	允许纵向滚动,默认值为 false
upper-threshold	Number	距顶部/左边多远时(单位为 px),触发 scrolltoupper 事件;默认值为 50
lower-threshold	Number	距底部/右边多远时(单位为 px),触发 scrolltolower 事件;默认值为 50
scroll-top	Number	设置纵向滚动条的位置
scroll-left	Number	设置横向滚动条的位置
scroll-into-view	String	值应为某子元素 id(id 不能以数字开头),则滚动到该元素,元素顶部对齐滚动区域顶部,只支持纵向滚动
scroll-with-animation	Boolean	在设置滚动条位置时使用动画过渡,默认值为 false

续表

属　性	类　型	说　明
enable-back-to-top	Boolean	iOS点击顶部状态栏、安卓双击标题栏时，滚动条返回顶部，只支持纵向滚动；默认值为 false
bindscrolltoupper	EventHandle	滚动到顶部/左边，会触发 scrolltoupper 事件
bindscrolltolower	EventHandle	滚动到底部/右边，会触发 scrolltolower 事件
bindscroll	EventHandle	滚动时触发，event. detail = {scrollLeft, scrollTop, scrollHeight, scrollWidth, deltaX, deltaY}

例2-9代码如下，其效果如图2-9所示。

例2-9

```
<!--ex9.wxml-->
<view class="section">
    <view class="section__title">vertical scroll 纵向垂直滚动</view>
    <scroll-view scroll-y="true" style="height:200px;" bindscrolltoupper=
    "upper" bindscrolltolower="lower" bindscroll="scroll" scroll-into-view=
    "{{toView}}" scroll-top="{{scrollTop}}">
        <view id="green" class="scroll-view-item bc_green"></view>
        <view id="red" class="scroll-view-item bc_red"></view>
        <view id="yellow" class="scroll-view-item bc_yellow"></view>
            <view id="blue" class="scroll-view-item bc_blue"></view>
    </scroll-view>
    <view class="btn-area">
        <button size="default" bindtap="tap">click me to scroll into view
            </button>
        <button size="default" bindtap="tapMove">click me to scroll</button>
    </view>
</view>
<view class="section section_gap">
        <view class="section__title">horizontal scroll 水平滚动</view>
        <scroll-view class="scroll-view_H" scroll-x="true" style="width:
        100%">
             <view id="green" class="scroll-view-item_H bc_green"></view>
            <view id="red" class="scroll-view-item_H bc_red"></view>
             <view id="yellow" class="scroll-view-item_H bc_yellow"></view>
            <view id="blue" class="scroll-view-item_H bc_blue"></view>
        </scroll-view>
</view>

//ex9.js
var order=['red', 'yellow', 'blue', 'green', 'red']
Page({
```

```
data: {
  toView: 'red',
  scrollTop: 100
},
upper: function(e) {
  console.log(e)
},
lower: function(e) {
  console.log(e)
},
scroll: function(e) {
  console.log(e)
},
tap: function(e) {
  for (var i=0; i<order.length;++i) {
    if (order[i]===this.data.toView) {
      this.setData({
        toView: order[i+1]
      })
      break
    }
  }
},
tapMove: function(e) {
  this.setData({
    scrollTop: this.data.scrollTop+10
  })
}
})

/**ex9.wxss**/
.scroll-view_H{
  white-space:nowrap;
}
.scroll-view-item{
  height: 200px;
}
.scroll-view-item_H{
  display: inline-block;
  width: 100%;
  height: 200px;
}
.bc_green {
  background-color: #09BB07;
```

```
}
.bc_red {
  background-color: red;
}
.bc_blue {
  background-color: blue;
}
.bc_yellow{
   background-color: yellow;
}
```

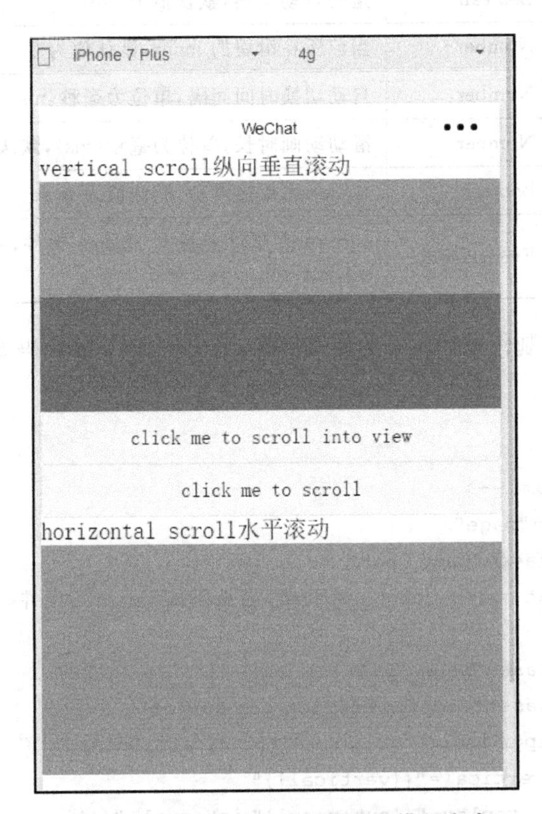

图 2-9 scroll-view 组件的纵向和横向滚动

2.3 滑块视图容器组件 swiper

滑块视图容器 swiper 可以用来在指定区域内切换要显示的内容，常用于制作海报轮播效果和页签内容的切换效果。海报轮播效果常用来展示商品图片信息或者广告信息，是很多网站或者 App 软件都会采用的一种布局方式。swiper 实现页签内容的切换效果，常用于多种方式的登录或者多种类别的切换。

swiper 的内部子组件只能放置 swiper-item 组件，否则会导致未定义的行为。而且，

swiper-item 组件也只能放在 swiper 组件中，宽度和高度都自动设置为 100%。swiper 组件的属性及其描述如表 2-3 所示。

表 2-3 swiper 的属性及其描述

属　性	类　型	说　明
indicator-dots	Boolean	是否显示面板中的指示点，默认值为 false
indicator-color	Color	指示点的颜色，默认值为 RGBA(0, 0, 0,0.3)
indicator-active-color	Color	当前选中指示点的颜色，默认值为 #000000
autoplay	Boolean	是否自动切换，默认值为 false
current	Number	当前所在滑块的 index，默认值为 0
interval	Number	自动切换时间间隔，单位为毫秒(ms)，默认值为 5000
duration	Number	滑动动画时长，单位为毫秒(ms)，默认值为 500
circular	Boolean	是否采用衔接滑动，默认值为 false
bindchange	EventHandle	current 改变时会触发 change 事件，event.detail={current: current,source:source}

为了说明 swiper 制作轮播效果的使用情况，给出例 2-10 的代码如下，其效果如图 2-10 所示。

例 2-10

```
<!--swiperex.wxml-->
    <view class="page">
        <view class="page__hd">
            <text class="page__title">各地风光：swiper 组件</text>
        </view>
        <view class="page__bd">
        <view class="section section_gap swiper">
            <swiper indicator-dots="{{indicatorDots}}"
                vertical="{{vertical}}"
                autoplay="{{autoplay}}" interval="{{interval}}"
                    duration="{{duration}}">
            <block wx:for="{{background}}">
                        <swiper-item>
                            <image src="{{item}}"></image>
                        </swiper-item>
            </block>
            </swiper>
        </view>
            <view class="btn-area">
              <button type="default" bindtap="changeIndicatorDots">是否显示指
                示点
```

```
                    indicator-dots</button>
            <button type="default" bindtap="changeVertical">{{vertical?
                   '水平显示指示点 horizontal':'垂直显示指示点 vertical'}}
                   </button>
              <button type="default" bindtap="changeAutoplay">自动播放
                     autoplay</button>
          </view>
        <slider bindchange="durationChange" value="{{duration}}" show-value
              min="500" max="2000"/>
<view class="section__title">页面切换时间间隔 duration</view>
  <slider bindchange="intervalChange" value="{{interval}}"
           show-value min="2000" max="10000"/>
<view class="section__title">滑动动画时长 interval</view>
</view>
</view>

//swiperex.js
 Page({
  data: {
    background: [
        '../../images/1.jpg',
        '../../images/2.jpg',
         '../../images/3.jpg',
        '../../images/4.jpg',
        '../../images/5.jpg',
        ],
      indicatorDots: true,
      vertical: false,
      autoplay: false,
      interval: 3000,
      duration: 1200
      },
   changeIndicatorDots: function(e) {
     this.setData({
       indicatorDots: !this.data.indicatorDots
     })
   },
   changeVertical: function(e) {
     this.setData({
       vertical: !this.data.vertical
     })
   },
   changeAutoplay: function(e) {
     this.setData({
```

```
        autoplay: !this.data.autoplay
      })
    },
    intervalChange: function(e) {
      this.setData({
        interval: e.detail.value
      })
    },
    durationChange: function(e) {
      this.setData({
        duration: e.detail.value
      })
    }
})
```

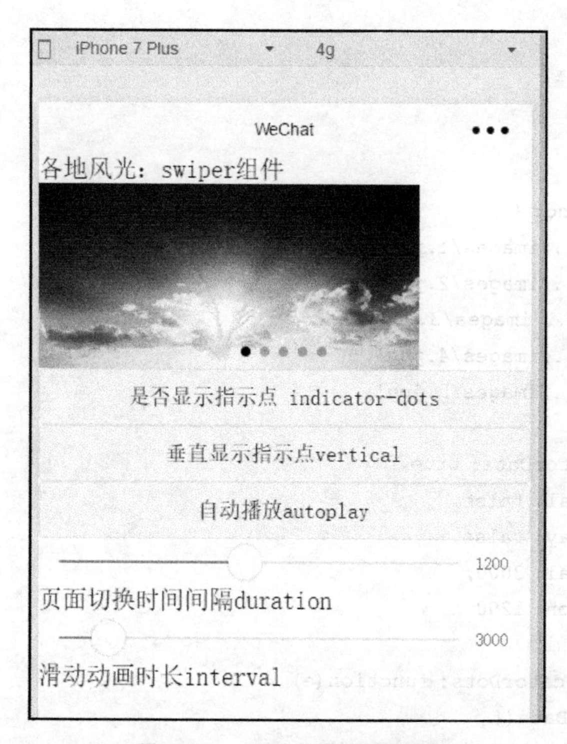

图 2-10　swiper 组件实现轮播

为了说明应用 swiper 组件实现页签内容切换效果的情况，给出例 2-11 的代码如下，其效果如图 2-11 所示。

例 2-11

```
<!--index.wxml-->
<view class="swiper-tab">
<view class="swiper-tab-list {{currentTab==0 ? 'on' : ''}}" data-current="0"
                               bindtap="switchNav">账号密码登录</view>
```

```
<view class="swiper-tab-list {{currentTab==1 ? 'on' : ''}}" data-current="1"
                              bindtap="switchNav">手机快速登录</view>
<view class="swiper-tab-list {{currentTab==2 ? 'on' : ''}}" data-current="2"
                              bindtap="switchNav">其他方式登录</view>
</view>
<swiper current="{{currentTab}}" class="swiper-box" duration="300"
      style="height:{{winHeight-31}}px" bindchange="bindChange">
<!--不同登录方式 -->
   <swiper-item>
          <view>账号密码方式登录</view>
   </swiper-item>
   <swiper-item>
          <view>手机快速登录</view>
   </swiper-item>
   <swiper-item>
          <view>邮箱、QQ、微信等其他方式登录</view>
      </swiper-item>
</swiper>

/**index.wxss**/
.swiper-tab{
   width: 100%;
   border-bottom: 2rpx solid #777777;
   text-align: center;
   line-height: 80rpx;}
.swiper-tab-list{  font-size: 30rpx;
   display: inline-block;
   width: 33.33%;
   color: #777777;
}
.on{
color: #da7c0c;
   border-bottom: 5rpx solid #da7c0c;
}
.swiper-box{
   display: block;
   height: 100%;
   width: 100%;
   overflow: hidden;
}
.swiper-box view{
   text-align: center;
}
```

```
//index.js
  Page({
    data: {
   winWidth: 0,
   winHeight: 0,
   currentTab: 0,
    },
    onLoad: function() {
   var that=this;
   wx.getSystemInfo({
     success: function(res) {
       that.setData({
         winWidth: res.windowWidth,
         winHeight: res.windowHeight
       });
     }
       });
    },
  bindChange: function(e) {
   var that=this;
   that.setData({ currentTab: e.detail.current });
    },
   switchNav: function(e) {
   var that=this;
   if (this.data.currentTab===e.target.dataset.current) {
     return false;
       } else {
     that.setData({
       currentTab: e.target.dataset.current
     })
       }
    }
})
```

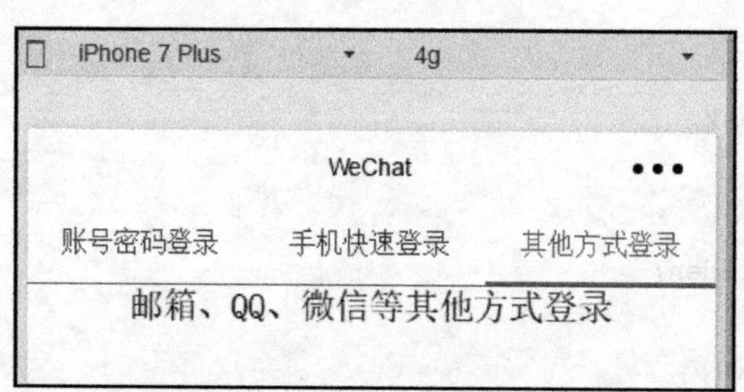

图 2-11 swiper 组件实现页签内容切换

2.4 组件 movable-view 和 movable-area

movable-view 组件是可移动的视图容器，在页面中可以拖曳滑动组件。其属性说明如表 2-4 所示。

表 2-4 movable-view 属性信息

属 性	类 型	说 明
direction	String	movable-view 的移动方向，属性值有 all、vertical、horizontal、none，默认值为 none
inertia	Boolean	movable-view 是否带有惯性，默认值为 false
out-of-bounds	Boolean	超出可移动区域后，movable-view 是否还可以移动，默认值为 false
x	Number/String	定义 x 轴方向的偏移，如果 x 的值不在可移动范围内，会自动移动到可移动范围；改变 x 的值会触发动画
y	Number/String	定义 y 轴方向的偏移，如果 y 的值不在可移动范围内，会自动移动到可移动范围；改变 y 的值会触发动画
damping	Number	阻尼系数，用于控制 x 或 y 改变时的动画和过界回弹的动画，值越大移动越快，默认值为 20
friction	Number	摩擦系数，用于控制惯性滑动的动画，值越大摩擦力越大，滑动越快停止；值必须大于 0，否则会被设置成默认值，默认值为 2

使用 movable-view 组件必须设置 width 和 height 属性，不设置时默认值为 10px。movable-view 默认为绝对定位，top 和 left 属性为 0px。movable-view 必须在 movable-area 组件中，并且必须是直接子节点，否则不能移动。movable-area 是 movable-view 的可移动区域。movable-area 必须设置 width 和 height 属性，不设置默认值为 10px。当 movable-view 小于 movable-area 时，movable-view 的移动范围是在 movable-area 内；当 movable-view 大于 movable-area 时，movable-view 的移动范围必须包含 movable-area（x 轴方向和 y 轴方向分开考虑）。

例 2-12 代码如下，其效果如图 2-12 所示。

例 2-12

```
<!--index.wxml-->
<view class="section">
  <view class="section__title">movable-view 区域小于 movable-area</view>
  <movable-area style="height: 200px;width: 200px;background: red;">
    <movable-view style="height: 50px; width: 50px; background: blue;" x="
    {{x}}" y="{{y}}"
       direction="all">
    </movable-view>
  </movable-area>
  <view class="btn-area">
    <button size="mini" type="primary" bindtap="tap">点击移动蓝色小正方形到
```

```
    (30px, 30px)</button>
  </view>
  <view class="section__title">movable-view区域大于movable-area</view>
  <movable-area style="height: 100px;width: 100px;background: red;"
    direction="all">
    <movable-view style="height: 200px; width: 200px; background: blue;">
    </movable-view>
  </movable-area>
</view>

//index.js
Page({
  data: {
    x: 0,
    y: 0
  },
  tap: function(e) {
    this.setData({
      x: 30,
      y: 30
    });
  }
})
```

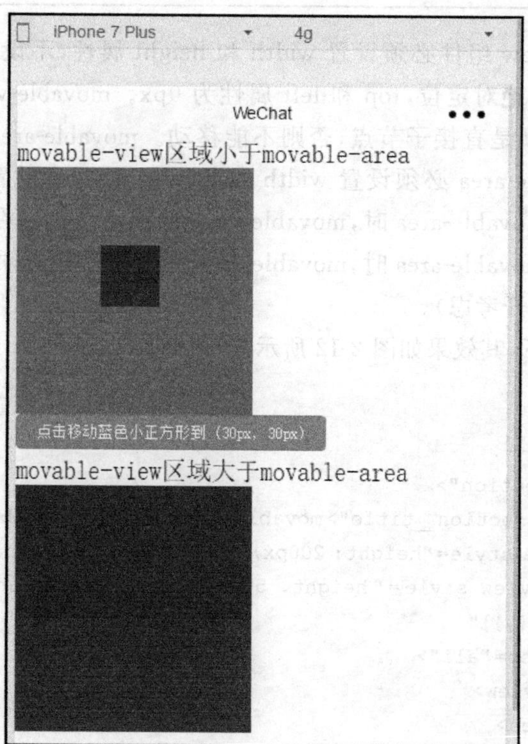

图 2-12 movable-view 与 movable-area 组件的应用

2.5 组件 cover-view 和 cover-image

cover-view 是覆盖在原生组件之上的文本视图，可覆盖的原生组件包括 map、video、canvas，支持嵌套，无属性。

cover-image 是覆盖在原生组件之上的图片视图，可覆盖的原生组件与 cover-view 相同，可嵌套在 cover-view 里。cover-image 属性说明如表 2-5 所示。cover-image 只可嵌套在原生组件 map、video、canvas 内，避免嵌套在其他组件内。cover-image 的事件模型遵循冒泡模型，但不会冒泡到原生组件。它只支持基本的定位、布局、文本样式，不支持设置单边的 border、opacity、background-image 等。建议都套上 cover-view 标签，避免排版错误，建议子节点不要溢出父节点。

表 2-5 cover-image 属性信息

属性	类型	说　明
src	String	图标路径，支持临时路径；暂不支持 base64 与网络地址

例 2-13 代码如下，效果如图 2-13 所示。

例 2-13

```
<!--index.wxml-->
<video id="myVideo" src="http://wxsnsdy.tc.qq.com/105/20210/snsdyvideodown
load?filekey=30280201010421301f0201690402534804102ca905ce620b1241b726bc41
dcff44e00204012882540400&bizid = 1023&hy = SH&fileparam = 302c020101042530230204136ffd93020457e3c4ff02024ef202031e8d7f02030f42400204045a320a0201000400"
controls="{{false}}" event-model="bubble">
  <cover-view class="controls">
    <cover-view class="play" bindtap="play">
  <cover-image class="img" src="../../images/4.jpg" />
    </cover-view>
    <cover-view class="pause" bindtap="pause">
<cover-image class="img" src="../../images/5.jpg" />
    </cover-view>
    <cover-view class="time">00:00</cover-view>
  </cover-view>
</video>

//index.js
Page({
  onReady() {
    this.videoCtx=wx.createVideoContext('myVideo')
  },
  play() {
```

```
    this.videoCtx.play()
  },
  pause() {
    this.videoCtx.pause()
  }
})

/**index.wxss**/
.controls {
  position: relative;
  top: 50%;
  height: 50px;
  margin-top: -25px;
  display: flex;
}
.play,.pause,.time {
  flex: 1;
  height: 100%;
}
.time {
  text-align: center;
  background-color: rgba(0, 0, 0, .5);
  color: white;
  line-height: 50px;
}
.img {
  width: 40px;
  height: 40px;
  margin: 5px auto;
}
```

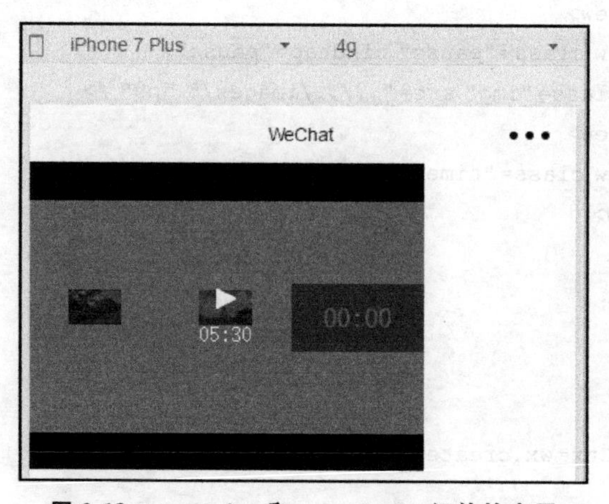

图 2-13 cover-view 和 cover-image 组件的应用

习 题 2

问答题

1. 请说明 view 组件的常用属性。
2. 请说明 scroll-view 组件的常用属性。
3. 请说明 swiper 组件的常用属性。
4. 请说明 movable-view 和 movable-area 组件的常用属性。
5. 请说明 cover-view 和 cover-image 组件的常用属性。

第3章 Chapter 3

基础组件

本章主要介绍可以应用于不同场景的图标组件 icon、文本组件 text、富文本组件 rich-text 和进度条组件 progress 的属性和常见用法。图标组件 icon 有很多种,包括成功、警告、提示、取消、下载等不同含义的图标。文本组件 text 是小程序中最简单的组件,用于显示文本。进度条组件 progress 是一种提高用户体验度的组件,可以设置完成的百分比。

3.1 图标组件 icon

微信小程序提供了丰富的图标组件。icon 能被用于显示系统内置的图标,而不能自己指定图标。icon 组件可以应用于不同的场景,包括成功、警告、提示、取消、下载等不同含义的图标,如图 3-1 所示。icon 图标组件的属性说明如表 3-1 所示。

表 3-1 icon 组件属性信息

属性	类型	说明
type	String	icon 的类型,有效值:success、success_no_circle、info、warn、waiting、cancel、download、search、clear
size	Number/String	icon 的大小,单位为 px,默认值为 23
color	Color	icon 的颜色,同 CSS 中的 color

例 3-1 代码如下,效果如图 3-1 所示。

例 3-1

```
<!--index.wxml
属性
size: Number类型,用于设置图标的尺寸,单位为 px,默认值为 23
type: String类型,用于设置系统图标的类型
color: Color类型,用于设置图标的颜色,和 CSS 中的 color 一样
-->
<block wx:for-items="{{iconSize}}">
  <icon type="success" size="{{item}}"/>
```

```
</block>
<view style="margin-top:30px">
  <block wx:for-items="{{iconType}}">
    <icon type="{{item}}" size="45"/>
  </block>
</view>
<view style="margin-top:30px">
  <block wx:for-items="{{iconColor}}">
    <icon type="success" color="{{item}}" size="45"/>
  </block>
</view>

//index.js
Page(    {
    data:    {
      iconSize: [20, 30, 40, 50, 60, 70].reverse(),
      iconType: [
    'success', 'info', 'warn', 'waiting', 'safe_success', 'safe_warn',
    'success_circle', 'success_no_circle', 'waiting_circle', 'circle',
    'download', 'info_circle', 'cancel', 'search', 'clear'
      ],
        iconColor: [
      'red', 'orange', 'yellow', 'green', 'rgb(0,255,128)', 'blue', 'purple'
        ]
      }
  })
```

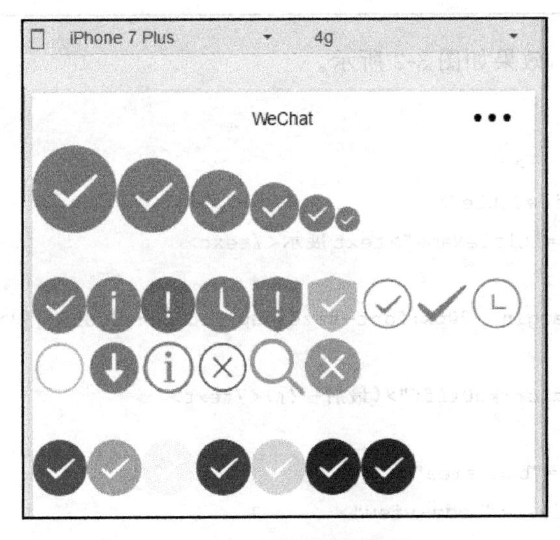

图 3-1 icon 组件的应用

3.2 文本组件 text

文本组件 text 是小程序中最简单的组件，用于显示文本。text 组件内只支持 text 嵌套，除了文本节点，其他节点都无法被长按选中。它支持转义符“\”，如换行(“\n”)。文本组件 text 的属性说明如表 3-2 所示。

表 3-2 text 属性信息

属 性	类 型	默认值	说 明
selectable	Boolean	false	文本是否可选
space	String		显示连续空格
decode	Boolean	false	是否解码

text 的 space 属性有效值如表 3-3 所示。decode 可以解析的有 、<、>、&、&apos、 、 。

表 3-3 space 属性有效值

值	说 明
ensp	中文字符空格大小的一半
emsp	中文字符空格大小
nbsp	根据字体设置的空格大小

例 3-2 代码如下，效果如图 3-2 所示。

例 3-2

```
<!--index.wxml-->
<view class="viewTitle">
    <text class="titleName">text 展示</text>
</view>
<text style='margin : 20px;font-size:40px;color:{{color}}'>
    {{text}}
<text style="color:#00ffff">(最后一行)</text>
</text>
    <view class="btn-area">
        <view class="body-view">
        <button bindtap="add">添加文字行</button>
        <button bindtap="remove">减少文字行</button>
        <button bindtap="setColor">设置文字颜色</button>
```

```
        </view>
</view>

//index.js
var initText='这是第一行文字\n 这是第二行文字'  //初始化文字参数,注意转义符号\n
Page({
  data: {
    text: initText,
    color:'ff0000'
  },
  extraLine: [],                                //初始化一个空的文字串
  add: function(e) {                            //添加按钮点击事件
    //在文字串中添加文字,push
    this.extraLine.push('添加的其他文字'+(this.extraLine.length+1));
    this.setData({                              //设置数据
      text: initText+'\n'+this.extraLine.join('\n')
    })
  },
    remove: function(e) {                       //减少按钮点击事件
    //判断文字串是否大于 0,如果大于 0,减少;反之,不操作
    if (this.extraLine.length>0) {
      this.extraLine.pop()                      //在文字串中减少文字,pop
      this.setData({                            //设置数据
        text: initText+'\n'+this.extraLine.join('\n')
      })
    }
  },
  setColor: function(e) {
     if (this.data.color=='ff0000'){
      this.setData({
       color: '#0000ff'
      })
    }
    else{
      this.setData({
        color: '#00ff00'
      })
    }
  }
})
```

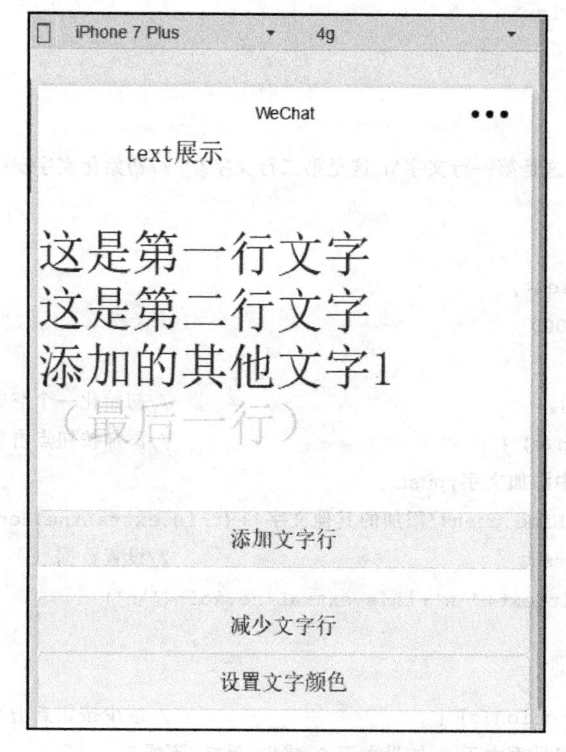

图 3-2 text 组件的应用

3.3 富文本组件 rich-text

富文本组件 rich-tex 的属性说明如表 3-4 所示。rich-text 支持默认事件包括：tap、touchstart、touchmove、touchcancel、touchend 和 longtap。rich-text 组件内屏蔽所有节点的事件。

表 3-4 rich-text 属性信息

属性	类型	默认值	说 明
nodes	Array / String	[]	节点列表 / HTML String

nodes 属性推荐使用 Array 类型，由于组件会将 String 类型转换为 Array 类型，因而性能会有所下降。nodes 现支持元素节点和文本节点两种节点，默认是元素节点，在富文本区域里显示的是 HTML 节点。当节点为元素节点时，type＝node，对应的属性说明如表 3-5 所示。name 属性大小写不敏感。当节点为文本节点时，type＝text，对应的属性说明如表 3-6 所示。

受信任的 HTML 节点及属性包括：a，abbr，b，bockquote，br，code，col（span、width 属性），colgroup（span、width 属性），dd，del，div，dl，dt，em，fieldset，h1，h2，h3，h4，h5，h6，hr，i，img（alt、src、height、width 属性），ins，label，legend，li，ol（start、type 属性），p，q， span,strong,sub,sup,table(width 属性),tbody,td(colspan、height、rowspan、width 属性),tfoot,th(colspan、height、rowspan、width 属性),thread,tr,ul。如果使用了不受信任的 HTML 节点,该节点及其所有子节点将会被移除。全局支持 class 和 style 属性,不支持 id 属性。

表 3-5 nodes 为元素节点时属性信息

属 性	说 明	类 型	必填	备 注
name	标签名	String	是	支持部分受信任的 HTML 节点
attrs	属性	Object	否	支持部分受信任的属性,遵循 Pascal 命名法
children	子节点列表	Array	否	结构和 nodes 一致

表 3-6 nodes 为文本节点时属性信息

属性	说明	类型	必填	备 注
text	文本	String	是	支持 entities

例 3-3 代码如下,其效果如图 3-3 所示。

例 3-3

```
<!--index.wxml -->
<rich-text nodes="{{nodes}}" bindtap="tap"></rich-text>

//index.js
Page({
  data: {
    nodes: [{
      name: 'div',
      attrs: {
        class: 'div_class',
        style: 'line-height: 60px; color: red;'
      },
      children: [{
        type: 'text',
        text: 'Hello World!'
      }]
    }]
  },
  tap() {
    console.log('tap')
  }
})
```

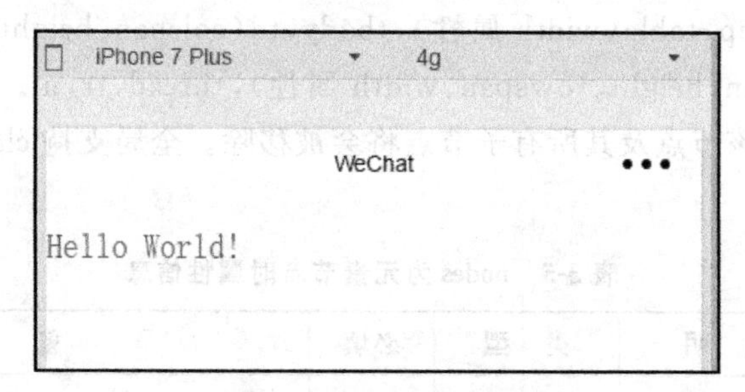

图 3-3 rich-text 组件的应用

3.4 进度条组件 progress

进度条组件 progress 是一种提高用户体验度的组件，就像视频播放一样，可以通过进度条看到完整视频的长度、当前播放的进度，这样让用户能合理地安排自己的时间，提高用户的体验度。微信小程序也提供了进度条组件 progress，它可以设置完成的百分比，其属性说明如表 3-7 所示。

表 3-7 progress 组件的属性相关信息

属 性	类 型	默认值	说 明
percent	Number	无	百分比为 0～100
show-info	Boolean	false	在进度条右侧显示百分比
stroke-width	Number	6	进度条线的宽度，单位为 px
color	String	＃09BB07	进度条颜色(请使用 activeColor)
activeColor	String	无	已选择的进度条的颜色
backgroundColor	String	＃09BB07	未选择的进度条的颜色
active	Boolean	＃EBEBEB	进度条从左往右的动画

例 3-4 代码如下，其效果如图 3-4 所示。

例 3-4

```
<!--index.wxml-->
<view>
  <text>百分比是 30%,并在进度条右侧显示百分比</text>
  <progress percent="30" show-info />
  <text>百分比是 40%,进度条线的宽度 12px</text>
  <progress percent="40" stroke-width="12" />
  <text>百分比是 60%,进度条颜色:pink</text>
  <progress percent="60" color="pink" />
  <text>百分比是 80%,进度条从左往右的动画</text>
```

```
  <progress percent="80" show-info active />
</view>
```

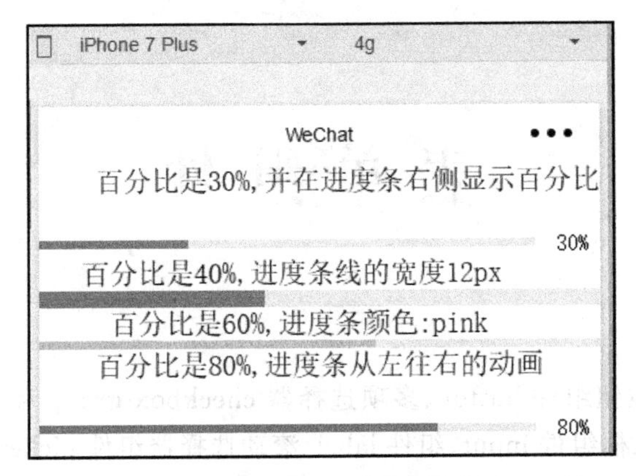

图 3-4 progress 组件的应用

习 题 3

问答题

1. 请说明 icon 的常见属性。
2. 请说明 text 的常见属性。
3. 请说明 rich-text 的常见属性。
4. 请说明 progress 的常见属性。

第4章 Chapter 4

表单组件

本章主要介绍按钮组件 button、多项选择器 checkbox-group 和多选项目 checkbox、表单组件 form、输入框组件 input、组件 label、滚动选择器组件 picker、嵌入页面的滚动选择器组件 picker-view、单项选择器 radio-group 和单选项目 radio、滑动选择器组件 slider、开关选择器组件 switch、多行输入框组件 textarea 等组件的属性和常见用法等内容。表单类组件与 HTML 的表单元素很类似。例如，按钮组件 button 类似于 HTML 的 button 标签。

4.1 按钮组件 button

按钮组件 button 类似于 HTML 的 button 标签，其属性说明如表 4-1 所示。

表 4-1 按钮组件 button 属性相关信息

属　性	类　型	说　明
size	String	按钮的大小，有效值为 default、mini，默认值为 default
type	String	按钮的样式类型，有效值为 primary、default、warn，默认值为 default
plain	Boolean	按钮是否镂空，背景色透明，默认值为 false
disabled	Boolean	是否禁用，默认值为 false
loading	Boolean	名称前是否带 loading 图标，默认值为 false
form-type	String	用于＜form/＞组件，点击分别会触发 submit（提交表单）、reset（重置表单）事件
open-type	String	有效值：打开客服会话 contact，触发用户转发 share，获取用户信息 getUserInfo
hover-class	String	指定按钮按下去的样式类，默认值为 button-hover，button-hover 的默认值为“background-color：rgba（0，0，0，0.1）；opacity：0.7”；当 hover-class＝“none”时，没有点击态效果
hover-stop-propagation	Boolean	指定是否阻止本节点的祖先节点出现点击态，默认值为 false

续表

属　　性	类　型	说　　明
hover-start-time	Number	按住后多久出现点击态，单位为毫秒(ms)，默认值为20
hover-stay-time	Number	手指松开后点击态保留时间，单位为毫秒(ms)，默认值为70
session-from	String	open-type="contact"时有效：用户从该按钮进入会话时，开发者将收到带有本参数的事件推送；本参数可用于区分用户进入客服会话的来源
bindgetuserinfo	Handler	open-type="getUserInfo"时有效：用户点击该按钮时，会返回获取到的用户信息，从返回参数的detail中获取到的值同wx.getUserInfo
send-message-title	String	会话内消息卡片标题，默认值为当前标题；open-type="contact"时有效
send-message-path	String	会话内消息卡片点击跳转小程序路径，默认值为当前分享路径；open-type="contact"时有效
send-message-img	String	会话内消息卡片图片，默认值为截图；open-type="contact"时有效
show-message-card	Boolean	显示会话内消息卡片，默认值为false；open-type="contact"时有效
bindcontact	Handler	客服消息回调，open-type="contact"时有效

例4-1的代码如下，其效果如图4-1所示。

例4-1

```
<!--index.wxml-->
<button type="default" size="{{defaultSize}}" loading="{{loading}}" plain="
{{plain}}"
   disabled="{{disabled}}" bindtap="default">default</button>
<button type="primary" size="{{primarySize}}" loading="{{loading}}" plain="
{{plain}}"
   disabled="{{disabled}}">primary</button>
<button type="warn" size="{{warnSize}}" loading="{{loading}}" plain=
"{{plain}}"
   disabled="{{disabled}}">  warn</button>
<button hover-class="hover" bindtap="setDisabled">点击设置以上按钮 disabled
属性
</button>
<button bindtap="setPlain">点击设置以上按钮 plain 属性</button>
<button bindtap="setLoading">点击设置以上按钮 loading 属性</button>

//index.js
Page(
```

```
{
  data:
    {
    defaultSize: 'default',
    primarySize: 'default',
    warnSize: 'default',
    disabled: false,
    plain: false,
    loading: false
    },
      setDisabled: function(e) {
      this.setData(
      {
        disabled: !this.data.disabled
      }
      )
    },
    setPlain: function(e) {
      this.setData(
      {
        plain: !this.data.plain
      }
      )
    },
    setLoading: function(e) {
      this.setData(
      {
        loading: !this.data.loading
      }
      )
    },
    default: function(e) {
      this.setData(
      {
        defaultSize: this.data['defaultSize']=='default' ? 'mini' :
        'default'
      }
      )
    }
  })

/**index.wxss**/
.hover
{
```

```
  background-color:#F00;
  opacity:0.3;
  font-size:30px;
}
```

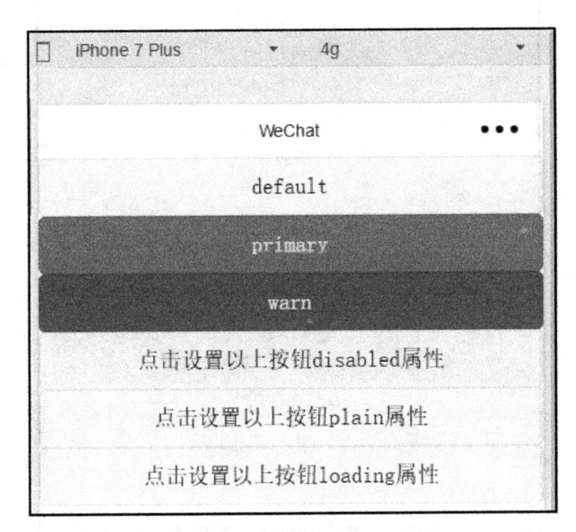

图 4-1 button 组件的应用

例子 4-2 的代码如下，其效果如图 4-2 所示。

例 4-2

```
<!--index.wxml-->
<view class="content">
<view class="con-top">
<text class="text-decoration">#按钮尺寸#</text>
<text class="con-text">mini:</text>
<button class="con-button" size="mini">Fly</button>
<text class="con-text">default:</text>
<button class="con-button" size="default">Fly</button>
</view>
<view class="con-bottom">
<text class="text-decoration">#按钮类型#</text>
<text class="con-text">primary:</text>
<button class="con-button" type="primary">Fly</button>
<text class="con-text">default:</text>
<button class="con-button" type="default">Fly</button>
<text class="con-text">warn:</text>
<button class="con-button" type="warn">Fly</button>
</view>
</view>
```

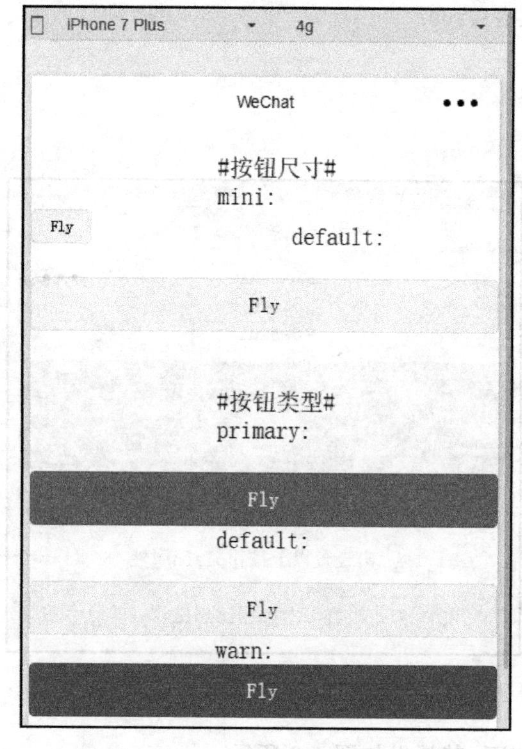

图 4-2　button 组件的尺寸和类型

4.2　多项选择器 checkbox-group 和多选项目 checkbox

checkbox-group 多项选择器，内部由多个 checkbox 组成，其属性说明如表 4-2 所示。

表 4-2　check-group 属性相关信息

属　性	类　型	说　　明
bindchange	EventHandle	<checkbox-group/>中选中项发生改变是触发 change 事件，detail={value:[选中的 checkbox 的 value 数组]}

多选项目 checkbox 的属性如表 4-3 所示。

表 4-3　checkbox 属性相关信息

属　性	类　型	说　　明
value	String	checkbox 标识，选中时触发 checkbox-group 的 change 事件，并携带 checkbox 的 value 数组
disabled	Boolean	是否禁用，默认值为 false
checked	Boolean	当前是否选中，可用来设置默认选中，默认值为 false
color	String	checkbox 的颜色，同 CSS 的 color

例 4-3 代码如下，其效果如图 4-3 所示。

例 4-3

```
<!--index.wxml-->
<view style="margin:20px">
<checkbox-group bindchange="checkboxChange">
<label style="display:block;margin-bottom:10px" wx:for-items="{{items}}">
   <checkbox value="{{item.name}}" checked="{{item.checked}}" />
   <text style="margin-left:10px;font-size:18px">{{item.value}}</text>
</label>
</checkbox-group>
</view>

//index.js
Page( {
data:
{
  items: [
    { name: 'nanjing', value: '南京', checked: 'true' },
    { name: 'beijing', value: '北京' },
    { name: 'hangzhou', value: '杭州' },
    { name: 'xian', value: '西安' },
    { name: 'wuhan', value: '武汉' },
    { name: 'shenzhen', value: '深圳' },
    { name: 'Xuzhu', value: '徐州', checked: 'true' },
      ]
},
checkboxChange: function(e) {
    console.log('checkbox 发生 change 事件,携带 value 值为: '+e.detail.value)
  }
})
```

图 4-3 多项选择器和多选项目的应用

4.3 表单组件 form

表单组件 form 的应用很广泛，与 HTML 的表单元素基本相同，可以利用 form 设计登录/注册，也可以设计成一种答题问卷的形式。

当点击表单中 formType 为 submit 的 button 组件时，可将 form 组件中用户输入的 switch、input、checkbox、slider、radio、picker 等值提交。form 的属性说明如表 4-4 所示。

表 4-4 form 属性相关信息

属性	类型	说明
report-submit	Boolean	是否返回 formId 用于发送模板消息
bindsubmit	EventHandle	携带 form 中的数据触发 submit 事件，event. detail={value: {'name': 'value'} , formId: ''}
bindreset	EventHandle	表单重置时会触发 reset 事件

例 4-4 代码如下，其效果如图 4-4 所示。

例 4-4

```
<!--index.wxml-->
<form bindsubmit="formSubmit" bindreset="formReset">
  <view class="section section_gap">
    <view class="section__title">switch</view>
    <switch name="switch"/>
  </view>
  <view class="section section_gap">
    <view class="section__title">slider</view>
    <slider name="slider" show-value></slider>
  </view>
  <view class="section">
    <view class="section__title">input</view>
    <input name="input" placeholder="please input here" />
  </view>
  <view class="section section_gap">
    <view class="section__title">radio</view>
    <radio-group name="radio-group">
      <label><radio value="radio1"/>radio1</label>
      <label><radio value="radio2"/>radio2</label>
    </radio-group>
  </view>
  <view class="section section_gap">
    <view class="section__title">checkbox</view>
    <checkbox-group name="checkbox">
      <label><checkbox value="checkbox1"/>checkbox1</label>
      <label><checkbox value="checkbox2"/>checkbox2</label>
```

```
    </checkbox-group>
  </view>
  <view class="btn-area">
    <button formType="submit">Submit</button>
    <button formType="reset">Reset</button>
  </view>
</form>

//index.js
Page({
  formSubmit: function(e) {
    console.log('form发生了submit事件,携带数据为: ', e.detail.value)
  },
  formReset: function() {
    console.log('form发生了reset事件')
  }
})
```

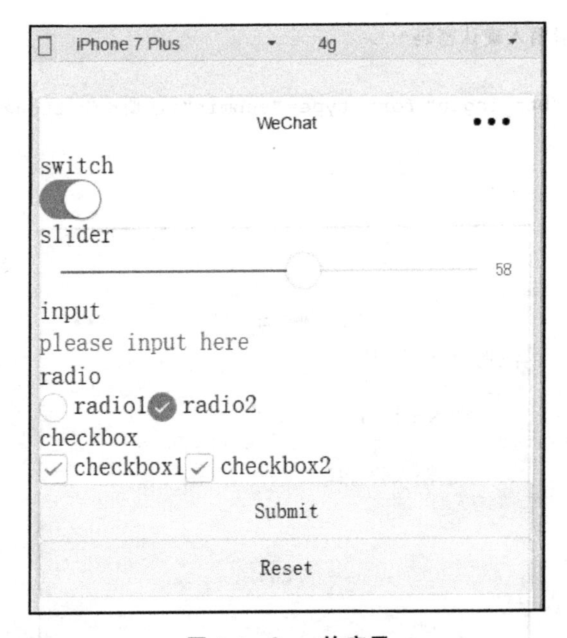

图 4-4 form 的应用

例 4-5 代码如下,其效果如图 4-5 所示。

例 4-5

```
<!--index.wxml-->
<view class="load-head">注册</view>
<view class="login">
<form bindsubmit="formSubmit">
<view class="field clearfix">
<label for="name">请输入手机号</label>
```

```
<input id="name" name="mobile" class="login-input" type="text" placeholder="
请输入手机号" />
</view>
<view class="field clearfix">
    <label for="password">请输入验证码</label>
    <input id="password" class="login-input" type="password" placeholder=
    "请输入验证码" />
<button class="get-code" hover-class="code-hover">获取验证码</button>
</view>
<view class="field clearfix">
    <label for="password">请输入密码</label>
    <input id="password" name="password" class="login-input" type="password"
    placeholder="请设置 6~20 位登录密码" />
</view>
<view class="field clearfix">
    <label for="repassword">请重新输入确认密码</label>
    <input id="repassword" name="repassword" class="login-input" type=
    "password"
placeholder="请输入确认密码" />
</view>
<button class="btn_login" form-type="submit">注册</button>
</form>
</view>
```

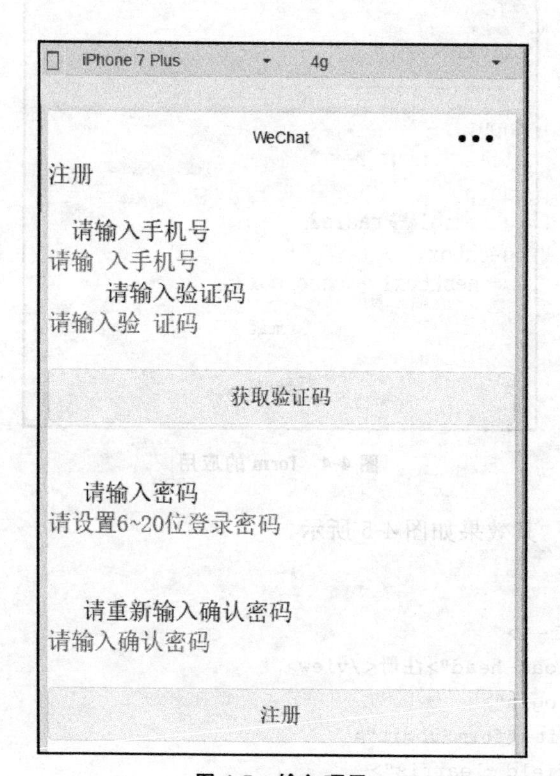

图 4-5 输入项目

4.4 输入框组件 input

输入框组件 input 可以用来输入单行文本内容，其属性说明如表 4-5 所示。组件 input 的属性 confirm-type 取值说明如表 4-6 所示。

表 4-5 input 属性相关信息

属性	类型	说明
value	String	输入框的初始内容
type	String	input 的类型，有效值包括 text、number、idcard、digit 等，默认值为 text
password	Boolean	是否为密码类型，默认值为 false
placeholder	String	输入框为空时占位符
placeholder-style	String	指定 placeholder 的样式
placeholder-class	String	指定 placeholder 的样式类，默认值为 input-placeholder
disabled	Boolean	是否禁用；默认值为 false
maxlength	Number	最大输入长度，设置为 −1 时不限制最大长度，默认值为 140
cursor-spacing	Number	指定光标与键盘的距离，单位为 px。取 input 距离底部的距离和 cursor-spacing 指定的距离的最小值作为光标与键盘的距离，默认值为 0
auto-focus	Boolean	（即将废弃，请直接使用 focus）自动聚焦，收起键盘，默认值为 false
focus	Boolean	获取焦点；默认值为 false
confirm-type	String	设置键盘右下角按钮的文字，默认值为 done
confirm-hold	Boolean	点击键盘右下角按钮时是否保持键盘不收起，默认值为 false
cursor	Number	指定 focus 时的光标位置
bindinput	EventHandle	当键盘输入时，触发 input 事件，event. detail = {value: cursor}，处理函数可以直接 return 一个字符串，将替换输入框的内容
bindfocus	EventHandle	输入框聚焦时触发，event. detail={value: value}
bindblur	EventHandle	输入框失去焦点时触发，event. detail={value: value}
bindconfirm	EventHandle	点击完成按钮时触发，event. detail={value: value}

表 4-6 属性 confirm-type 取值信息

值	说　明	值	说　明
send	右下角按钮为“发送”	go	右下角按钮为“前往”
search	右下角按钮为“搜索”	done	右下角按钮为“完成”
next	右下角按钮为“下一个”		

应用 input 的例 4-6 代码如下，其效果如图 4-6 所示。

例 4-6

```
<!--index.wxml-->
<view class="section">
    <input placeholder="这是一个可以自动聚焦的 input" auto-focus/>
</view>
<view class="section">
    <input placeholder="这个只有在按钮点击的时候才聚焦" focus="{{focus}}" />
<view class="btn-area">
<button bindtap="bindButtonTap">使得输入框获取焦点</button>
</view>
</view>
<view class="section">
    <input maxlength="10" placeholder="最大输入长度 10" />
</view>
<view class="section">
      <view class="section_title">你输入的是: {{inputValue}}</view>
    <input bindinput="bindKeyInput" placeholder="输入同步到 view 中"/>
</view>
<view class="section">
    <input bindinput="bindReplaceInput" placeholder="连续的两个 1 会变成 2" />
</view>
<view class="section">
    <input password type="number" />
</view>
<view class="section">
    <input password type="text" />
</view>
<view class="section">
    <input type="digit" placeholder="带小数点的数字键盘"/>
</view>
<view class="section">
    <input type="idcard" placeholder="身份证输入键盘" />
</view>
<view class="section">
```

```
  <input placeholder-style="color:red" placeholder="占位符字体是红色的" />
</view>

//index.js
Page({
  data: {
    focus: false,
    inputValue: ''
  },
  bindButtonTap: function() {
    this.setData({
      focus: true
    })
  },
  bindKeyInput: function(e) {
    this.setData({
      inputValue: e.detail.value
    })
  },
  bindReplaceInput: function(e) {
    var value=e.detail.value
    var pos=e.detail.cursor
    if(pos !=-1){
      //光标在中间
      var left=e.detail.value.slice(0,pos)
      //计算光标的位置
      pos=left.replace(/11/g,'2').length
    }
    //直接返回对象,可以对输入进行过滤处理,同时可以控制光标的位置
    return {
      value: value.replace(/11/g,'2'),
      cursor: pos
    }
    //或者直接返回字符串,光标在最后边
    //return value.replace(/11/g,'2'),
  }
})
```

图 4-6 在开发环境下点击带有表情的输入框、带有小数点的数字键盘等功能没有反应(由于没有键盘)。要实现这样的效果,需要对项目进行“预览”或“上传”(如图 4-7 所示);然后通过计算机的键盘输入来完成操作。

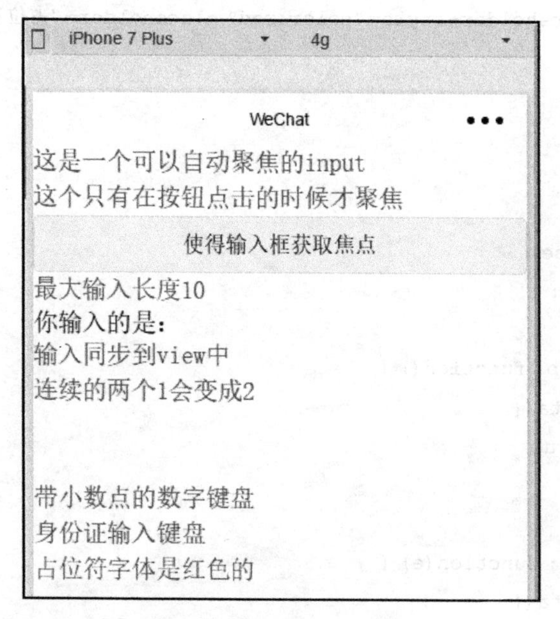

图 4-6 input 组件的应用

图 4-7 项目的预览或上传

4.5 组件 label

label 组件可以用来改进表单的可用性，它本身往往不能显示任何文本，只能与 button、checkbox、radio、switch 等组件绑定在一起使用。除了 button 之外，其他组件单击文本不会自动选择当前组件。这时，需要把 label 组件和这些组件绑定在一起，以实现不管是点击组件本身还是点击组件旁边的文本，都会选中当前组件。label 属性说明如表 4-7 所示。

表 4-7 label 的属性信息

属性	类型	说明
for	String	绑定控件的 id

将 label 组件和其他组件绑定的方式有两种：一是将其他组件作为 label 的子组件；二是通过 label 组件的 for 属性指定要绑定的其他组件。例 4-7 说明了 label 对文本的影响，其效果如图 4-8 所示。假如没有 label 组件，则点击“1”和“w2”没有反应，而加上 label 组件之后点击“3”和“w4”能取反值。

例 4-7

```
<!--index.wxml-->
<view>switch 类型开关</view>
<switch type="switch" checked="true"
    bindchange="listenerSwitch">1</switch>
<view>checkbox 类型开关</view>
<switch type="checkbox"
    bindchange="listenerCheckboxSwitch">w2</switch>
<view>label-switch 类型开关</view>
<label>
<switch type="switch" checked="true" bindchange="listenerSwitch"/>3
</label>
<view>label-checkbox 类型开关</view>
<label>
<switch type="checkbox" bindchange="listenerCheckboxSwitch" />w4
</label>

//index.js
Page({
    listenerSwitch: function(e) {
        console.log('switch 类型开关当前状态-----', e.detail.value);
    },
    listenerCheckboxSwitch: function(e) {
        console.log('checkbox 类型开关当前状态-----', e.detail.value)
    }
})
```

label 组件没有定义 for 属性时，在 label 内包含 button、checkbox、radio、switch 这些组件。当单击 label 组件时，会触发 label 内包含的第一个控件，假如 button 在第一个位置，就会触发 button 对应的事件，假如 radio 在第一位，就会触发 radio 对应的事件。

label 组件定义 for 属性后，它会根据 for 属性的值找到组件 id 一样的值，然后会触

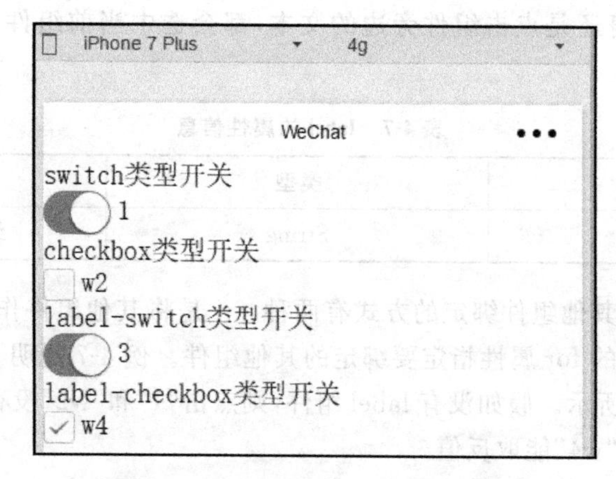

图 4-8　作为组件 label 子组件的应用

发这个组件的相应事件。例 4-8 代码如下，其效果如图 4-9 所示。

例 4-8

```
<!--index.wxml-->
<view style="margin:20px" wx:for-items="{{checkboxItems}}">
  <label>
    <checkbox value="{{item.name}}" checked="{{item.checked}}" />
    <checkbox value="{{item.name}}" checked="{{item.checked}}" />
    <checkbox value="{{item.name}}" checked="{{item.checked}}" />
    <text>{{item.value}}</text>
  </label>
</view>
<radio-group>
  <view style="margin:20px" wx:for-items="{{radioItems}}">
    <radio value=" {{item.name}} " checked="{{item.checked}} " />
    <radio value=" {{item.name}} " checked="{{item.checked}} " />
    <radio id="{{item.name}}" value=" {{item.name}} " checked=
       "{{item.checked}} " />
    <radio value=" {{item.name}} " checked="{{item.checked}} " />
    <label for="{{item.name}}">
      <text>{{item.name}}</text>
    </label>
  </view>
</radio-group>

//index.js
Page( {
  data:
  {
   checkboxItems:[
```

```
    {name:'USA', value:'美国'},
    {name:'CHN', value:'中国', checked:'true'},
    {name:'BRA', value:'巴西'},
    {name:'JPN', value:'日本', checked:'true'},
    {name:'ENG', value:'英国'},
    {name:'FRA', value:'法国'}
            ],
   radioItems:[
    {name:'USA', value:'美国'},
    {name:'CHN', value:'中国', checked:'true'},
    {name:'BRA', value:'巴西'},
    {name:'JPN', value:'日本'},
    {name:'ENG', value:'英国'},
    {name:'FRA', value:'法国'}
            ]
 },
 })
```

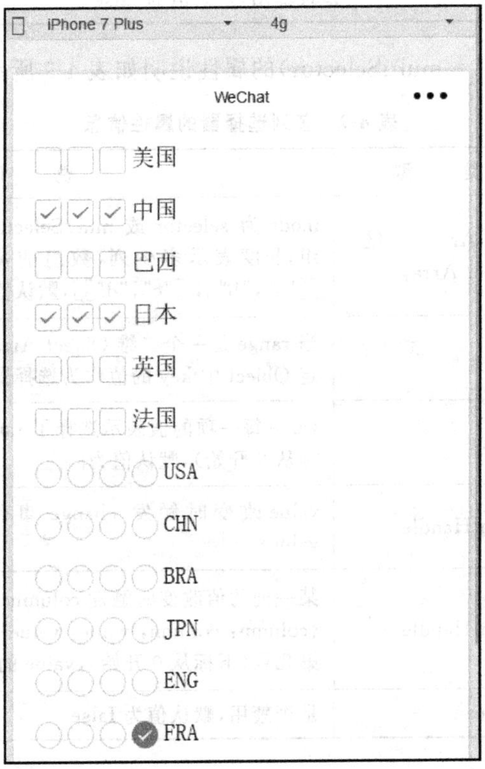

图 4-9　作为 label 组件 for 属性的应用

4.6 滚动选择器组件 picker

滚动选择器组件 picker 有五种类型，分别是普通选择器、多列选择器、时间选择器、日期选择器、省市区选择器；默认是普通选择器(mode = selector)。普通选择器的属性说明如表 4-8 所示。

表 4-8 普通选择器的相关属性信息

属　　性	类　　型	说　　明
range	Array/Object Array	mode 为 selector 时，range 有效，默认值为[]
range-key	String	当 range 是一个 Object Array 时，通过 range-key 来指定 Object 中 key 的值作为选择器显示内容
value	Number	value 的值表示选择了 range 中的第几个(下标从 0 开始)，默认值为 0
bindchange	EventHandle	value 改变时触发 change 事件，event. detail={value: value}
disabled	Boolean	是否禁用，默认值为 false

多列选择器(mode = multiSelector)的属性说明如表 4-9 所示。

表 4-9 多列选择器的属性信息

属　　性	类　　型	说　　明
range	二维 Array/二维 Object Array	mode 为 selector 或 multiSelector 时，range 有效；二维数组，长度表示多少列，数组的每项表示每列的数据，如[["a","b"], ["c","d"]]，默认值为[]
range-key	String	当 range 是一个二维 Object Array 时，通过 range-key 来指定 Object 中 key 的值作为选择器显示内容
value	Array	value 每一项的值表示选择了 range 对应项中的第几个(下标从 0 开始)，默认值为[]
bindchange	EventHandle	value 改变时触发 change 事件，event. detail = {value: value}
bindcolumnchange	EventHandle	某一列的值改变时触发 columnchange 事件，event. detail={column: column, value: value}，column 的值表示改变了第几列(下标从 0 开始)，value 的值表示变更值的下标
disabled	Boolean	是否禁用，默认值为 false

时间选择器(mode=time)的属性说明如表 4-10 所示。当 picker 默认值(value)的分钟大于 end 属性规定的时间时，出现可选择时间大于规定时间的 bug。

表 4-10 时间选择器的相关属性信息

属　性	类　型	说　　明
start	String	表示有效时间范围的开始，字符串格式为"hh:mm"
end	String	表示有效时间范围的结束，字符串格式为"hh:mm"
value	String	表示选中的时间，格式为"hh:mm"
bindchange	EventHandle	value 改变时触发 change 事件，event. detail={value: value}
disabled	Boolean	是否禁用，默认值为 false

日期选择器(mode=date)的属性说明如表 4-11 所示。

表 4-11 日期选择器的相关属性信息

属　性	类　型	说　　明
start	String	表示有效时间范围的开始，格式为"YYYY-MM-DD"
end	String	表示有效时间范围的结束，格式为"YYYY-MM-DD"
value	String	表示选中的日期，格式为"YYYY-MM-DD"，默认值为 0
fields	String	有效值 year、month、day，表示选择器的粒度粗细，默认值为 day
bindchange	EventHandle	value 改变时触发 change 事件，event. detail={value: value}
disabled	Boolean	是否禁用，默认值为 false

省市区选择器(mode = region)的属性说明如表 4-12 所示。

表 4-12 省市区选择器的属性信息

属　性	类　型	说　　明
value	Array	表示选中的省市区，默认选中每一列的第一个值，默认值为[]
custom-item	String	可为每一列的顶部添加一个自定义的项
bindchange	EventHandle	value 改变时触发 change 事件，event. detail={value: value}
disabled	Boolean	是否禁用，默认值为 false

例 4-9 代码如下，其效果如图 4-10 所示。

例 4-9

```
<!--index.wxml-->
    <view class="section">
  <view class="section__title">普通选择器</view>
  <picker bindchange="bindPickerChange" value="{{index}}" range="{{array}}">
    <view class="picker">
      当前选择：{{array[index]}}
    </view>
  </picker>
```

```
</view>
<view class="section">
  <view class="section__title">多列选择器</view>
  <picker mode="multiSelector" bindchange="bindMultiPickerChange"
bindcolumnchange="bindMultiPickerColumnChange" value="{{multiIndex}}"
     range="{{multiArray}}">
    <view class="picker">
      当前选择：{{multiArray[0][multiIndex[0]]}},{{multiArray[1][multiIndex
              [1]]}}, {{multiArray[2][multiIndex[2]]}}
    </view>
  </picker>
</view>
<view class="section">
  <view class="section__title">时间选择器</view>
  <picker mode="time" value="{{time}}" start="09:01" end="21:01"
       bindchange="bindTimeChange">
    <view class="picker">
      当前选择：{{time}}
    </view>
  </picker>
</view>
<view class="section">
  <view class="section__title">日期选择器</view>
  <picker mode="date" value="{{date}}" start="2015-09-01" end="2017-09-01"
    bindchange="bindDateChange">
          <view class="picker">
      当前选择：{{date}}
    </view>
  </picker>
</view>
<view class="section">
  <view class="section__title">省市区选择器</view>
  <picker mode="region" bindchange="bindRegionChange" value="{{region}}">
    <view class="picker">
      当前选择：{{region[0]}},{{region[1]}},{{region[2]}}
    </view>
  </picker>
</view>

//index.js
Page({
data: {
    array: ['美国', '中国', '巴西', '日本'],
    objectArray: [
      {
        id: 0,
```

```
      name: '美国'
    },
    {
      id: 1,
      name: '中国'
    },
    {
      id: 2,
      name: '巴西'
    },
    {
      id: 3,
      name: '日本'
    }
  ],
  index: 0,
  multiArray: [['无脊柱动物', '脊柱动物'], ['扁性动物', '线形动物', '环节动物', '
             软体动物', '节肢动物'], ['猪肉绦虫', '血吸虫']],
  objectMultiArray: [
    [
      {
        id: 0,
        name: '无脊柱动物'
      },
      {
        id: 1,
        name: '脊柱动物'
      }
    ], [
      {
        id: 0,
        name: '扁性动物'
      },
      {
        id: 1,
        name: '线形动物'
      },
      {
        id: 2,
        name: '环节动物'
      },
      {
        id: 3,
        name: '软体动物'
      },
      {
```

```
        id: 3,
        name: '节肢动物'
      }
    ], [
      {
        id: 0,
        name: '猪肉绦虫'
      },
      {
        id: 1,
        name: '血吸虫'
      }
    ]
      ],
  multiIndex: [0, 0, 0],
  date: '2016-09-01',
  time: '12:01',
  region: ['广东省', '广州市', '海珠区']
    },
bindPickerChange: function(e) {
  console.log('picker发送选择改变,携带值为', e.detail.value)
  this.setData({
    index: e.detail.value
  })
},
    bindMultiPickerChange: function(e) {
  console.log('picker发送选择改变,携带值为', e.detail.value)
  this.setData({
    multiIndex: e.detail.value
      })
    },
bindMultiPickerColumnChange: function(e) {
  console.log('修改的列为', e.detail.column, ',值为', e.detail.value);
  var data={
    multiArray: this.data.multiArray,
    multiIndex: this.data.multiIndex
  };
  data.multiIndex[e.detail.column]=e.detail.value;
  switch(e.detail.column) {
    case 0:
      switch(data.multiIndex[0]) {
        case 0:
          data.multiArray[1]=['扁性动物', '线形动物', '环节动物', '软体动物',
                              '节肢动物'];
          data.multiArray[2]=['猪肉绦虫', '血吸虫'];
          break;
```

```
    case 1:
      data.multiArray[1]=['鱼', '两栖动物', '爬行动物'];
      data.multiArray[2]=['鲫鱼', '带鱼'];
      break;
  }
  data.multiIndex[1]=0;
  data.multiIndex[2]=0;
  break;
case 1:
  switch(data.multiIndex[0]) {
    case 0:
      switch(data.multiIndex[1]) {
        case 0:
          data.multiArray[2]=['猪肉绦虫', '血吸虫'];
          break;
        case 1:
          data.multiArray[2]=['蛔虫'];
          break;
        case 2:
          data.multiArray[2]=['蚂蚁', '蚂蟥'];
          break;
        case 3:
          data.multiArray[2]=['河蚌', '蜗牛', '蛞蝓'];
          break;
        case 4:
          data.multiArray[2]=['昆虫', '甲壳动物', '蛛形动物', '多足动物'];
          break;
      }
      break;
    case 1:
      switch(data.multiIndex[1]) {
        case 0:
          data.multiArray[2]=['鲫鱼', '带鱼'];
          break;
        case 1:
          data.multiArray[2]=['青蛙', '娃娃鱼'];
          break;
        case 2:
          data.multiArray[2]=['蜥蜴', '龟', '壁虎'];
          break;
      }
      break;
  }
  data.multiIndex[2]=0;
  console.log(data.multiIndex);
  break;
```

```
      }
      this.setData(data);
    },
    bindDateChange: function(e) {
  console.log('picker发送选择改变,携带值为', e.detail.value)
  this.setData({
    date: e.detail.value
  })
    },
    bindTimeChange: function(e) {
  console.log('picker发送选择改变,携带值为', e.detail.value)
  this.setData({
    time: e.detail.value
  })
 },
    bindRegionChange: function(e) {
  console.log('picker发送选择改变,携带值为', e.detail.value)
  this.setData({
    region: e.detail.value
  })
 }
})
```

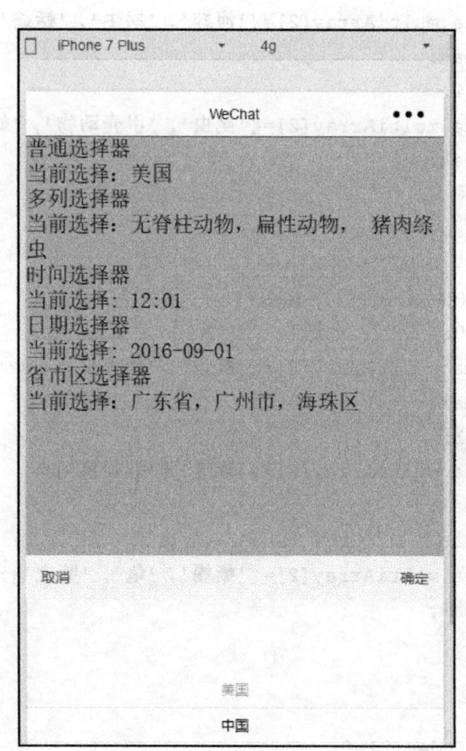

图 4-10 picker组件的应用

4.7 嵌入页面的滚动选择器组件 picker-view

嵌入页面的滚动选择器 picker-view 的属性说明如表 4-13 所示。要注意，其中只可放置 picker-view-column 组件，其他节点不会显示。picker-view-column 仅可放置于 picker-view 中，其子节点的高度会自动设置成与 picker-view 的选中框的高度一致。

表 4-13 picker-view 属性信息

属　性	类　型	说　明
value	NumberArray	数组中的数字依次表示 picker-view 内的 picker-view-column 选择的第几项(下标从 0 开始)，数字大于 picker-view-column 可选项长度时，选择最后一项
indicator-style	String	设置选择器中间选中框的样式
indicator-class	String	设置选择器中间选中框的类名
mask-style	String	设置蒙层的样式
mask-class	String	设置蒙层的类名
bindchange	EventHandle	当滚动选择，value 改变时触发 change 事件，event. detail＝{value: value}；value 为数组，表示 picker-view 内的 picker-view-column 当前选择的是第几项(下标从 0 开始)

例 4-10 代码如下，其效果如图 4-11 所示。

例 4-10

```
<!--index.wxml-->
<view>
  <view>{{year}}年{{month}}月{{day}}日</view>
  <picker-view indicator-style="height: 50px;" style="width: 100%; height:
  300px;"value="{{value}}" bindchange="bindChange">
    <picker-view-column>
      <view wx:for="{{years}}" style="line-height: 50px">{{item}}年</view>
    </picker-view-column>
    <picker-view-column>
      <view wx:for="{{months}}" style="line-height: 50px">{{item}}月</view>
    </picker-view-column>
    <picker-view-column>
      <view wx:for="{{days}}" style="line-height: 50px">{{item}}日</view>
    </picker-view-column>
  </picker-view>
</view>

//index.js
const date=new Date()
const years=[]
const months=[]
```

```
const days=[]
for (let i=1990; i<=date.getFullYear(); i++) {
  years.push(i)
}
for (let i=1; i<=12; i++) {
  months.push(i)
}
for (let i=1; i<=31; i++) {
  days.push(i)
}
Page({
  data: {
    years: years,
    year: date.getFullYear(),
    months: months,
    month: 2,
    days: days,
    day: 2,
    year: date.getFullYear(),
    value: [9999, 1, 1],
  },
  bindChange: function(e) {
    const val=e.detail.value
    this.setData({
      year: this.data.years[val[0]],
      month: this.data.months[val[1]],
      day: this.data.days[val[2]]
    })
  }
})
```

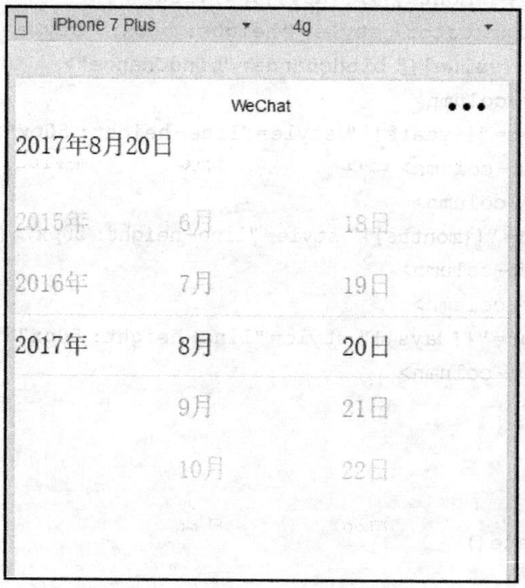

iPhone 7 Plus　4g
WeChat
2017年8月20日
2015年　6月　18日
2016年　7月　19日
2017年　8月　20日
9月　21日
10月　22日

图 4-11　picker-view 组件的应用

4.8 单项选择器 radio-group 和单选项目 radio

radio 是单选项目组件，该组件不能单独使用，必须作为 radio-group 的子组件使用，否则多个 radio 只能有一个被使用。如果要监听 radio 的触发事件，需要使用 radio-group 组件的 bindchange 属性，该属性绑定的函数需要指定一个参数(假设为 event)，通过 event. detail. value，可以获取当前选中的 radio。

radio-group 单项选择器内部由多个 radio 组成，其属性信息如表 4-14 所示。单选项目 radio 的属性相关信息如表 4-15 所示。

表 4-14　radio-group 属性信息

属　性	类　型	说　明
bindchange	EventHandle	radio-group 中的选中项发生变化时触发 change 事件，event. detail={value：选中项 radio 的 value}

表 4-15　radio 属性信息

属　性	类　型	说　明
value	String	radio 标识，当该 radio 选中时，radio-group 的 change 事件会携带 radio 的 value
checked	Boolean	当前是否选中，默认值为 false
disabled	Boolean	是否禁用，默认值为 false
color	String	radio 的颜色，同 CSS 的 color

radio 往往和 label 绑定在一起使用，例 4-11 代码如下；其效果如图 4-12 所示。

例 4-11

```
<!--index.wxml-->
<radio-group bindchange="radioChange">
  <label style="display:block;margin:{{item.margin}}px" wx:for-items=
  "{{radioItems}}">
    <radio value="{{item.name}}" checked="{{item.checked}}" />{{item.value}}
  </label>
</radio-group>

//index.js
Page({
    data:    {
      radioItems: [
        { name: 'USA', value: '美国', margin: 10 },
        { name: 'CHN', value: '中国', checked: 'true', margin: 20 },
        { name: 'BRA', value: '巴西', margin: 30 },
```

```
        { name: 'JPN', value: '日本', margin: 40 },
        { name: 'ENG', value: '英国', margin: 50 },
        { name: 'FRA', value: '法国', margin: 60 }
      ]
    },
    radioChange: function(e) {
      console.log('radio发生 change 事件,value 值为：', e.detail.value)
    }
  })
```

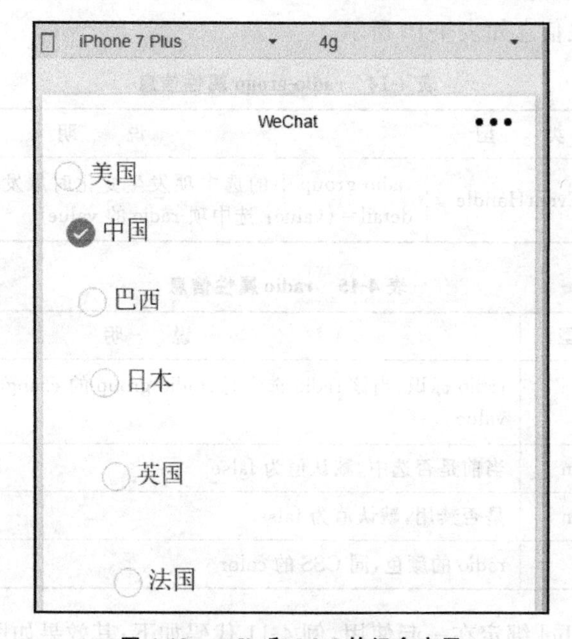

图 4-12　radio 和 label 的组合应用

4.9　滑动选择器组件 slider

滑动选择器组件 slider 可用在控制声音的大小、屏幕的亮度等场景，可以设置滑动步长、显示当前值以及设置最小值/最大值。slider 的属性说明如表 4-16 所示。

表 4-16　slider 属性相关信息

属　性	类　型	默认值	说　明
min	Number	0	最小值
max	Number	100	最大值
step	Number	1	步长，取值必须大于 0，并且可被(max－min)整除
disabled	Boolean	false	是否禁用

续表

属　性	类　型	默认值	说　　明
value	Number	0	当前取值
color	Color	#e9e9e9	背景条的颜色(请使用 backgroundColor)
selected-color	Color	#1aad19	已选择的颜色(请使用 activeColor)
activeColor	Color	#1aad19	已选择的颜色
backgroundColor	Color	#e9e9e9	背景条的颜色
show-value	Boolean	false	是否显示当前 value
bindchange	EventHandle	无	完成一次拖动后触发的事件,event.detail={value:value}

使用 slider 组件的例 4-12 代码如下,其效果如图 4-13 所示。代码中('slider ${index}change')等价于('slider' + index + 'change');('slider ${index}发生 change 事件,携带值为')等价于('slider' + index + '发生 change 事件,携带值为')。

例 4-12

```
<!--index.wxml-->
<view class="section section_gap">
    <text class="section__title">设置 left/right icon</text>
  <view class="body-view">
        <slider bindchange="slider1change" left-icon="cancel"right-icon=
        "success_no_circle"/>
    </view>
</view>
<view class="section section_gap">
    <text class="section__title">设置 step</text>
    <view class="body-view">
      <slider bindchange="slider2change" step="5"/>
    </view>
</view>
<view class="section section_gap">
    <text class="section__title">显示当前 value</text>
    <view class="body-view">
        <slider bindchange="slider3change" show-value/>
    </view>
</view>
<view class="section section_gap">
    <text class="section__title">设置最小值/最大值</text>
    <view class="body-view">
        <slider bindchange="slider4change" min="50" max="200" show-value/>
    </view>
```

```
</view>

//index.js
var pageData={}
for (var i=1; i<5;++i) {
  (function(index) {
    pageData['slider${index}change']=function(e) {
      console.log(`slider${index}发生 change 事件,携带值为', e.detail.value)
    }
  })(i);
}
Page(pageData)
```

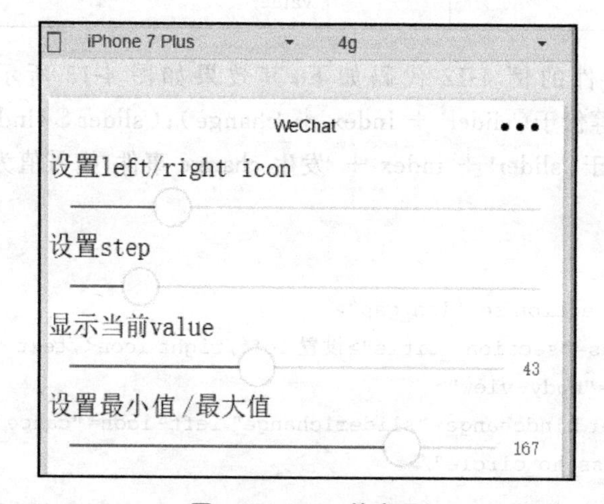

图 4-13 slider 的应用

4.10 开关选择器组件 switch

开关选择器组件 switch 应用得十分普遍,它有开/关两个状态。在很多场景都会用到开关这个功能;例如,通过开关来设置是否接收消息、显示消息、是否有声音、是否震动等。switch 开关选择器的属性可以设置为是否选中、开关类型、颜色以及绑定事件,该组件的属性信息如表 4-17 所示。

表 4-17 switch 属性相关信息

属　性	类　型	说　　明
checked	Boolean	是否选中,默认值为 false
type	String	开关类型,有效值为 switch,checkbox,默认值为 switch
bindchange	EventHandle	checked 改变时触发 change 事件,event.detail={ value:checked}
color	String	switch 的颜色,同 CSS 的 color,默认值为＃04BE02

例 4-13 代码如下，其效果如图 4-14 所示。

例 4-13

```
<!--index.wxml-->
<view class="body-view">
<switch checked bindchange="switch1Change"/>
<switch bindchange="switch2Change"/>
</view>

//index.js
Page({
  switch1Change: function(e) {
    console.log('switch1 发生 change 事件,携带值为', e.detail.value)
  },
  switch2Change: function(e) {
    console.log('switch2 发生 change 事件,携带值为', e.detail.value)
  }
})
```

图 4-14 switch 的应用

4.11 多行输入框组件 textarea

多行输入框组件 textarea 是与 input 对应的一个组件，它可以输入多行文本内容。如果文本行数超过 textarea 组件的高度，会出现垂直滚动条。textarea 的属性如表 4-18 所示。

表 4-18 textarea 组件的属性信息

属　性	类　型	说　明
value	String	输入框的内容
placeholder	String	输入框为空时占位符
placeholder-style	String	指定 placeholder 的样式
placeholder-class	String	指定 placeholder 的样式类，默认值为 textarea-placeholder
disabled	Boolean	是否禁用，默认值为 false

续表

属　　性	类　　型	说　　明
maxlength	Number	最大输入长度，设置为 -1 的时候不限制最大长度，默认值为 140
auto-focus	Boolean	自动聚焦，收起键盘(即将废弃，请直接使用 focus)，默认值为 false
focus	Boolean	获取焦点，默认值为 false
auto-height	Boolean	是否自动增高，设置 auto-height 时，style. height 不生效，默认值为 false
fixed	Boolean	如果 textarea 是在一个 position:fixed 的区域，需要显示指定属性 fixed 为 true，默认值为 false
cursor-spacing	Number	指定光标与键盘的距离，单位为 px。取 textarea 距离底部的距离和 cursor-spacing 指定的距离的最小值作为光标与键盘的距离，默认值为 0
cursor	Number	指定 focus 时的光标位置
bindfocus	EventHandle	输入框聚焦时触发，event. detail={value: value}
bindblur	EventHandle	输入框失去焦点时触发，event. detail={value: cursor}
bindlinechange	EventHandle	输入框行数变化时调用，event. detail={height: 0, heightRpx: 0, lineCount: 0}
bindinput	EventHandle	当键盘输入时，触发 input 事件，event. detail={value: cursor}，bindinput 处理函数的返回值并不会反映到 textarea 上
bindconfirm	EventHandle	点击完成时，触发 confirm 事件，event. detail={value: value}

例 4-14 代码如下，其效果如图 4-15 所示。

例 4-14

```
<!--textarea.wxml-->
<view class="section">
<textarea bindblur="bindTextAreaBlur" auto-height placeholder="自动变高" />
</view>
<view class="section">
  <textarea placeholder="placeholder 颜色是红色的" placeholder-style="
  color:red;"  />
</view>
<view class="section">
<textarea placeholder="这是一个可以自动聚焦的 textarea" auto-focus />
</view>
<view class="section">
<textarea placeholder="这个只有在按钮点击的时候才聚焦" focus="{{focus}}" />
<view class="btn-area">
    <button bindtap="bindButtonTap">使得输入框获取焦点</button>
  </view>
</view>
     <view class="section">
```

```
    <form bindsubmit="bindFormSubmit">
    <textarea placeholder="form 中的 textarea" name="textarea"/>
    <button form-type="submit">提交</button>
</form>
</view>

//textarea.js
Page({
        data: {
                height: 20,
                focus: false
              },
        bindButtonTap: function() {
                          this.setData({
                            focus: true
                          })
                    },
        bindTextAreaBlur: function(e) {
                          console.log(e.detail.value)
                       },
           bindFormSubmit: function(e) {
                          console.log(e.detail.value.textarea)
                       }
})
```

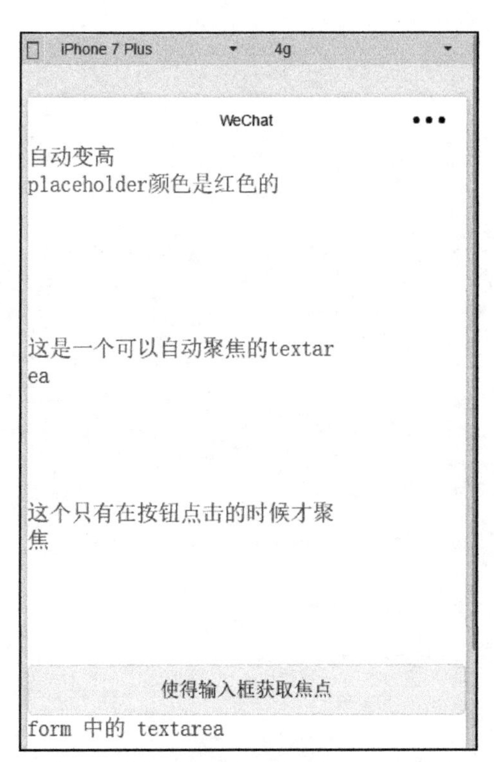

图 4-15 textarea 的应用

习 题 4

问答题

1. 请说明 button 组件的常见属性。
2. 请说明 checkbox 组件的常见属性。
3. 请说明 form 组件的常见属性。
4. 请说明 input 组件的常见属性。
5. 请说明 label 组件的常见属性。
6. 请说明 picker 组件的常见属性。
7. 请说明 picker-view 组件的常见属性。
8. 请说明 radio 组件的常见属性。
9. 请说明 slider 组件的常见属性。
10. 请说明 switch 组件的常见属性。
11. 请说明 textarea 组件的常见属性。

第5章 Chapter 5

互动操作组件

本章主要介绍互动操作组件的属性和常见用法,包括底部菜单组件 action-sheet、弹出对话框组件 modal、消息提示框组件 toast、加载提示组件 loading 等组件的属性和用法。App 软件经常可以从底部弹出很多选项,这种效果可以在小程序中用 action-sheet 组件实现。弹出对话框组件 modal 常用来提示一些信息;例如,退出应用、修改资料等。消息提示框组件 toast 经常用来提示提交成功或者正在加载。加载提示组件 loading 通常使用在请求网络数据时的一种方式,通过 hidden 属性设置显示与否。

5.1 底部菜单组件 action-sheet

App 软件经常可以从底部弹出很多选项,这种效果可以在小程序中用 action-sheet 组件实现。action-sheet 组件是从底部弹出可选菜单项,action-sheet 有两个子组件:每个选项 action-sheet-item 和取消选项 action-sheet-cancel。action-sheet-cancel 和 action-sheet-item 的区别是:点击 action-sheet-cancel 会触发 action-sheet 的 change 事件,并且外观上会同 action-sheet-cancel 上面的内容间隔开来。action-sheet 的属性说明如表 5-1 所示。在 action-sheet 组件中可以放置任何组件。

表 5-1 action-sheet 属性相关信息

属 性	类 型	说 明
hidden	Boolean	是否隐藏,默认值为 true
bindchange	EventHandle	点击背景或 action-sheet-cancel 按钮时触发 change 事件,不携带数据

例 5-1 代码如下,其效果如图 5-1 所示。

例 5-1

```
<!--index.wxml-->
<button type="default" bindtap="actionSheetTap">弹出 action sheet</button>
<action-sheet hidden="{{actionSheetHidden}}" bindchange="actionSheetChange">
    <block wx:for-items="{{actionSheetItems}}">
        <action-sheet-item class="item" bindtap="bind{{item}}">{{item}}
            </action-sheet-item>
```

```
    </block>
    <action-sheet-cancel class="cancel">取消</action-sheet-cancel>
</action-sheet>

//index.js
var items=['item1', 'item2', 'item3', 'item4']
var pageObject={
  data: {
    actionSheetHidden: true,
    actionSheetItems: items
  },
  actionSheetTap: function(e) {
    this.setData({
      actionSheetHidden: ! this.data.actionSheetHidden
    })
  },
  actionSheetChange: function(e) {
    this.setData({
      actionSheetHidden: ! this.data.actionSheetHidden
    })
  }
}
for (var i=0; i<items.length;++i) {
  (function(itemName) {
    pageObject['bind'+itemName]=function(e) {
      console.log('click'+itemName, e)
    }
  })(items[i])
}
Page(pageObject)
```

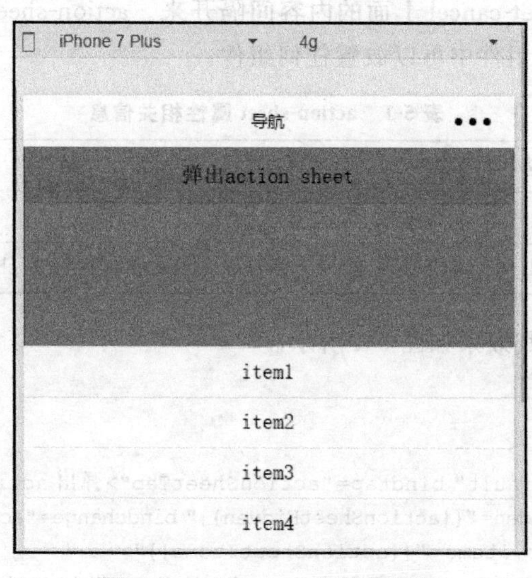

图 5-1 action-sheet 组件的应用

5.2 弹出对话框组件 modal

弹出对话框组件 modal 常用来提示一些信息；例如，退出应用、修改资料等。模态弹窗是对整个界面进行覆盖，防止用户对界面中的其他内容进行操作。对于需要用户明确知晓的操作结果状态可通过模态对话框来提示，并可附带下一步操作指引。modal 的属性说明如表 5-2 所示。

表 5-2 modal 属性相关信息

属　性	类　型	说　明
title	String	标题
hidden	Boolean	是否隐藏整个弹窗，默认值为 false
no-cancel	Boolean	是否隐藏 cancel 按钮，默认值为 false
confirm-text	String	confirm 按钮文字，默认值为确定
cancel-text	String	cancel 按钮文字，默认值为取消
bindconfirm	EventHandle	点击确认触发的回调
bindcancel	EventHandle	点击取消以及蒙层触发的回调

例 5-2 代码如下，其效果如图 5-2 所示。

例 5-2

```
<!--index.wxml-->
<view>
  <modal title="两个按钮" confirm-text="确定"
   cancel-text="取消" hidden="{{modalHidden1}}"
   bindconfirm="modalChange1" bindcancel="modalChange1"  >
这是对话框的内容
  </modal>
  <modal title="一个按钮" no-cancel confirm-text="确定"
   cancel-text="取消" hidden="{{modalHidden2}}"
    bindconfirm="modalChange2" bindcancel="modalChange2"  >
      <image src="http://geekori.cn/img/weixin_code.png" style="width:
      100px;height:100px"/>
  </modal>
  <view style="margin:20px">
      <button bindtap="modalTap1">点击弹出包含两个按钮的对话框</button>
<button style="margin-top:20px"  bindtap="modalTap2">点击弹出包含一个按钮的对
话框</button>
  </view>
</view>

//index.js
```

```
var items=['第一项','第二项','第三项','第四项'];
Page({
  data: {
    modalHidden1: true,
    modalHidden2:true
  },
  modalTap1: function(e) {
    this.setData(      {
        modalHidden1: false
      }    )
  },
  modalChange1: function(e) {
    this.setData(      {
        modalHidden1: true
      }    )
  },
  modalTap2: function(e) {
    this.setData(      {
        modalHidden2: false
      }    )
  },
  modalChange2: function(e) {
    this.setData(      {
        modalHidden2: true
      }    )
  }
})
```

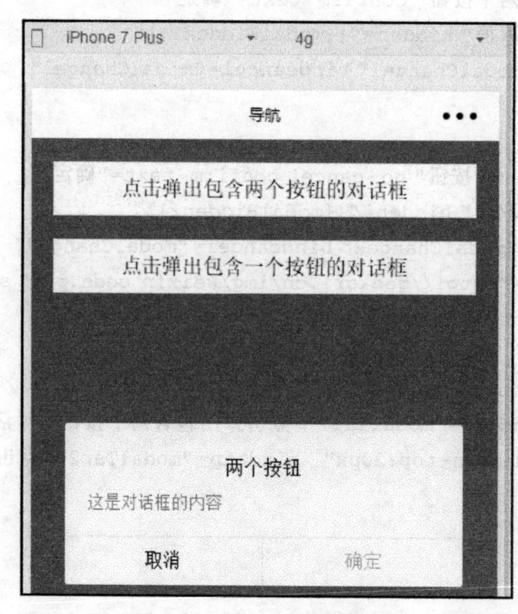

图 5-2 modal 组件的应用

5.3 消息提示框组件 toast

消息提示框组件 toast 经常用来提示提交成功或者正在加载。toast 弹出式提示适用于轻量级的成功提示，1.5s 后自动消失，对用户影响较小，适用于不需要强调的操作提醒，例如成功提示。注意该形式不适用于错误提示，因为错误提示需要明确告知用户，不适合使用一闪而过的弹出式提示。toast 的属性说明如表 5-3 所示。

表 5-3 toast 属性相关信息

属 性	类 型	说 明
duration	Float	hidden 设置 false 后，触发 bindchange 的延时，单位为毫秒(ms)，默认值为 1500
hidden	Boolean	是否隐藏，默认值为 false
bindchange	EventHandle	duration 延时后触发

例 5-3 代码如下，其效果如图 5-3 所示。

例 5-3

```
<!--index.wxml-->
<view class="body-view">
    <toast hidden="{{toast1Hidden}}" bindchange="toast1Change">
        默认
    </toast>
    <button type="default" bindtap="toast1Tap">点击弹出默认 toast</button>
</view>
<view class="body-view">
    <toast hidden="{{toast2Hidden}}" duration="3000" bindchange=
    "toast2Change">
        设置 duration
    </toast>
    <button type="default" bindtap="toast2Tap">点击弹出设置 duration 的 toast</
button>
</view>

//index.js
var toastNum=2
var pageData={}
pageData.data={}
for (var i=0; i<=toastNum;++i) {
  pageData.data['toast'+i+'Hidden']=true;
  (function(index) {
    pageData['toast'+index+'Change']=function(e) {
```

```
      var obj={}
      obj['toast'+index+'Hidden']=true;
      this.setData(obj)
    }
    pageData['toast'+index+'Tap']=function(e) {
      var obj={}
      obj['toast'+index+'Hidden']=false
      this.setData(obj)
    }
  })(i)
}
Page(pageData)
```

图 5-3　toast 组件的应用

5.4　加载提示组件 loading

加载提示组件 loading 通常使用在请求网络数据时的一种方式，通过 hidden 属性设置显示与否。如果加载样式覆盖整个页面，由于无法明确告知具体加载的位置或内容将可能引起用户的焦虑感，因此应谨慎使用。除了在某些全局性操作下不要使用模态的加载。局部加载反馈只在触发加载的页面局部进行反馈，这样的反馈机制更加有针对性，页面跳动小，是微信推荐的反馈方式。loading 属性为 hidden，默认为 false(不隐藏)。

例 5-4 代码如下，其效果如图 5-4 所示。

例 5-4

```
<!--index.wxml-->
<view class="body-view">
```

```
    <loading hidden="{{hidden}}">
        加载中...
    </loading>
    <button type="default" bindtap="loadingTap">点击弹出 loading</button>
</view>

//index.js
Page({
  data: {
    hidden: true
  },
  loadingTap: function() {
    this.setData({
      hidden: false
    });
    var that=this;
    setTimeout(function() {
      that.setData({
        hidden: true
      });
      that.update();
    }, 3000);
  }
})
```

图 5-4 loading 组件的应用

习　题　5

问答题

1. 请说明 action-sheet 组件的常见属性。
2. 请说明 modal 组件的常见属性。
3. 请说明 toast 组件的常见属性。
4. 请说明 loading 组件的常见属性。

第6章 Chapter 6

媒体组件

本章主要介绍音频组件 audio、图片组件 image、视频组件 video 的属性和常见用法等内容。音频组件 audio 是用于播放音频的组件，该组件默认会带有一个控制面板，用于控制音频的播放和暂停，以及显示音频作者、名称等信息。图片组件 image 可以用来显示本地或网络图片。image 组件有丰富的缩放、裁剪两类展现模式，其中缩放模式包括 4 种方式，裁剪模式包括 9 种方式。视频组件 video 是用于播放本地或网络视频的组件。

6.1 音频组件 audio

音频组件 audio 是用于播放音频的组件，该组件默认会带有一个控制面板，用于控制音频的播放和暂停，以及显示音频作者、名称等信息。其属性说明如表 6-1 所示。

表 6-1 audio 属性相关信息

属　性	类　型	说　明
id	String	audio 组件的唯一标识
src	String	要播放音频的资源地址
loop	Boolean	是否循环播放，默认值为 false
controls	Boolean	是否显示默认控件，默认值为 false
poster	String	默认控件上音频封面的图片资源地址，如果 controls 属性值为 false，则设置 poster 无效
name	String	默认控件上音频的名字，如果 controls 属性值为 false，则设置 name 无效，默认为未知音频
author	String	默认控件上作者的名字，如果 controls 属性值为 false 则设置 author 无效，默认为未知作者
binderror	EventHandle	当发生错误时触发 error 事件，detail = {errMsg: MediaError.code}

续表

属　性	类　型	说　明
bindplay	EventHandle	当开始/继续播放时触发 play 事件
bindpause	EventHandle	当暂停播放时触发 pause 事件
bindtimeupdate	EventHandle	当播放进度改变时触发 timeupdate 事件，detail＝{currentTime, duration}
bindended	EventHandle	当播放到末尾时触发 ended 事件

MediaError. code 错误码信息如表 6-2 所示。

表 6-2　audio 中 MediaError. code 错误码信息

返回错误码	描　述
MEDIA_ERR_ABORTED	获取资源被用户禁止
MEDIA_ERR_NETWORD	网络错误
MEDIA_ERR_DECODE	解码错误
MEDIA_ERR_SRC_NOT_SUPPOERTED	不合适资源

访问网络音频的例 6-1 代码如下，其效果如图 6-1 所示。

例 6-1

```
<!--audio.wxml-->
<audio poster="{{poster}}" name="{{name}}" author="{{author}}" src="{{src}}"
id="myAudio"controls loop></audio>
<button type="primary" bindtap="audioPlay">播放</button>
<buttontype="primary" bindtap="audioPause">暂停</button>
<button type="primary" bindtap="audio14">设置当前播放时间为 14s</button>
<button type="primary" bindtap="audioStart">回到开头</button>

//audio.js
Page({
  onReady: function(e) {
    //使用 wx.createAudioContext 获取 audio 上下文 context
    this.audioCtx=wx.createAudioContext('myAudio')
  },
  data: {
    poster:'http://y.gtimg.cn/music/photo_new/T002R300x300M000003rsKF44GyaSk.jpg?
    max_age=2592000',
    name: '此时此刻',
    author: '许巍',
    src:'http://ws.stream.qqmusic.qq.com/M500001VfvsJ21xFqb.mp3?guid=
ffffffff82def4af4b12b3cd9337d5e7&uin = 346897220&vkey = 6292F51E1E384E06DCBDC9
```

```
AB7C49FD713D632D313AC4858BACB8DDD29067D3C601481D36E62053BF8DFEAF74C0A5CCFA
DD6471160CAF3E6A&fromtag=46',
  },
  audioPlay: function() {
    this.audioCtx.play()
  },
  audioPause: function() {
    this.audioCtx.pause()
  },
  audio14: function() {
    this.audioCtx.seek(14)
  },
  audioStart: function() {
    this.audioCtx.seek(0)
  }
})
```

图 6-1　audio 组件访问网络音频

6.2 图片组件 image

图片组件 image 可以用来显示图片，这些图片既可以是本地图片，也可以是网络图片。image 组件默认宽度 300px、高度 225px。图片组件 image 属性的说明如表 6-3 所示。

image 组件有缩放模式和裁剪模式两类展现模式。缩放模式包括 4 种方式，如表 6-4 所示。

表 6-3 image 属性相关信息

属 性	类 型	说 明
src	String	图片资源地址
mode	String	图片裁剪、缩放的模式，默认值为 scaleToFill
binderror	HandleEvent	当发生错误时，发布到 AppService 的事件名，事件对象 event. detail={errMsg: 'something wrong'}
bindload	HandleEvent	当图片载入完毕时，发布到 AppService 的事件名，事件对象 event. detail={height: '图片高度 px', width: '图片宽度 px'}

表 6-4 image 属性中的缩放模式信息

模 式	说 明
scaleToFill	不保持纵横比缩放图片，使图片的宽高完全拉伸至填满 image 元素
aspectFit	保持纵横比缩放图片，使图片的长边能完全显示出来，即可以完整地将图片显示出来
aspectFill	保持纵横比缩放图片，只保证图片的短边能完全显示出来，即图片通常只在水平或垂直方向是完整的，另一个方向将会发生截取
widthFix	宽度不变，高度自动变化，保持原图宽高比不变

裁剪模式包括 9 种方式，如表 6-5 所示。

表 6-5 image 属性中的裁剪模式信息

模 式	说 明
top	不缩放图片，只显示图片的顶部区域
bottom	不缩放图片，只显示图片的底部区域
center	不缩放图片，只显示图片的中间区域
left	不缩放图片，只显示图片的左边区域
right	不缩放图片，只显示图片的右边区域
top left	不缩放图片，只显示图片的左上边区域
top right	不缩放图片，只显示图片的右上边区域
bottom left	不缩放图片，只显示图片的左下边区域
bottom right	不缩放图片，只显示图片的右下边区域

image 图片的地址一般使用相对地址。image 组件有很多属性模式，如例 6-2 就用到了“scaleToFill”“aspectFit”两种属性模式。例 6-2 代码如下，其效果如图 6-2。

例 6-2

```
<!--index.wxml-->
<view class="page">
  <view class="page__hd">
    <text class="page__title">image</text>
    <text class="page__desc">图片</text>
  </view>
  <view class="page__bd">
```

```
    <view class="section section_gap" wx:for-items="{{array}}"
        wx:for-item="item">
      <view class="section__title">{{item.text}}</view>
      <view class="section__ctn">
        <image style="width: 200px; height: 200px; background-color:
            #eeeeee;"mode="{{item.mode}}" src="{{src}}"></image>
      </view>
    </view>
  </view>
</view>

//index.js
Page({
  data: {
    array: [{
      mode: 'scaleToFill',
      text: 'scaleToFill: 不保持纵横比缩放图片,使图片完全适应'
    }, {
      mode: 'aspectFit',
      text: 'aspectFit: 保持纵横比缩放图片,使图片的长边能完全显示出来'
      },],
    src: '../../images/cat.jpg'
  },
  imageError: function(e) {
    console.log('image3 发生 error 事件,携带值为', e.detail.errMsg)
  }
})
```

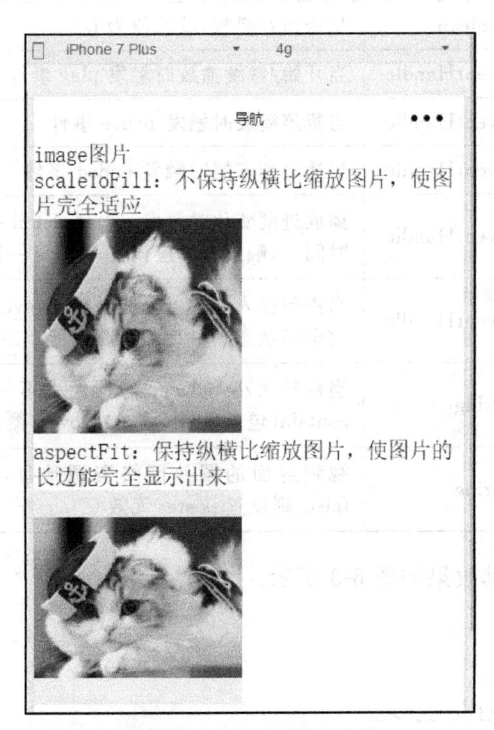

图 6-2 image 组件的应用

6.3 视频组件 video

视频组件 video 可用于播放本地或网络视频，它的属性说明如表 6-6 所示。video 组件的默认宽度为 300px、默认高度为 225px。

表 6-6 video 组件的属性相关信息

属 性	类 型	说 明
src	String	要播放视频的资源地址
duration	Number	指定视频的时长
controls	Boolean	是否显示默认播放控件(播放/暂停按钮、播放进度、时间)，默认值为 true
danmu-list	Object Array	弹幕列表
danmu-btn	Boolean	是否显示弹幕按钮，只在初始化时有效，不能动态变更，默认值为 false
enable-danmu	Boolean	是否展示弹幕，只在初始化时有效，不能动态变更，默认值为 false
autoplay	Boolean	是否自动播放，默认值为 false
loop	Boolean	是否循环播放，默认值为 false
muted	Boolean	是否静音播放，默认值为 false
bindplay	EventHandle	当开始/继续播放时触发 play 事件
bindpause	EventHandle	当暂停播放时触发 pause 事件
bindended	EventHandle	当播放到末尾时触发 ended 事件
bindtimeupdate	EventHandle	播放进度变化时触发，event.detail={currentTime: '当前播放时间'}，触发频率应该在 250ms 一次
bindfullscreenchange	EventHandle	当视频进入和退出全屏时触发，event.detail={fullScreen: '当前全屏状态'}
objectFit	String	当视频大小与 video 容器大小不一致时，视频的表现形式：contain(包含)，fill(填充)，cover(覆盖)，默认值为 contain
poster	String	视频封面的图片网络资源地址，如果 controls 属性值为 false，则设置 poster 无效

例 6-3 代码如下，其效果如图 6-3 所示。

例 6-3

```
<!--index.wxml-->
<view class="section tc">
    <video id="myVideo" src="http://wxsnsdy.tc.qq.com/105/20210/
```

```
snsdyvideodownload?filekey=30280201010421301f0201690402534804102ca905ce62
0b1241b726bc41dcff44e00204012882540400&bizid=1023&hy=SH&fileparam=302c0201
01042530230204136ffd93020457e3c4ff02024ef202031e8d7f02030f42400204045a320a0
201000400" danmu-list="{{danmuList}}" enable-danmu danmu-btn controls>
</video>
    <view class="btn-area">
    <button bindtap="bindButtonTap">获取视频</button>
    <input bindblur="bindInputBlur"/>
    <button bindtap="bindSendDanmu">发送弹幕</button>
</view>
</view>

//index.js
function getRandomColor() {
  let rgb=[]
  for (let i=0; i<3;++i) {
    let color=Math.floor(Math.random() * 256).toString(16)
    color=color.length==1 ? '0'+color : color
    rgb.push(color)
  }
  return '#'+rgb.join('')
}
Page({
  onReady: function(res) {
    this.videoContext=wx.createVideoContext('myVideo')
  },
  inputValue: '',
  data: {
    src: '',
    danmuList: [
      {
        text: '第 1s 出现的弹幕',
        color: '#ff0000',
        time: 1
      },
      {
        text: '第 3s 出现的弹幕',
        color: '#ff00ff',
        time: 3
      }]
  },
  bindInputBlur: function(e) {
    this.inputValue=e.detail.value
  },
  bindButtonTap: function() {
    var that=this
    wx.chooseVideo({
```

```
      sourceType: ['album', 'camera'],
      maxDuration: 60,
      camera: ['front', 'back'],
      success: function(res) {
        that.setData({
          src: res.tempFilePath
        })
      }
    })
  },
  bindSendDanmu: function() {
    this.videoContext.sendDanmu({
      text: this.inputValue,
      color: getRandomColor()
    })
  }
})
```

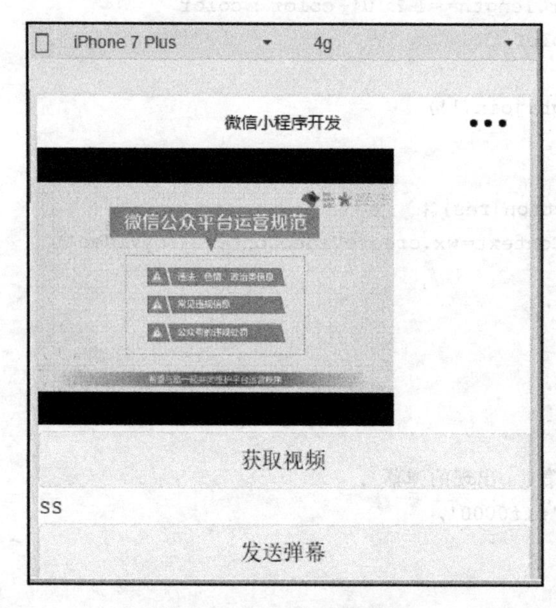

图 6-3　video 组件的应用

习　题　6

问答题

1. 请说明 audio 组件的常见属性。
2. 请说明 image 组件的常见属性。
3. 请说明 video 组件的常见属性。

第7章 Chapter 7

其他组件

本章主要介绍地图组件map、画布组件canvas、开放数据组件open-data、客服会话按钮contact-button、导航组件navigator的属性和常用方法等内容。

7.1 地图组件map

地图组件map可用来开发与地图相关的应用，如地图导航、打车软件、商城的订单轨迹、物流等。在地图上可以标记覆盖物以及指定一系列的坐标位置，如酒店、餐厅、仓库和客户的收货地址。map组件的属性说明如表7-1所示。

表7-1 地图组件map的属性相关信息

属　性	类　型	说　明
longitude	Number	中心经度
latitude	Number	中心纬度
scale	Number	缩放级别，取值范围为5～18，默认值为16
markers	Array	标记点
covers	Array	覆盖物(即将移除，请使用markers替代)
polyline	Array	路线
circles	Array	圆
controls	Array	控件
include-points	Array	缩放视野以包含所有给定的坐标点
show-location	Boolean	显示带有方向的当前定位点
bindmarkertap	EventHandle	点击标记点时触发
bindcallouttap	EventHandle	点击标记点对应的气泡时触发
bindcontroltap	EventHandle	点击控件时触发
bindregionchange	EventHandle	视野发生变化时触发
bindtap	EventHandle	点击地图时触发

在地图中，标记点 markers 用于在地图上显示标记的位置，但它不能自定义图标和样式，它的属性如表 7-2 所示。地图组件的经纬度必填，如果不填经纬度则默认值是北京的经纬度。标记点 markers 只能在初始化的时候设置，不支持动态更新。

表 7-2 地图组件 map 中标记点的属性相关信息

属　性	类　型	说　　明	必填	备　　注
id	Number	标记点 id	否	marker 点击事件回调会返回此 id
latitude	Number	纬度	是	浮点数，范围为－90～90
longitude	Number	经度	是	浮点数，范围为－180～180
title	String	标注点名	否	无
iconPath	String	显示的图标	是	项目目录下的图片路径，支持相对路径写法，以'/'开头则表示相对小程序根目录；也支持临时路径
rotate	Number	旋转角度	否	顺时针旋转的角度，范围为 0°～360°，默认值为 0°
alpha	Number	标注的透明度	否	默认值为 1，无透明
width	Number	标注图标宽度	否	默认为图片实际宽度
height	Number	标注图标高度	否	默认为图片实际高度
callout	Object	自定义标记点上方的气泡窗口	否	{content, color, fontSize, borderRadius, bgColor, padding, display}
label	Object	为标记点旁边增加标签	否	{color, fontSize, content, x, y}，可识别换行符，x, y 原点是 marker 对应的经纬度
anchor	Object	经纬度在标注图标的锚点，默认底边中点	否	{x, y}，x 表示横向(0-1)；y 表示竖向(0-1)。{x: .5, y: 1} 表示底边中点

markers 上的气泡 callout 的属性如表 7-3 所示。

表 7-3 地图组件 map 标记点 markers 上的气泡 callout 的属性相关信息

属　性	类　型	说　明
content	String	文本
color	String	文本颜色
fontSize	Number	文字大小
borderRadius	Number	callout 边框圆角
bgColor	String	背景色
padding	Number	文本边缘留白
display	String	'BYCLICK': 点击显示; 'ALWAYS': 常显

polyline指定一系列坐标点，从数组第一项连线至最后一项，其属性说明如表7-4所示。circles在地图上显示圆，其属性说明如表7-5所示。controls在地图上显示控件，控件不随地图移动，其属性说明如表7-6所示。position控件的位置是相对地图的位置，其属性如表7-7所示。

表7-4 polyline属性的相关信息

属　性	类　型	说　明	必填
points	Array	经纬度数组，[{latitude: 0, longitude: 0}]	是
color	String	线的颜色；8位十六进制数表示，后两位表示alpha值，如：#000000AA	否
width	Number	线的宽度	否
dottedLine	Boolean	是否虚线，默认为false	否
arrowLine	Boolean	带箭头的线，默认为false	否
borderColor	String	线的边框颜色	否
borderWidth	Number	线的厚度	否

表7-5 circles属性的相关信息

属　性	类　型	说　明	必填
latitude	Number	纬度；浮点数，范围为－90～90	是
longitude	Number	经度；浮点数，范围为－180～180	是
color	String	描边的颜色；8位十六进制数表示，后两位表示alpha值，如：#000000AA	否
fillColor	String	填充颜色；8位十六进制数表示，后两位表示alpha值，如：#000000AA	否
radius	Number	半径	是
strokeWidth	Number	描边的宽度	否

表7-6 controls属性的相关信息

属　性	类　型	说　明	必填
id	Number	控件id，在控件点击事件回调会返回此id	否
position	Object	控件在地图的位置，控件相对地图位置	是
iconPath	String	显示的图标；项目目录下的图片路径，支持相对路径写法，以'/'开头则表示相对小程序根目录，也支持临时路径	是
clickable	Boolean	是否可点击，默认为不可点击	否

表 7-7 position 属性的相关信息

属 性	类 型	说 明	必填
left	Number	距离地图的左边界多远,默认为 0	否
top	Number	距离地图的上边界多远,默认为 0	否
width	Number	控件宽度,默认为图片宽度	否
height	Number	控件高度,默认为图片高度	否

例 7-1 代码如下,其效果如图 7-1 所示。

例 7-1

```
<!--index.wxml-->
<map id="map" longitude="113.324520" latitude="23.099994" scale="14" controls
="{{controls}}" bindcontroltap="controltap"
markers="{{markers}}" bindmarkertap="markertap" polyline="{{polyline}}"
bindregionchange="regionchange" show-location style="width: 100%; height:
300px;">
</map>

//index.js
Page({
  data: {
    markers: [{
      iconPath: "../../images/1.jpg",
      id: 0,
      latitude: 23.099994,
      longitude: 113.324520,
      width: 50,
      height: 50
    }],
    polyline: [{
      points: [{
        longitude: 113.3245211,
        latitude: 23.10229
      }, {
        longitude: 113.324520,
        latitude: 23.21229
      }],
      color: "#FF0000DD",
      width: 2,
      dottedLine: true
    }],
    controls: [{
      id: 1,
```

```
        iconPath: '../../images/2.jpg',
        position: {
          left: 0,
          top: 300-50,
          width: 50,
          height:50
        },
        clickable: true
      }]
    },
    regionchange(e) {
      console.log(e.type)
    },
    markertap(e) {
      console.log(e.markerId)
    },
    controltap(e) {
      console.log(e.controlId)
    }
  })
```

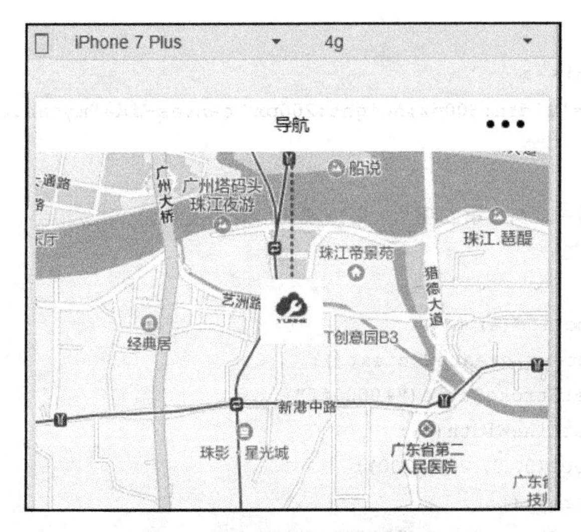

图 7-1　地图组件 map 的应用

7.2　画布组件 canvas

画布组件 canvas 可以用来绘制正方形、圆形或者其他的形状。canvas 画布组件的默认宽度为 300px、默认高度为 150px，同一页面中的 canvas-id 不可重复，在使用的时候需要有唯一的标识符。如果使用一个已经出现过的 canvas-id，该 canvas 标签对应的画布将被隐藏并且不再正常工作。它有手指触摸动作开始、手指触摸后移动、手指触摸动作结束、手指触摸动作被打断等事件，具体属性如表 7-8 所示。

表 7-8 画布组件 canvas 的属性信息

属　性	类　型	说　明
canvas-id	String	canvas 组件的唯一标识符
disable-scroll	Boolean	当在 canvas 中移动且有绑定手势事件时，禁止屏幕滚动以及下拉刷新，默认值为 false
bindtouchstart	EventHandle	手指触摸动作开始
bindtouchmove	EventHandle	手指触摸后移动
bindtouchend	EventHandle	手指触摸动作结束
bindtouchcancel	EventHandle	手指触摸动作被打断，如来电提醒、弹窗
bindlongtap	EventHandle	手指长按 500ms 之后触发，触发了长按事件后进行移动不会触发屏幕的滚动
binderror	EventHandle	当发生错误时触发 error 事件，detail={errMsg: 'something wrong'}

例 7-2 代码如下，其效果如图 7-2 所示。

例 7-2

```
<!--index.wxml-->
<canvas style="width:300px;height:200px" canvas-id="mycanvas"/>

//index.js
var items=['第一项', '第二项', '第三项', '第四项'];
Page({
  data: {  },
  onReady: function(e) {
    var context=wx.createContext();
    context.setStrokeStyle("#0000ff");
    context.setLineWidth(5);
    context.rect(0, 0, 200, 200);
    context.stroke();
    context.setStrokeStyle("#ff00ff");
    context.setLineWidth(2);
    context.moveTo(160, 100);
    context.arc(100, 100, 60, 0, 2 * Math.PI, true)
    context.moveTo(140, 100);
    context.arc(100, 100, 40, 0, Math.PI, false);
    context.moveTo(85, 80);
    context.arc(80, 80, 5, 0, 2 * Math.PI, true);
    context.moveTo(125, 80);
    context.arc(120, 80, 5, 0, 2 * Math.PI, true);
```

```
      context.stroke();
      wx.drawCanvas(      {
          canvasId: 'mycanvas',
          actions: context.getActions()
        }    )
    }
})
```

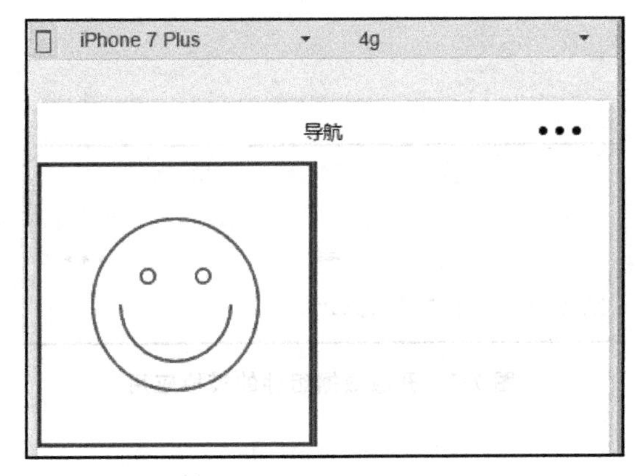

图 7-2 画布组件 canvas 的应用

7.3 开放数据组件 open-data

开放数据组件 open-data 用于展示微信开放的数据，其属性说明如表 7-9 所示。其中，type 的有效值为 groupName；当前用户在此群内才能拉取到群名称。

表 7-9 开放数据组件 open-data 的属性信息

属 性	类 型	说 明
type	String	开放数据类型
open-gid	String	当 type="groupName" 时生效，群 id

模拟应用开放数据组件的代码如例 7-3 所示，其效果如图 7-3 所示。

例 7-3

```
<!--index.wxml-->
<open-data type="groupName" open-gid="{{og}}">{{og}}</open-data>

//index.js
Page({
  data:{
    og:'模拟开放数据组件 open-data'
},
```

```
  onLoad: function(options) {
    wx.login({
      success: function(res) {
          console.log("code: "+res.code)
          console.log("errMsg: "+res.errMsg)
          console.log(res)
   }
     })
   }
})
```

图 7-3　开放数据组件的模拟应用

7.4　客服会话按钮 contact-button

客服会话按钮 contact-button，用于在页面上显示一个客服会话按钮，用户点击该按钮后会进入客服会话。客服会话按钮 contact-button 属性的说明如表 7-10 所示。

表 7-10　客服会话按钮 contact-button 的属性信息

属　性	类　型	说　明
size	Number	会话按钮大小，有效值为 18～27，默认值为 18，单位为 px
type	String	会话按钮的样式类型，有效值为 default-dark 和 default-light，默认值为 default-dark
session-from	String	用户从该按钮进入会话时，开发者将收到带有本参数的事件推送；本参数可用于区分用户进入客服会话的来源

模拟应用客服会话按钮 contact-button 的代码如例 7-4 所示，其效果如图 7-4 所示。

例 7-4

```
<!--index.wxml-->
<contact-button type="default-light"  size="20"  session-from="weapp">客服
</contact-button>

//index.js
Page({
  onLoad: function(options) {
```

```
    wx.login({
      success: function(res) {
          console.log("code: "+res.code)
          console.log("errMsg: "+res.errMsg)
          console.log(res)
   }
    })
  }
})
```

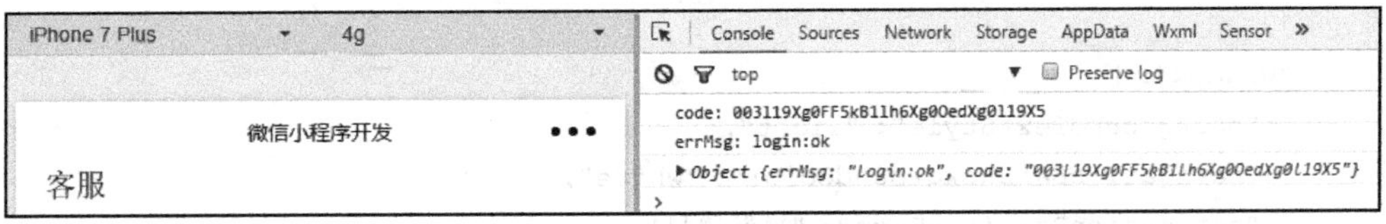

图 7-4 客服会话按钮的模拟应用

7.5 导航组件 navigator

页面链接组件 navigator 能实现导航功能，它的属性说明如表 7-11 所示。其中，属性 open-type 的有效值如表 7-12 所示。navigator-hover 默认为“{background-color: rgba(0, 0, 0, 0.1); opacity: 0.7;}”，navigator 的子节点背景色应为透明色。

表 7-11 navigator 的属性相关信息

属　性	类　型	说　明
url	String	应用内的跳转链接
open-type	String	跳转方式，默认值为 navigate
delta	Number	当 open-type 为'navigateBack'时有效，表示回退的层数
hover-class	String	指定点击时的样式类，当 hover-class="none"时，没有点击态效果，默认值为 navigator-hover
hover-start-time	Number	按住后多久出现点击态，单位为毫秒(ms)，默认值为 50
hover-stay-time	Number	手指松开后点击态保留时间，单位为毫秒(ms)，默认值为 600

表 7-12 open-type 的有效值

值	说　明	值	说　明
navigate	对应 wx.navigateTo 的功能	reLaunch	对应 wx.reLaunch 的功能
redirect	对应 wx.redirectTo 的功能	navigateBack	对应 wx.navigateBack 的功能
switchTab	对应 wx.switchTab 的功能		

修改 app.json 之后的代码如例 7-5 所示。

例 7-5

```
{
  "pages": [
    "pages/index/index",
    "pages/news/news",
    "pages/redirect/redirect",
    "pages/cash/cash",
    "pages/me/me"
  ],
  "window": {
    "backgroundTextStyle": "light",
    "navigationBarBackgroundColor": "white",
    "navigationBarTitleText": "导航项目",
    "navigationBarTextStyle": "black"
  },
  "tabBar": {
    "selectedColor": "#D73E3E",
    "backgroundColor": "#F3F1EF",
    "borderStyle":"white",
    "list": [
      {
        "pagePath": "pages/index/index",
        "text": "首页",
        "iconPath": "images/bar/index-0.jpg",
        "selectedIconPath": "images/bar/index-1.jpg"
      },
      {
        "pagePath": "pages/cash/cash",
        "text": "现金券",
        "iconPath": "images/bar/cash-0.jpg",
        "selectedIconPath": "images/bar/cash-1.jpg"
      },
      {
        "pagePath": "pages/me/me",
        "text": "我的",
        "iconPath": "images/bar/me-0.jpg",
        "selectedIconPath": "images/bar/me-1.jpg"
      }
    ]
  }
}
```

底部标签导航界面如图 7-5 所示。

图 7-5 底部标签导航界面

例 7-6 中首页的代码如下，其效果如图 7-6 所示。

例 7-6

```
<!--index.wxml-->
<view>
    <navigator url="../news/news" open-type="navigate" hover-class=
    "navigator-hover">与 wx.navigateTo 相同,保留当前页跳转</navigator>
    <navigator url="../redirect/redirect" open-type="redirect" hover-class=
    "other-navigator-hover">与 wx.redirectTo 相同,关闭当前页跳转</navigator>
    <navigator url="../me/me" open-type="switchTab" hover-class="other-
  navigator-hover">与 wx.switchTab 相同,跳转到 tabBar 页面</navigator>
</view>
```

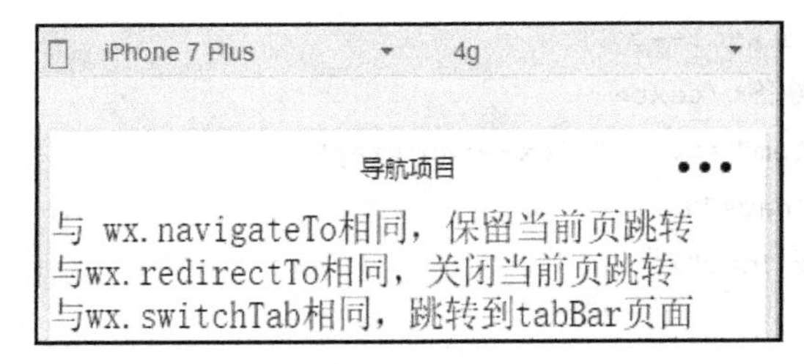

图 7-6 首页界面

点击图 7-6 中首页的第一行链接，跳转到图 7-7 的 news 页面，代码如例 7-7 所示。其效果如图 7-7 所示。

例 7-7

```
<!--news.wxml-->
<text>pages/news/news.wxml</text>
<view>点击左上角返回到之前页面</view>
```

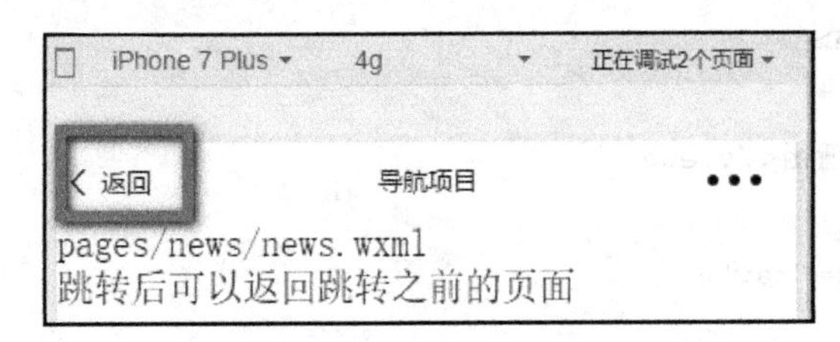

图 7-7 可以返回到首页的 news 界面示意图

点击图 7-6 中首页的第二行链接，跳转到图 7-8 中 redirect 页面，代码如例 7-8 所示，其效果如图 7-8 所示。

例 7-8

```
<!--pages/redirect/redirect.wxml-->
<text>pages/redirect/redirect.wxml</text>
<view><text>关闭页面后跳转,跳转后无法返回到当前页</text></view>
```

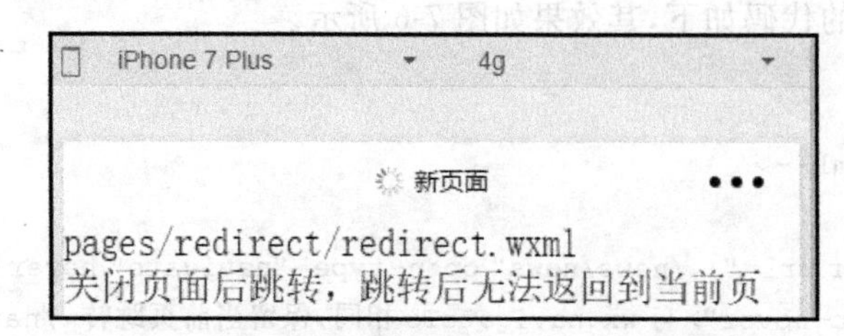

图 7-8　无法返回到首页的 redirect 界面示意图

点击图 7-6 中首页的第三行链接，跳转到图 7-9 的 me 页面，代码如例 7-9 所示，其效果如图 7-9 所示。

例 7-9

```
<!--pages/me/me.wxml-->
<text>我的婚礼筹备</text>
<view class="item" style="flex-wrap:wrap">
  <view class="navs">
    <view class="nav">
      <view>
        <image src="../../images/type/wdhbh/xjq.jpg" style="width:38px;
        height:38px;"></image>
      </view>
      <view>现金券</view>
    </view>
    <view class="nav">
      <view>
        <image src="../../images/type/wdhbh/yqh.jpg" style="width:38px;
        height:38px;">
        </image>
      </view>
      <view>邀请函</view>
    </view>
    <view class="nav">
      <view>
        <image src="../../images/type/wdhbh/qdl.jpg" style="width:38px;
        height:38px;">
      </image>
      </view>
```

```
        <view>签到礼</view>
      </view>
      <view class="nav">
        <view>
          <image src="../../images/type/wdhbh/dhl.jpg" style="width:38px;
          height:38px;">
          </image>
        </view>
        <view>兑好礼</view>
      </view>
    </view>
</view>
```

```
/* pages/me/me.wxss */
.item{
   margin: 10px;
   display: flex;
   flex-direction: row;
}
.nav {
  margin: 0 auto;
  width: 80px;
}
.navs {
  display: flex;
  flex-direction: row;
  text-align: center;
  font-size: 13px;
  margin-bottom: 10px;
  padding-top: 10px;
}
```

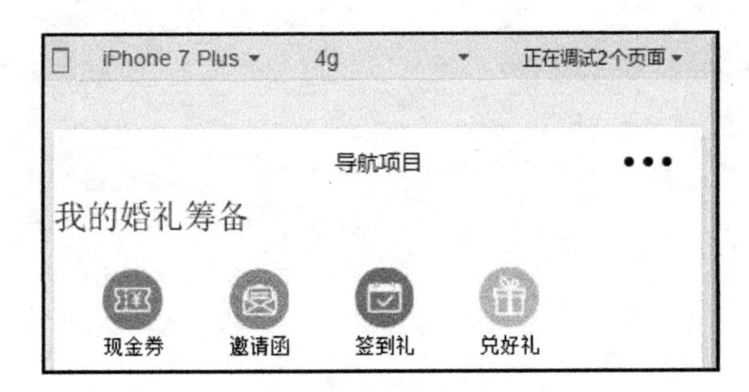

图 7-9　me 界面

习 题 7

问答题

1. 请说明地图组件 map 的常见属性。
2. 请说明画布组件 canvas 的常见属性。
3. 请说明开放数据组件 open-data 的常见属性。
4. 请说明客服会话按钮 contact-button 的常见属性。
5. 请说明导航组件 navigator 的常见属性。

第8章 网络API

Chapter 8

本章主要介绍网络API的内容，包括网络HTTPS请求API、上传文件API、下载文件API、WebSocket会话API等API的使用方法。使用这些API时要用到HTTPS的服务器域名，可以使用从网络上找的服务器域名，或者使用自己申请的服务器域名。

8.1 网络HTTPS请求API

wx.request是用来请求服务器数据的API，它发起的是HTTPS请求；同时它需要在微信公众平台配置HTTPS服务器域名。否则，无法使用wx.request请求服务器数据的API，WebSocket会话、文件上传/下载服务器域名都是如此。要测试wx.request方法需要有一个可以使用HTTPS的链接；可以从网络上找一个HTTPS的链接，或者使用自己申请的链接。

wx.request(OBJECT)中OBJECT参数说明如表8-1所示。

表8-1 wx.request参数说明

参　数	类　型	必填	说　　明
url	String	是	开发者服务器接口地址
data	Object、String	否	请求的参数
header	Object	否	设置请求的header，header中不能设置Referer
method	String	否	默认为GET，有效值：OPTIONS，GET，HEAD，POST，PUT，DELETE，TRACE，CONNECT
dataType	String	否	默认为json，如果设置了dataType为json，则会尝试对响应的数据做一次JSON.parse
success	Function	否	收到开发者服务成功返回的回调函数，res={data：'开发者服务器返回的内容'}
fail	Function	否	接口调用失败的回调函数
complete	Function	否	接口调用结束的回调函数(调用成功、失败都会执行)

其中,success 的返回参数说明如表 8-2 所示。

表 8-2　success 的返回参数说明

参　数	说　明
data	开发者服务器返回的数据
statusCode	开发者服务器返回的状态码
header	开发者服务器返回的 HTTP Response Header

data 最终发送给服务器的数据是 String 类型,如果传入的 data 不是 String 类型,则会被转换成 String 类型。转换规则如下:

- 对于 header['content-type'] 为 'application/json' 的数据,会对数据进行 JSON 序列化;
- 对于 header['content-type'] 为 'application/x-www-form-urlencoded' 的数据,会将数据转换成 query string。

网络请求的 Referer 不可设置,格式固定如下所示:

```
https://servicewechat.com/{appid}/{version}/page-frame.html
```

其中,{appid} 为小程序的 appid,{version} 为小程序的版本号,版本号为 0 表示为开发版。

例 8-1 代码如下,其效果如图 8-1 所示。

例 8-1

```
<!--index.wxml-->
<button  type="primary" bindtap="getT">获取</button>
<textarea  value="{{html}}" />

//index.js
Page({
  data:{
        html: ''
  },
  getT: function() {
    var s=this;
    wx.request({
     url: 'https://edu.51cto.com/index.php?do=spree&m=getGifts',
     //url 也可以换成是对自己所申请域名下某个文件的请求
    dataType: 'text/plain',      //可以去掉此行,将只得到结果[object object]
    success: function(res) {
        console.log(res.data);
        s.setData({
          html: res.data
        })
      }
    })
  }
})
```

图 8-1 获取内容的一种应用

8.2 上传文件和下载文件 API

wx. uploadFile(OBJECT)将本地资源上传到服务器,OBJECT 参数说明如表 8-3 所示。

表 8-3 wx. uploadFile 参数信息

参 数	类 型	必填	说 明
url	String	是	开发者服务器的 url
filepath	String	是	要上传文件资源的路径
name	String	是	文件对应的 key,开发者在服务器端通过这个 key 可以获取文件二进制内容
header	Object	否	HTTP 请求 header,hearder 中不能设置 Referer
formData	Object	否	HTTP 请求中其他额外的 form data
success	Function	否	接口调用成功的回调函数
fail	Function	否	接口调用失败的回调函数
complete	Function	否	接口调用结束的回调函数(调用成功、失败都会执行)

其中,success 的返回参数说明如表 8-4 所示。

表 8-4 success 的返回参数说明

参 数	类 型	说 明
data	String	开发者服务器返回的数据
statusCode	Number	HTTP 状态码

wx.uploadFile(OBJECT)返回一个 uploadTask 对象，通过 uploadTask，可监听上传进度变化事件，以及取消上传任务。uploadTask 对象的方法说明如表 8-5 所示。

表 8-5　uploadTask 对象的方法信息

方　法	参　数	说　明
onProgressUpdate	callback	监听上传进度变化
abort	无	中断上传任务

其中，onProgressUpdate 返回参数说明如表 8-6 所示。

表 8-6　onProgressUpdate 返回参数信息

参　数	类　型	说　明
progress	Number	上传进度百分比
totalBytesSent	Number	已经上传的数据长度，单位为 B
totalBytesExpectedToSend	Number	预期需要上传的数据总长度，单位为 B

例 8-2 代码如下，起始界面如图 8-2 所示，打开要上传文件的界面如图 8-3 所示。

例 8-2

```
<!--index.wxml-->
<button type="primary" bindtap="upload">上传文件</button>

//index.js
Page({
data: {
    path: ''
    },
upload:function(){
var that=this
wx.chooseImage({
                count: 1,
                sizeType: ['original', 'compressed'],
                sourceType: ['album', 'camera'],
                success: function(res) {
                    var tempFilePaths=res.tempFilePaths
                console.log(tempFilePaths)
                const uploadTask=wx.uploadFile({
                    url: 'https://www.baidu.com',  //或者使用自己申请的 url
                        filePath: tempFilePaths[0],
                    name: 'file',
                    formData: {'user': 'test'},
                    success: function(res) {
                        var data=res.data
```

```
                    console.log("uploadTask"+uploadTask)
                        wx.showModal({
                            title: '上传文件返回状态',
                                content: '成功',
                            success: function(res) {
                if (res.confirm) { console.log('用户点击确定') }  //if 结束
                                        }            //success 结束
                                    })          //wx.showModal 结束
                        },                  //success 结束
                fail: function(res) { console.log(res) }    //fail 结束
                                        })      //uploadfile 结束
        uploadTask.onProgressUpdate((res)=>{
            console.log('上传进度', res.progress)
    console.log('已经上传的数据长度', res.totalBytesSent)
        console.log('预期需要上传的数据总长度', res.totalBytesExpectedToSend)
        })
    that.setData({ path: tempFilePaths })    //that.setData 结束
          }                         //success 结束
      })                            //choseImage 结束
    },                              //upload 结束
})
```

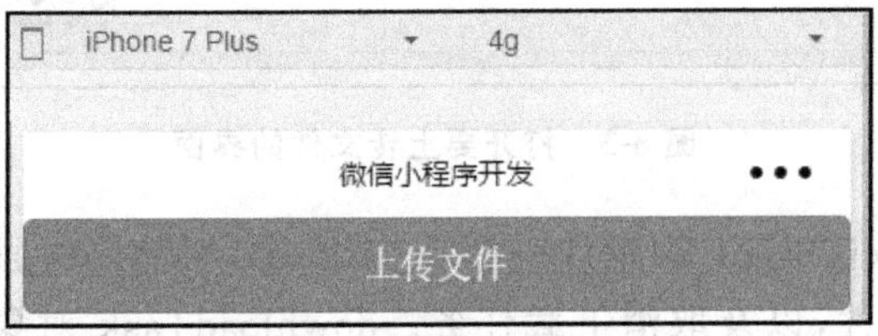

图 8-2　上传文件的起始界面

wx.downloadFile(OBJECT)下载文件资源到本地。客户端直接发起一个 HTTPS GET 请求,把下载到的资源根据 type 进行处理,并返回文件的本地临时路径。OBJECT 参数说明如表 8-7 所示。

表 8-7　wx.downloadFile 参数信息

参　数	类　型	必填	说　　明
url	String	是	下载资源的 url
header	Object	否	HTTP 请求 Header
success	Function	否	下载成功后以 tempFilePath 的形式传给页面,res={tempFilePath: '文件的临时路径'}
fail	Function	否	接口调用失败的回调函数
complete	Function	否	接口调用结束的回调函数(调用成功、失败都会执行)

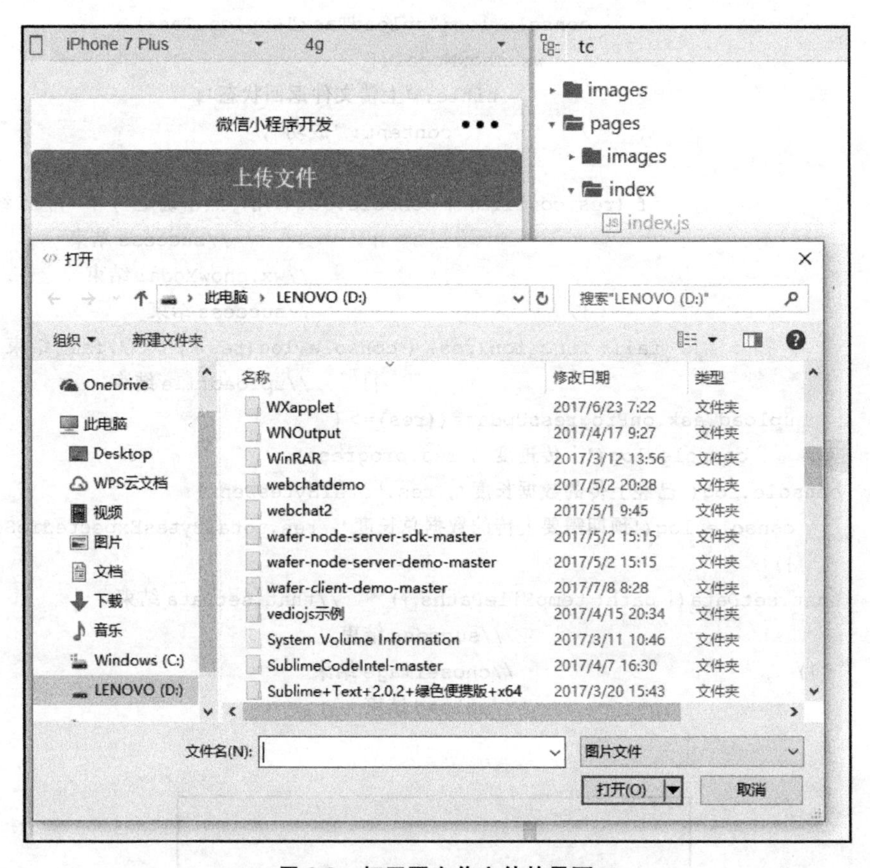

图 8-3 打开要上传文件的界面

wx.downloadFile(OBJECT)返回一个 downloadTask 对象，通过 downloadTask，可监听下载进度变化事件，以及取消下载任务。downloadTask 对象的方法说明如表 8-8 所示。

表 8-8 downloadTask 对象的方法信息

方 法	参 数	说 明
onProgressUpdate	callback	监听下载进度变化
abort	无	中断下载任务

其中，onProgressUpdate 返回参数说明如表 8-9 所示。

表 8-9 onProgressUpdate 返回参数信息

参 数	类 型	说 明
progress	Number	下载进度百分比
totalBytesWritten	Number	已经下载的数据长度，单位为 B
totalBytesExpectedToWrite	Number	预期需要下载的数据总长度，单位为 B

例8-3代码如下，其效果如图8-4所示。

例8-3

```
<!--index.wxml-->
<button type="primary" bindtap="download">下载文件</button>

//index.js
Page({
  download: function() {
    const downloadTask=wx.downloadFile({
      url: 'https://www.baidu.com', //仅为了示范接口用法,并非真实的资源
      success: function(res) {
        console.log('下载成功')
        console.log(res)
      },
      fail: function(res) {
      console.log('下载失败')
        console.log(res)
      }
    })
    downloadTask.onProgressUpdate((res)=>{
      console.log('下载进度', res.progress)
      console.log('已经下载的数据长度', res.totalBytesWritten)
      console.log('预期需要下载的数据总长度', res.totalBytesExpectedToWrite)
    })
  },
})
```

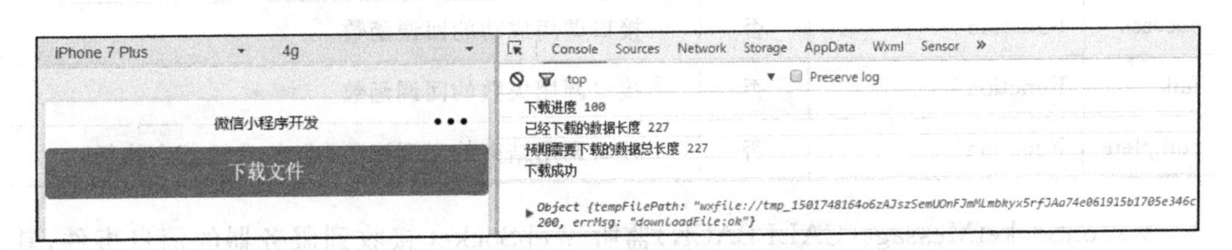

图8-4 文件下载完成之后的效果

8.3 WebSocket会话API

WebSocket会话用来创建一个会话连接，创建完会话连接后可以进行通信，如同微信聊天和QQ聊天一样。它会用到多个API。其中，wx.onSocketOpen(CALLBACK)监听WebSocket连接打开事件。wx.onSocketError(CALLBACK)监听WebSocket错误。wx.onSocketClose(CALLBACK)监听WebSocket关闭。

wx. connectSocket(OBJECT)创建一个 WebSocket 连接。一个微信小程序同时支持存在多个 WebSocket 连接。wx. connectSocket(OBJECT)的 OBJECT 参数说明如表 8-10 所示。

表 8-10 wx. connectSocket 的参数信息

参 数	类 型	必填	说 明
url	String	是	开发者服务器接口地址,必须是 wss 协议,且域名必须是后台配置的合法域名
data	Object	否	请求的数据
header	Object	否	HTTP Header,header 中不能设置 Referer
method	String	否	默认是 GET,有效值为: OPTIONS,GET,HEAD,POST,PUT,DELETE,TRACE,CONNECT
protocols	StringArray	否	子协议数组
success	Function	否	接口调用成功的回调函数
fail	Function	否	接口调用失败的回调函数
complete	Function	否	接口调用结束的回调函数(调用成功、失败都会执行)

wx. sendSocketMessage(OBJECT)通过 WebSocket 连接发送数据,需要先调用 wx. connectSocket(OBJECT),并在 wx. onSocketOpen(OBJECT) 回调之后才能发送。wx. sendSocketMessage(OBJECT)的 OBJECT 参数说明如表 8-11 所示。

表 8-11 wx. sendSocketMessage 参数信息

参 数	类 型	必填	说 明
data	String/ArrayBuffer	是	需要发送的内容
success	Function	否	接口调用成功的回调函数
fail	Function	否	接口调用失败的回调函数
complete	Function	否	接口调用结束的回调函数(成功、失败都会执行)

wx. onSocketMessage(CALLBACK)监听 WebSocket 接收到服务器的消息事件,其 CALLBACK 参数说明如表 8-12 所示。

表 8-12 wx. onSocketMessage 参数信息

参 数	类 型	说 明
data	String/ArrayBuffer	服务器返回的消息

wx. closeSocket(OBJECT)关闭 WebSocket 连接,其 OBJECT 参数说明如表 8-13 所示。

表 8-13 wx.closeSocket 参数信息

参数	类型	必填	说明
code	Number	否	一个数字值,表示关闭连接的状态号,如果这个参数没有被指定,默认的取值是 1000 (表示正常连接关闭)
reason	String	否	一个可读的字符串,表示连接被关闭的原因,这个字符串必须是不长于 123 字节的 UTF-8 文本(不是字符)
success	Function	否	接口调用成功的回调函数
fail	Function	否	接口调用失败的回调函数
complete	Function	否	接口调用结束的回调函数(调用成功、失败都会执行)

使用 WebSocket 会话 API 的例 8-4 代码如下,启动界面如图 8-5 所示,单击按钮之后的界面如图 8-6 所示。

例 8-4

```
<!--index.wxml-->
<button bindtap="con">模拟 WebSocket 互连</button>

//index.js
Page({
  con: function(options) {
   wx.connectSocket({
    url: 'wss://12345678.ws.qcloud.la',//模拟与腾讯云二级域名 url 的互连,或
                                        //找网上的公共 url method: "GET",
     header: {
       'content-type': 'application/json'
     },
     success: function(res) {
      console.log('connectSocket 成功'+res.data)
        },
    fail: function(res) {
      console.log('connectSocket 失败'+res.data)
         }
           })
      }
})
```

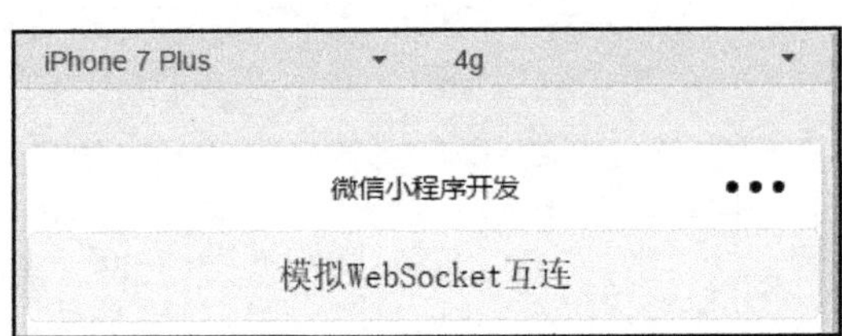

图 8-5 模拟 WebSocket 互连的启动界面

微信小程序开发 •••

模拟WebSocket互连

connectSocket 成功undefined

>

图 8-6　模拟 WebSocket 互连时单击按钮之后的结果

习　题　8

实验题

1. 请在实例中实现对 wx. request 的应用。
2. 请在实例中实现对 wx. uploadFile 的应用。
3. 请在实例实现对 wx. downloadFile 的应用。
4. 请在实例中实现对 WebSocket 常见 API 的应用。

第9章 Chapter 9

媒体API

本章主要介绍媒体API的内容，包括图片API、录音API、音频播放控制API、音乐播放控制API、背景音频播放管理API、音频组件控制API、视频API、视频组件控制API等API的使用。这些媒体API往往和媒体组件配合在一起使用。

9.1 图片API

为了便于对图片进行处理，微信小程序提供了多个处理图片的API。其中，wx. chooseImage选择图片API可以从本地相册选择图片或使用相机拍照来选择图片。wx. chooseImage(OBJECT)的OBJECT参数说明如表9-1所示，其success返回参数说明如表9-2所示，参数中File对象结构如表9-3所示。文件的临时路径，在小程序本次启动期间可以正常使用；如需持久保存，需主动调用wx. saveFile，并在小程序下次启动时才能访问得到。

表9-1 wx. chooseImage参数信息

参数	类型	必填	说明
count	Number	否	最多可以选择的图片张数，默认值为9
sizeType	StringArray	否	'original'原图，'compressed'压缩图，默认二者都有
sourceType	StringArray	否	'album'从相册选图，'camera'使用相机，默认二者都有
success	Function	否	成功则返回图片的本地文件路径列表tempFilePaths
fail	Function	否	接口调用失败的回调函数
complete	Function	否	接口调用结束的回调函数(调用成功、失败都会执行)

表9-2 success返回参数信息

参数	类型	说明
tempFilePaths	StringArray	图片的本地文件路径列表
tempFiles	ObjectArray	图片的本地文件列表，每一项是一个File对象

表 9-3 File 对象结构信息

字段	类 型	说 明
path	String	本地文件路径
size	Number	本地文件大小,单位为 B

例 9-1 代码如下,启动时界面如图 9-1 所示,选择图片文件的界面如图 9-2 所示,保存为临时文件的界面如图 9-3 所示,打开临时文件的界面如图 9-4 所示。

例 9-1

```
<!--index.wxml-->
<button type="primary" bindtap="XZTP">选择图片</button>

//index.js
Page({
  XZTP: function() {
    var that=this
    wx.chooseImage({
      count: 1,
      sizeType: ['original', 'compressed'],
      sourceType: ['album', 'camera'],
      success: function(res) {
        var tempFiles=res.tempFiles
        var tempFilePaths=res.tempFilePaths
          console.log("临时文件: "+tempFiles)
          console.log("临时路径: "+tempFilePaths)
          console.log("res: "+res)
      }                      //success 结束
    })                       //choseImage 结束
  },                         //upload 结束
})
```

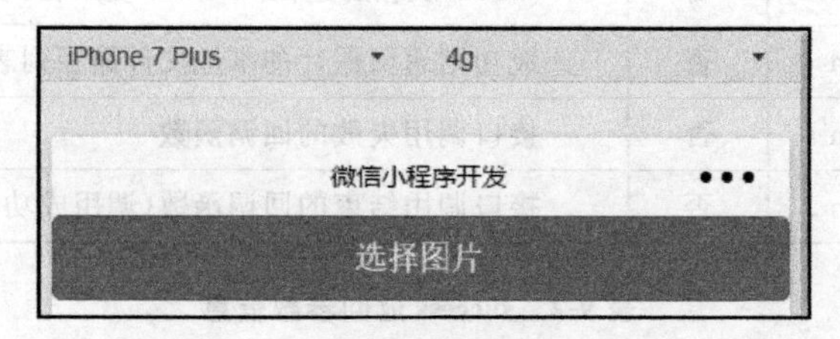

图 9-1 选择图片应用的启动界面

预览图片 API 接口 wx.previewImage 可以用来预览多张图片以及设置默认显示的图片,wx.previewImage(OBJECT) 的 OBJECT 参数说明如表 9-4 所示。

图 9-2 选择图片文件的界面

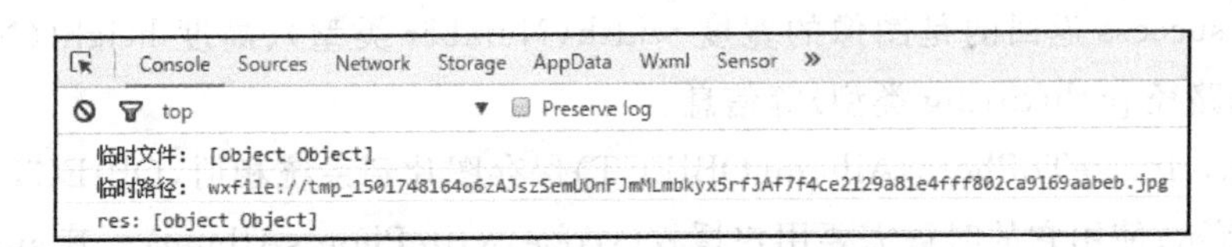

图 9-3 保存为临时文件的界面

图 9-4 打开临时文件的界面

表 9-4　wx. previewImage 参数信息

参　数	类　型	必填	说　　明
current	String	否	当前显示图片的链接，不填则默认为 urls 的第一张
urls	StringArray	是	需要预览的图片链接列表
success	Function	否	接口调用成功的回调函数
fail	Function	否	接口调用失败的回调函数
complete	Function	否	接口调用结束的回调函数（调用成功、失败都会执行）

wx. getImageInfo 用来获得图片信息，包括图片的宽度、图片的高度以及图片返回的路径，getImageInfo(OBJECT)中参数说明如表 9-5 所示。

表 9-5　wx. getImageInfo 参数信息

参　数	类　型	必填	说　　明
src	String	是	图片的路径（相对、临时、存储等路径）
success	Function	否	接口调用成功的回调函数
fail	Function	否	接口调用失败的回调函数
complete	Function	否	接口调用结束的回调函数（调用成功、失败都会执行）

其中，success 返回的是图像的宽度 width(Number 类型)、高度 height(Number 类型)和本地路径 path(String 类型)等信息。

wx. saveImageToPhotosAlbum(OBJECT)保存图片到系统相册，OBJECT 参数说明如表 9-6 所示；使用它的时候需要用户授权(scope. writePhotosAlbum)。其 success 返回参数为 String 类型的 errMsg，表示调用结果。

表 9-6　wx. saveImageToPhotosAlbum 参数信息

参　数	类　型	必填	说　　明
filePath	String	是	图片文件路径，可以是临时文件路径，也可以是永久文件路径，不支持网络图片路径
success	Function	否	接口调用成功的回调函数
fail	Function	否	接口调用失败的回调函数
complete	Function	否	接口调用结束的回调函数（调用成功、失败都会执行）

例 9-2 代码如下，启动时首页界面如图 9-5 所示；成功选择图片之后输出图片信息的界面如图 9-6 所示；点击图片后可预览图片，预览图片的界面如图 9-7 所示；选择要保存的图片到相册的界面如图 9-8 所示，保存图片的结果如图 9-9 所示。

例 9-2

```
<!--index.wxml-->
<button type="primary" bindtap="XZSC">成功选择图片并输出图片相关信息
</button>
<image bindtap="YL" src="{{imageSrc}}"></image>
<button type="primary" bindtap="BC">成功选择图片并将图片保存到相册</button>

//index.js
Page({
  data: {
    imageSrc: '',
    imageList: [],
  },
  XZSC: function() {
    var that=this
    wx.chooseImage({
      count: 2, //默认 9
      sizeType: ['original', 'compressed'], //指定是原图还是压缩图,默认二者都有
      sourceType: ['album', 'camera'],       //指定来源是相册还是相机,默认二者都有
      success: function(res) {
        that.setData({
          imageSrc: res.tempFilePaths[0],
          imageList: res.tempFilePaths
        })
        console.log('成功选择图片\n ')
        //成功选择图片之后就可以获取图片相关信息
        wx.getImageInfo({
          src: res.tempFilePaths[0],
          success: function(res) {
            console.log('图片信息如下:\n ')
            console.log('\n 宽: '+res.width)
            console.log('\n 高: '+res.height)
            console.log('\n 路径: '+res.path)
          },
        })
      },
      fail: function(res) {
        console.log('选择图片失败\n')
      }
    })
  },
  //成功选择图片之后可以预览
```

```
YL: function(e) {
  var current=e.target.dataset.src
  wx.previewImage({
    urls: this.data.imageList,
    success: function(res) {
      console.log('成功预览图片：')
    },
    fail: function(res) {
      console.log('预览图片失败\n')
    }
  })
},
BC: function(e) {
  var that=this
  wx.chooseImage({
    count: 2, //默认 9
    sizeType: ['original', 'compressed'], //指定是原图还是压缩图,默认二者都有
    sourceType: ['album', 'camera'],     //指定来源是相册还是相机,默认二者都有
    success: function(res) {
      that.setData({
        imageSrc: res.tempFilePaths[0],
        imageList: res.tempFilePaths
      })
      console.log('成功选择图片\n ')
      //成功选择图片之后就可以保存图片
      wx.saveImageToPhotosAlbum(
        {
          filePath: res.tempFilePaths[0],
          success: function(e) {
            console.log('成功将图片保存到相册')
          },
          fail: function(e) {
              console.log('保存图片失败')
          }
        })
    },
    fail: function(res) {
      console.log('选择图片失败\n')
    }
  })
},
})
```

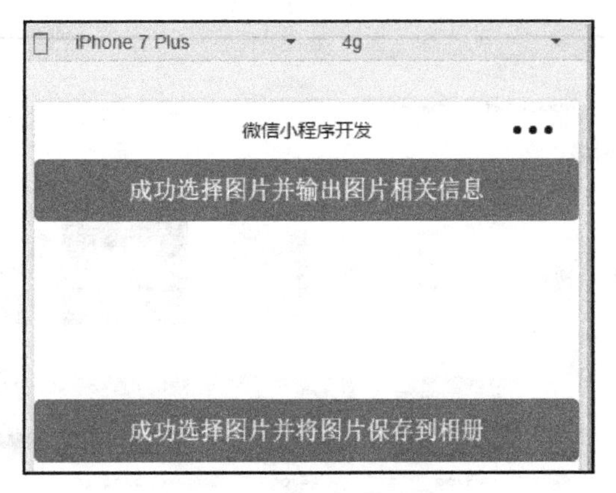

图 9-5　启动时首页界面

图 9-6　选择图片并输出相关信息的界面

图 9-7　预览图片完成后的界面

图 9-8　选择要保存的图片的界面

图 9-9　保存图片的结果

9.2　录音 API

wx.startRecord(OBJECT)开始录音。当主动调用 wx.stopRecord，或者录音超过 1 分钟时自动结束录音，返回录音文件的临时文件路径；OBJECT 参数说明如表 9-7 所示。它的 success 返回参数 tempFilePath 为录音文件的临时路径。文件的临时路径，在小程序本次启动期间可以正常使用，如需持久保存，需主动调用 wx.saveFile，在小程序下次启动时才能访问得到。

表 9-7 wx.startRecord 参数信息

参数	类型	必填	说明
success	Function	否	录音成功后调用,返回录音文件的临时文件路径,res = {tempFilePath:"录音文件的临时路径"}
fail	Function	否	接口调用失败的回调函数
complete	Function	否	接口调用结束的回调函数(调用成功、失败都会执行)

wx.stopRecord()主动调用停止录音。例 9-3 代码如下,其效果如图 9-10 所示。

例 9-3

```
<!--index.wxml-->
<button type="primary" bindtap="listenerButtonStartRecord">开始录音</button>
<button type="primary" bindtap="listenerButtonStopRecord">结束录音</button>

//index.js
Page({
  listenerButtonStartRecord: function() {
    var that=this;
    wx.startRecord({
      success: function(res) {
        console.log('\n开始录音成功'+res.tempFilePath);
        that.setData({
          hasRecord: true,
          tempFilePath: res.tempFilePath
        })
      },
      complete: function() {
        that.setData({ recording: false })
      }
    })
  },
  //监听手动结束录音
  listenerButtonStopRecord: function() {
    var that=this;
    console.log('\n录音文件'+this.data.tempFilePath);
    wx.stopRecord({
      success: function(){
        console.log('录音结束');
        that.setData({
          hasRecord: false,
          recording: false,
        })
    }
```

```
    })
  },
})
```

图 9-10 录音 API 的应用

9.3 音频播放控制 API

wx.playVoice(OBJECT)开始播放语音，同一时间只允许一个语音文件正在播放，如果前一个语音文件还没播放完，将中断前一个语音播放；OBJECT 参数说明如表 9-8 所示。

表 9-8 wx.playVoice 参数信息

参 数	类 型	必填	说 明
filePath	String	是	需要播放的语音文件的文件路径
success	Function	否	接口调用成功的回调函数
fail	Function	否	接口调用失败的回调函数
complete	Function	否	接口调用结束的回调函数(调用成功、失败都会执行)

wx.pauseVoice()暂停正在播放的语音。再次调用 wx.playVoice 播放同一个文件时，会从暂停处开始播放。如果想从头开始播放，需要先调用 wx.stopVoice 结束播放语音。

例 9-4 代码如下，其效果如图 9-11 所示。

例 9-4

```
<!--index.wxml-->
<text>{{formatRecordTime}}</text>
<button type="primary" bindtap="listenerButtonStartRecord">开始录音
</button>
<button bindtap="listenerButtonStopRecord">结束录音</button>
<button type="primary" bindtap="playVoice">播放录音</button>
<button bindtap="pauseVoice">暂停播放</button>
<button type="primary" bindtap="stopVoice">停止播放</button>
```

```
//index.js
Page({
  data: {
    playing: false,
    recording: false,
    hasRecord: false,
  },
  //监听按钮点击开始录音
  listenerButtonStartRecord: function() {
    var that=this;
    wx.startRecord({
      success: function(res) {
        console.log('\n开始录音成功'+res.tempFilePath);
        that.setData({
          hasRecord: true,
          tempFilePath: res.tempFilePath
        })
      },
      complete: function() {
        that.setData({ recording: false })
      }
    })
  },
  //监听手动结束录音
  listenerButtonStopRecord: function() {
    var that=this;
    console.log('\n录音文件'+this.data.tempFilePath);
    wx.stopRecord({
      success: function() {
        console.log('录音结束');
        that.setData({
          hasRecord: false,
          recording: false,
        })
      }
    })
  },
  playVoice: function() {
    var that=this;
    wx.playVoice({
      filePath: this.data.tempFilePath,
      success: function() {
        console.log('\n正在播放录音')
        that.setData({
```

```
          playing: false,
        })
      }
    })
  },
  pauseVoice: function() {
    console.log('\n暂停播放录音')
    wx.pauseVoice();
    this.setData({
      playing: false,
    })
  },
  stopVoice: function() {
    console.log('\n停止播放录音')
    this.setData({
      playing: false,
    })
    wx.stopVoice();
  }
})
```

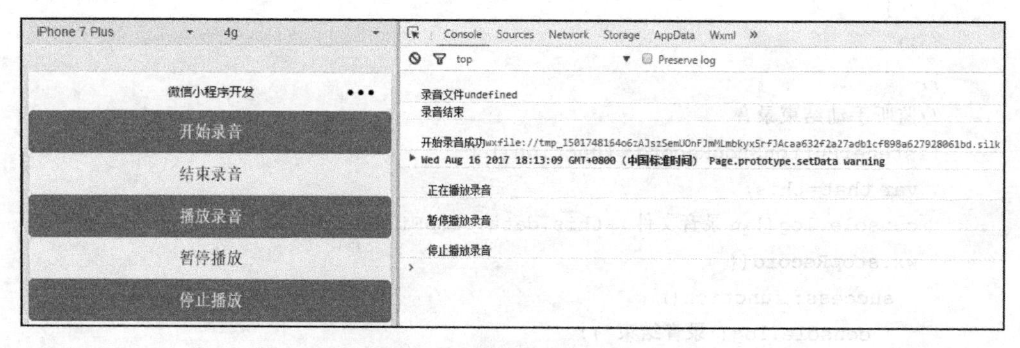

图 9-11 音频播放控制 API 的应用

9.4 音乐播放控制 API

小程序还有用于播放背景音乐的 API。wx. getBackgroundAudioPlayerState(OBJECT)获取后台音乐播放状态,wx. pauseBackgroundAudio()用来暂停播放音乐,wx. stopBackgroundAudio()停止播放音乐;而 wx. onBackgroundAudioPlay(CALLBACK)监听音乐的播放事件,wx. onBackgroundAudioPause(CALLBACK)监听音乐暂停事件,wx. onBackgroundAudioStop(CALLBACK)监听音乐停止事件。

wx. getBackgroundAudioPlayerState(OBJECT)的 OBJECT 参数说明如表 9-9 所示。其 success 返回参数如表 9-10 所示。

表 9-9 wx.getBackgroundAudioPlayerState 参数信息

参 数	类 型	必填	说 明
success	Function	否	接口调用成功的回调函数
fail	Function	否	接口调用失败的回调函数
complete	Function	否	接口调用结束的回调函数(调用成功、失败都会执行)

表 9-10 wx.getBackgroundAudioPlayerState 的 success 返回参数信息

参 数	说 明
duration	选定音频的长度(单位：s),只有在当前有音乐播放时返回
currentPosition	选定音频的播放位置(单位：s),只有在当前有音乐播放时返回
status	播放状态(2：没有音乐在播放;1：播放中;0：暂停中)
downloadPercent	音频的下载进度(整数,80 代表 80%),只有在当前有音乐播放时返回
dataUrl	音乐链接,只有在当前有音乐播放时返回

wx.playBackgroundAudio(OBJECT)使用后台播放器播放音乐,对于微信客户端来说,只能同时有一个后台音乐在播放。当用户离开小程序后,音乐将暂停播放;当用户点击“显示在聊天顶部”时,音乐不会暂停播放;当用户在其他小程序占用了音乐播放器,原有小程序内的音乐将停止播放。其 OBJECT 参数说明如表 9-11 所示。

表 9-11 wx.playBackgroundAudio 参数信息

参 数	类 型	必填	说 明
dataUrl	String	是	音乐链接
title	String	否	音乐标题
coverImgUrl	String	否	封面 URL
success	Function	否	接口调用成功的回调函数
fail	Function	否	接口调用失败的回调函数
complete	Function	否	接口调用结束的回调函数(调用成功、失败都会执行)

wx.seekBackgroundAudio(OBJECT)控制音乐播放进度;OBJECT 参数说明如表 9-12 所示。

表 9-12 wx.seekBackgroundAudio 参数信息

参 数	类 型	必填	说 明
position	Number	是	音乐位置,单位：s
success	Function	否	接口调用成功的回调函数
fail	Function	否	接口调用失败的回调函数
complete	Function	否	接口调用结束的回调函数(调用成功、失败都会执行)

例 9-5 代码如下，音乐播放过程中效果如图 9-12 所示。

例 9-5

```
<!--index.wxml-->
<button type="primary" class="button-style"  bindtap="listenerButtonPlay">
播放</button>
<button class="button-style" bindtap="listenerButtonPause">暂停</button>
<button type="primary" class="button-style" bindtap="listenerButtonSeek">设
置播放进度</button>
<button class="button-style" bindtap="listenerButtonStop">停止播放</button>
<button type="primary" class="button-style" bindtap="listenerButtonGet_PlayState"
>获取播放状态
</button>

//index.js
Page({
  listenerButtonPlay: function() {
    wx.playBackgroundAudio({
      dataUrl: 'http://sc1.111ttt.com/2016/1/09/28/202280605509.mp3',
                                                                    //播放地址
      title: '浮诛 ',
    })
  },
  //播放状态
  listenerButtonGetPlayState: function() {
    wx.getBackgroundAudioPlayerState({
      success: function(res) {
        console.log('duration:'+res.duration)
        console.log('currentPosition:'+res.currentPosition)
        console.log('status:'+res.status)
        console.log('downloadPercent:'+res.downloadPercent)
        console.log('dataUrl:'+res.dataUrl)
      }
    })
  },
  //监听 button 暂停按钮
  listenerButtonPause: function() {
    wx.pauseBackgroundAudio();
    console.log('暂停播放')
  },
  //设置进度
  listenerButtonSeek: function() {
    wx.seekBackgroundAudio({
      position: 40
```

```
    })
  },
  //停止播放
  listenerButtonStop: function() {
    wx.stopBackgroundAudio()
    console.log('停止播放')
  },
  onLoad: function(options) {
    //页面初始化 options 为页面跳转所带来的参数
    //监听音乐播放
    wx.onBackgroundAudioPlay(function() {
      console.log('onBackgroundAudioPlay')
    })
    //监听音乐暂停
    wx.onBackgroundAudioPause(function() {
      console.log('onBackgroundAudioPause')
    })
    //监听音乐停止
    wx.onBackgroundAudioStop(function() {
      console.log('onBackgroundAudioStop')
    })
  },
})
```

图 9-12　音乐播放控制 API 的应用

9.5　背景音频播放管理 API

小程序中 wx.getBackgroundAudioManager()能获取全局唯一的背景音频管理器 backgroundAudioManager。backgroundAudioManager 对象的属性列表如表 9-13 所示，

backgroundAudioManager 对象的方法列表如表 9-14 所示。

表 9-13　backgroundAudioManager 对象的属性信息

属　性	类　型	说　　明	只读
duration	Number	当前音频的长度(单位为 s),只有在当前有合法的 src 时返回	是
currentTime	Number	当前音频的播放位置(单位为 s),只有在当前有合法的 src 时返回	是
paused	Boolean	当前是暂停或停止状态,true 表示暂停或停止,false 表示正在播放	是
src	String	音频的数据源,默认为空字符串,当设置了新的 src 时,会自动开始播放,目前支持的格式有 m4a、aac、mp3、wav	否
startTime	Number	音频开始播放的位置(单位为 s)	否
buffered	Number	音频缓冲的时间点,仅保证当前播放时间点到此时间点的内容已缓冲	是
title	String	音频标题,用于做原生音频播放器音频标题,原生音频播放器中的分享功能,分享出去的卡片标题也将使用该值	否
epname	String	专辑名,原生音频播放器中的分享功能,分享出去的卡片简介也将使用该值	否
singer	String	歌手名,原生音频播放器中的分享功能,分享出去的卡片简介也将使用该值	否
coverImgUrl	String	封面图 url,用于做原生音频播放器背景图,原生音频播放器中的分享功能,分享出去的卡片配图及背景也将使用该图	否
webUrl	String	页面链接,原生音频播放器中的分享功能,分享出去的卡片简介也将使用该值	否

表 9-14　backgroundAudioManager 对象的方法信息

方　法	参　数	说　　明
play	无	播放
pause	无	暂停
stop	无	停止
seek	currentTime	跳转到指定位置,单位为 s
onCanplay	callback	背景音频进入可以播放状态,但不保证后面可以流畅播放
onPlay	callback	背景音频播放事件
onPause	callback	背景音频暂停事件
onStop	callback	背景音频停止事件
onEnded	callback	背景音频自然播放结束事件

续表

方法	参数	说明
onTimeUpdate	callback	背景音频播放进度更新事件
onPrev	callback	用户在系统音乐播放面板点击上一曲事件(iOS only)
onNext	callback	用户在系统音乐播放面板点击下一曲事件(iOS only)
onError	callback	背景音频播放错误事件
onWaiting	callback	音频加载中事件,当音频因为数据不足,需要停下来加载时会触发

其中,errCode 说明如表 9-15 所示。

表 9-15 errCode 说明信息

errCode	说明	errCode	说明
10001	系统错误	10004	格式错误
10002	网络错误	−1	未知错误
10003	文件错误		

例 9-6 代码如下,其播放过程中界面如图 9-13 所示。

例 9-6

```
<!--index.wxml-->
<button type="primary" bindtap="lplay">播放</button>
<button bindtap="lpause">暂停</button>
<button type="primary" bindtap="lstop">停止播放</button>
<button bindtap="lstate">获取播放状态</button>

//index.js
    Page({
    lplay: function() {
    const backgroundAudioManager=wx.getBackgroundAudioManager()
    backgroundAudioManager.title='此时此刻'
    backgroundAudioManager.epname='此时此刻'
    backgroundAudioManager.singer='汪峰'
     backgroundAudioManager. src = ' http://ws. stream. qqmusic. qq. com/M500001
     VfvsJ21xFqb. mp3? guid = ffffffff82def4af4b12b3cd9337d5e7&uin = 346897220&
     vkey =  6292F51E1E384E061FF02C31F716658E5C81F5594D561F2E88B854E81CAAB7806
     D5E4F103E55D33C16F3FAC506D1AB172DE8600B37E43FAD&fromtag=46'
    console.log('开始播放')
    backgroundAudioManager.play()
  },
  //监听 button 暂停按钮
  lpause: function() {
```

```
    var a=wx.getBackgroundAudioManager()
    a.pause()
    console.log('暂停播放')
  },
  //停止播放
  lstop: function() {
    var a=wx.getBackgroundAudioManager()
    a.stop()
    console.log('停止播放')
  },
  lstate: function() {
    var a=wx.getBackgroundAudioManager()
    console.log("当前音频的播放位置: "+a.currentTime)
    console.log("当前音频的长度: "+a.duration)
  }
})
```

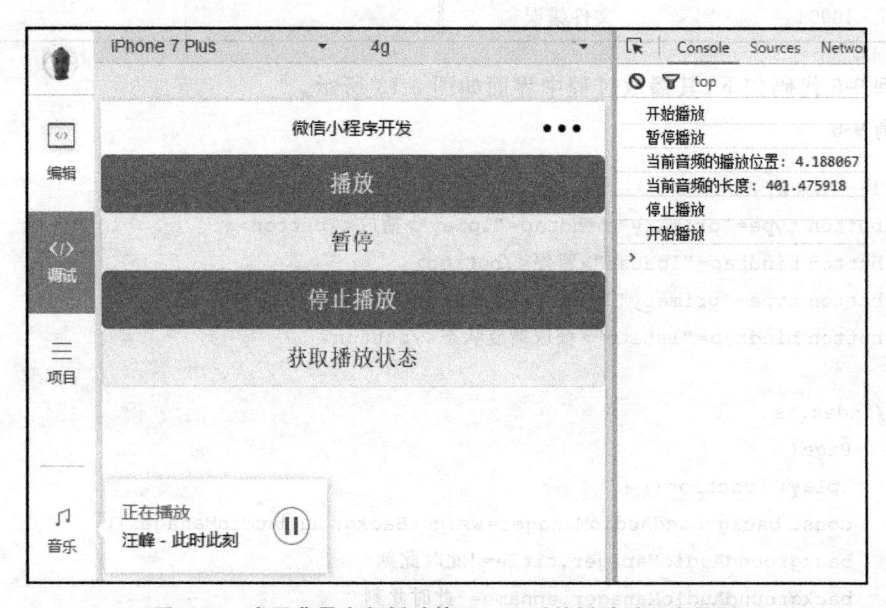

图 9-13 应用背景音频播放管理 API 时的播放过程中界面

9.6 音频组件控制 API

微信小程序音频组件控制 wx.createAudioContext(audioId)创建并返回 audio 上下文 audioContext 对象，audioContext 通过 audioId 跟一个 audio 组件绑定，通过它可以操作一个 audio 组件。audioContext 对象的方法说明如表 9-16 所示。

表 9-16 audioContext 对象的方法信息

方 法	参 数	说 明
setSrc	src	音频的地址
play	无	播放
pause	无	暂停
seek	position	跳转到指定位置，单位为 s

例 9-7 代码如下，其效果如图 9-14 所示。

例 9-7

```
<!--index.wxml-->
<audio src="{{src}}" id="myAudio"></audio>
<button type="primary" bindtap="audioPlay">播放</button>
<button bindtap="audioPause">暂停</button>
<button type="primary" bindtap="audio14">设置当前播放时间为 14s</button>
<button bindtap="audioStart">回到开头</button>

//index.js
Page({
onReady: function(e) {
//使用 wx.createAudioContext 获取 audio 上下文 context
this.audioCtx=wx.createAudioContext('myAudio')
this.audioCtx.setSrc('http://ws.stream.qqmusic.qq.com/M500001VfvsJ21xFqb.
mp3?guid = ffffffff82def4af4b12b3cd9337d5e7&uin = 346897220&vkey = 6292F51E1E
384E06DCBDC9AB7C49FD713D632D313AC4858BACB8DDD29067D3C601481D36E62053BF8DFE
AF74C0A5CCFADD6471160CAF3E6A&fromtag=46')
this.audioCtx.play()
},
data: {
src: ''
},
audioPlay: function() {
   this.audioCtx.play()
  },
  audioPause: function() {
   this.audioCtx.pause()
  },
  audio14: function() {
  this.audioCtx.seek(14)
},
  audioStart: function() {
  this.audioCtx.seek(0)
}
})
```

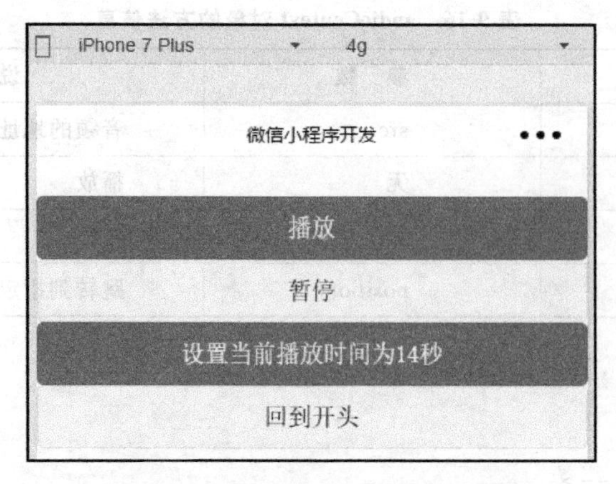

图 9-14 音频组件控制 API 的应用

9.7 视频 API

微信小程序视频 API 接口 wx. chooseVideo(OBJECT)拍摄视频或从手机相册中选择视频，返回视频的临时文件路径。文件的临时路径，在小程序本次启动期间可以正常使用，如需持久保存，需主动调用 wx. saveFile，在小程序下次启动时才能访问得到。

其参数说明如表 9-17 所示。

表 9-17 wx. chooseVideo 参数信息

参 数	类 型	必填	说 明
sourceType	StringArray	否	'album'从相册选择视频，'camera'使用相机拍摄，默认为['album','camera']
maxDuration	Number	否	视频最长拍摄时间，单位为 s。最长支持 60s
camera	StringArray	否	前置或者后置摄像头，默认为前后都有，即：['front', 'back']
success	Function	否	接口调用成功，返回视频文件的临时文件路径，res={tempFilePath:"视频文件的临时路径"}
fail	Function	否	接口调用失败的回调函数
complete	Function	否	接口调用结束的回调函数(调用成功、失败都会执行)

wx. chooseVideo 返回参数说明如表 9-18 所示。

表 9-18 wx. chooseVideo 返回参数信息

参 数	说 明	参 数	说 明
tempFilePath	选定视频的临时文件路径	height	返回选定视频的高
duration	选定视频的时间长度	width	返回选定视频的宽
size	选定视频的数据量大小		

wx.saveVideoToPhotosAlbum(OBJECT)保存视频到系统相册,使用时需要用户授权;其 OBJECT 参数说明如表 9-19 所示。success 返回参数说明如表 9-20 所示。

表 9-19 wx.saveVideoToPhotosAlbum 参数信息

参 数	类 型	必填	说 明
filePath	String	是	视频文件路径,既可以是临时文件路径,也可以是永久文件路径
success	Function	否	接口调用成功的回调函数
fail	Function	否	接口调用失败的回调函数
complete	Function	否	接口调用结束的回调函数(调用成功、失败都会执行)

表 9-20 success 返回参数信息

参 数	类 型	说 明
errMsg	String	调用结果

例 9-8 代码如下,其效果如图 9-15 所示。

例 9-8

```
<!--index.wxml-->
<view class="container">
    <video src="{{src}}"></video>
    <button bindtap="bindButtonTap">获取视频</button>
</view>

//index.js
Page({
  bindButtonTap: function() {
    var that=this
    wx.chooseVideo({
      sourceType: ['album', 'camera'],
      maxDuration: 60,
      camera: 'back',
      success: function(res) {
        that.setData({
          src: res.tempFilePath
        })
      }
    })
  }
})
```

图 9-15　视频 API 的应用

9.8　视频组件控制 API

微信小程序视频组件控制 wx. createVideoContext(videoId,this)创建并返回 video 上下文 videoContext 对象,videoContext 通过 videoId 跟一个 video 组件绑定,通过它可以操作一个 video 组件。videoContext 对象的方法说明如表 9-21 所示。具体应用视频组件控制 API 的例代码可参考第 6 章例 6-3 的代码。

表 9-21　videoContext 方法信息

方　法	参　数	说　明
play	无	播放
pause	无	暂停
seek	position	跳转到指定位置,单位为 s
sendDanmu	danmu	发送弹幕,danmu 包含两个属性: text,color
playbackRate	rate	设置倍速播放,支持的倍率有 0.5/0.8/1.0/1.25/1.5
requestFullScreen	无	进入全屏
exitFullScreen	无	退出全屏

习 题 9

实验题

1. 请在实例中实现对图片 API 的应用。
2. 请在实例中实现对录音 API 的应用。
3. 请在实例中实现对音频播放控制 API 的应用。
4. 请在实例中实现对音乐播放控制 API 的应用。
5. 请在实例中实现对背景音频播放管理 API 的应用。
6. 请在实例中实现对音频组件控制 API 的应用。
7. 请在实例中实现对视频 API 的应用。
8. 请在实例中实现对视频组件控制 API 的应用。

第10章 Chapter 10

设备API

本章主要介绍设备API的相关内容，包括系统信息API、网络状态API、加速度计API、罗盘API、拨打电话API 、扫码API、剪贴板API、蓝牙API、iBeacon设备API、屏幕亮度API、用户截屏事件API、振动API、手机联系人API等API的用法。

10.1 系统信息API

获得系统信息有两个API，一个是同步获得系统信息 wx. getSystemInfoSync()，另一个是异步获得系统信息 wx. getSystemInfo(OBJECT)。wx. getSystemInfo(OBJECT)具体参数说明如表10-1所示。

表10-1 wx. getSystemInfo 的参数信息

参 数	类 型	必填	说 明
success	Function	否	接口调用成功的回调函数
fail	Function	否	接口调用失败的回调函数
complete	Function	否	接口调用结束的回调函数(调用成功、失败都会执行)

wx. getSystemInfo 的 success 回调参数说明如表10-2所示。

表10-2 wx. getSystemInfo 的 success 回调参数信息

参 数	说 明
brand	设备品牌
model	设备型号
pixelRatio	设备像素比
screenWidth	屏幕宽度
screenHeight	屏幕高度
windowWidth	可使用窗口宽度
windowHeight	可使用窗口高度

续表

参　数	说　明
language	微信设置的语言
version	微信版本号
system	操作系统版本
platform	客户端平台
fontSizeSetting	用户字体大小设置，以“我-设置-通用-字体大小”中的设置为准，单位为 px
SDKVersion	客户端基础库版本

wx.getSystemInfoSync()获取系统信息同步接口，其同步返回参数说明如表 10-3 所示。

表 10-3　wx.getSystemInfoSync 同步返回参数信息

参　数	说　明
brand	设备品牌
model	设备型号
pixelRatio	设备像素比
screenWidth	屏幕宽度
screenHeight	屏幕高度
windowWidth	可使用窗口宽度
windowHeight	可使用窗口高度
language	微信设置的语言
version	微信版本号
system	操作系统版本
platform	客户端平台
fontSizeSetting	用户字体大小设置，以“我-设置-通用-字体大小”中的设置为准，单位为 px
SDKVersion	客户端基础库版本

随着小程序的功能不断增加，一些旧版本的微信客户端可能不支持新功能，所以在使用这些新功能的时候需要做兼容性处理。官方设计文档在组件、API 等描述中带有各个功能所支持的版本号，可以参考官方的设计文档说明，也可以通过 wx.getSystemInfo 或者 wx.getSystemInfoSync 获取小程序的基础库版本号，还可以通过 wx.canIUse 判断是否可以使用对应的 API 或者组件。

wx.canIUse(String)判断小程序的 API 接口、回调、参数、组件等是否在当前版本可用。其中，参数 String 使用 ${API}.${method}.${param}.${options}的方式或者${component}.${attribute}.${option}的方式来调用。例如：${API} 代表 API 名

字；${method}代表调用方式，有效值为 return，success，object，callback；${param}代表参数或者返回值；${options}代表参数的可选值；${component}代表组件名字；${attribute}代表组件属性；${option}代表组件属性的可选值。

获取系统信息的例 10-1 代码如下，其效果如图 10-1 所示。

例 10-1

```
<!--index.wxml-->
<button type="primary" bindtap="getSystemInfo">异步获取系统信息</button>
<button bindtap="getSystemInfoSync">同步获取系统信息</button>
<button type="primary" bindtap="isCanUseAPI">判断 API 是否可用</button>
<button bindtap="isCanUseParameter">判断参数是否可用</button>
<button type="primary" wx:if="{{canIUse}}" bindtap="mnkf" open-type=
"contact">模拟客服消息</button>

//index.js
Page({
  data: {
    canIUse: wx.canIUse('button.open-type.contact')
    //对于组件,新增的属性在旧版本上不会被处理,不过也不会报错
    //如果特殊场景需要对旧版本做一些降级处理,可以这样子做
  },
  //异步获取系统信息
  getSystemInfo: function() {
    wx.getSystemInfo({
      success: function(res) {
        console.log(res)
      }
    })
  },
  //同步获取
  getSystemInfoSync: function() {
    try {
      var res=wx.getSystemInfoSync()
      console.log('手机型号='+res.model)
      console.log('设备像素比='+res.pixelRatio)
      console.log('窗口宽度='+res.windowWidth)
      console.log('窗口高度='+res.windowHeight)
      console.log('微信设置的语言='+res.language)
      console.log('微信版本号='+res.version)
      console.log('操作系统版本='+res.system)
      console.log('客户端平台='+res.platform)
    } catch(e) {
```

```
    }
  },
  //判断 API;对于新增的 API,可以用以下代码来判断是否支持用户的手机
  isCanUseAPI: function() {
    if (wx.openBluetoothAdapter) {
      wx.openBluetoothAdapter()
    } else {
      wx.showModal({
        title: '提示',
        content: '当前微信版本过低,无法使用该功能,请升级到最新微信版本后重试。'
      })
    }
    console.log('API 可以使用')
  },
  //判断参数;对于 API 的参数或者返回值有新增的参数,可以用以下代码判断
  isCanUseParameter: function() {
    wx.showModal({
      success: function(res) {
        if (wx.canIUse('showModal.cancel')) {
          console.log(res.cancel)
        }
      }
    })
  },
  mnkf: function() {
    console.log('成功模拟客服消息')
  }
})
```

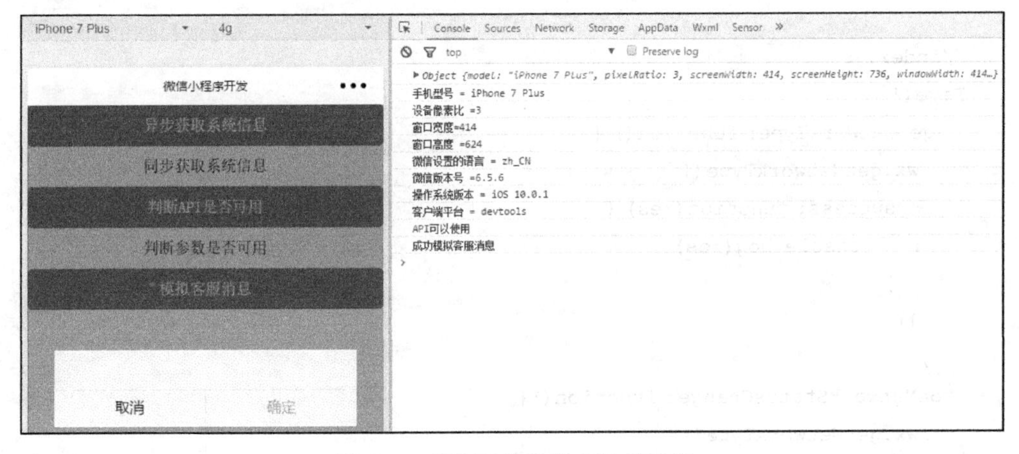

图 10-1 获取系统信息 API 的应用

10.2 网络状态 API

wx. getNetworkType(OBJECT)获取网络类型，其 OBJECT 参数说明如表 10-4 所示。

表 10-4 wx. getNetworkType 的参数信息

参 数	类 型	必填	说 明
success	Function	否	接口调用成功，返回网络类型 networkType
fail	Function	否	接口调用失败的回调函数
complete	Function	否	接口调用结束的回调函数(调用成功、失败都会执行)

wx. onNetworkStatusChange(CALLBACK)监听网络状态变化，其 CALLBACK 返回参数说明如表 10-5 所示。

表 10-5 wx. onNetworkStatusChange 的参数信息

参 数	类 型	说 明
isConnected	Boolean	当前是否有网络连接
networkType	String	网络类型，有效值为 Wi-Fi 网络、2G 网络、3G 网络、4G 网络、无网络 none、Android 系统下不常见的网络类型 unknown

获取网络信息的例 10-2 代码如下，其效果如图 10-2 所示。

例 10-2

```
<!--index.wxml-->
<button type="primary" bindtap="getNetWorkType">获取网络类型</button>
<button bindtap="onNetworkStatusChange">监听网络状态改变</button>
```

```
//index.js
Page({
  getNetWorkType: function() {
    wx.getNetworkType({
      success: function(res) {
        console.log(res)
      }
    })
  },
  onNetworkStatusChange: function(){
    wx.getNetworkType({
      success: function(res) {
            console.log("网络类型:"+res.networkType)
```

```
      }
    })
    wx.onNetworkStatusChange(function(res) {
      console.log("是否链接:"+res.isConnected)
      console.log("网络类型:"+res.networkType)
    })
  },
})
```

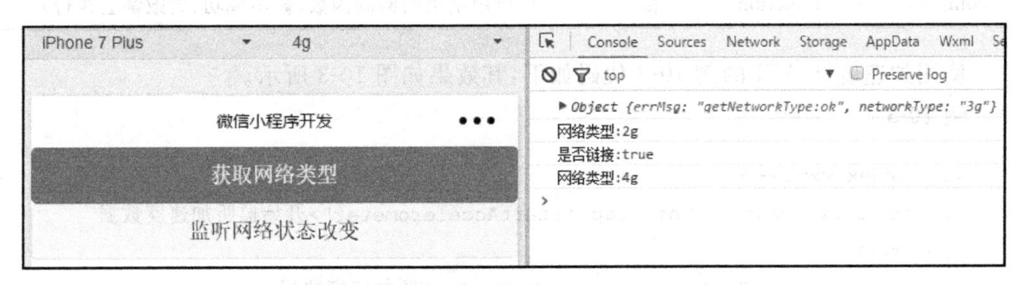

图 10-2 网络信息 API 的应用

10.3 加速度计 API

wx.onAccelerometerChange(CALLBACK)监听加速度数据，频率为每秒 5 次，接口调用后会自动开始监听，可使用 wx.stopAccelerometer 停止监听。其 CALLBACK 返回参数说明如表 10-6 所示。

表 10-6 wx.onAccelerometerChange 的参数信息

参数	类型	说明
x	Number	X 轴
y	Number	Y 轴
z	Number	Z 轴

wx.startAccelerometer(OBJECT)开始监听加速度数据。其参数说明如表 10-7 所示。

表 10-7 wx.startAccelerometer 的参数信息

参 数	类 型	必填	说 明
success	Function	否	接口调用成功的回调函数
fail	Function	否	接口调用失败的回调函数
complete	Function	否	接口调用结束的回调函数(调用成功、失败都会执行)

wx. stopAccelerometer(OBJECT)停止监听加速度数据。其参数说明如表 10-8 所示。

表 10-8 wx. stopAccelerometer 的参数信息

参　数	类　型	必填	说　明
success	Function	否	接口调用成功的回调函数
fail	Function	否	接口调用失败的回调函数
complete	Function	否	接口调用结束的回调函数(调用成功、失败都会执行)

使用加速度计 API 的例 10-3 代码如下,其效果如图 10-3 所示。

例 10-3

```
<!--index.wxml-->
<button type="primary" bindtap="startAccelerometer">开始监听加速度数据
</button>
<button  bindtap="onAccelerometerChange">监听加速度数据
</button>
<button type="primary" bindtap="stopAccelerometer">停止监听加速度数据
</button>

//index.js
Page({
  startAccelerometer: function() {
    wx.startAccelerometer()
    console.log('开始监听加速度数据')
  },
  onAccelerometerChange: function() {
    //带 on 开头的都是监听接收一个 callback
    wx.onAccelerometerChange(function(res) {
      console.log(res)
      console.log("X:  "+res.x)
      console.log("Y:  "+res.Y)
      console.log("Z:  "+res.z)
    })
    console.log('监听加速度数据')
  },
  stopAccelerometer: function() {
    wx.stopAccelerometer()
    console.log('停止监听加速度数据')
  },
})
```

图 10-3 加速度计 API 的应用

10.4 罗盘 API

wx. onCompassChange（CALLBACK）监听罗盘数据，频率为每秒 5 次；其 CALLBACK 返回参数说明如表 10-9 所示。

表 10-9 wx. onCompassChange 参数信息

参 数	类 型	说 明
direction	Number	面对的方向度数

wx. startCompass(OBJECT)开始监听罗盘数据。其参数说明如表 10-10 所示。

表 10-10 wx. startCompass 的参数信息

参 数	类 型	必填	说 明
success	Function	否	接口调用成功的回调函数
fail	Function	否	接口调用失败的回调函数
complete	Function	否	接口调用结束的回调函数(调用成功、失败都会执行)

wx. stopCompass(OBJECT)停止监听罗盘数据。其参数说明如表 10-11 所示。

表 10-11　wx.stopCompass 的参数信息

参　数	类　型	必填	说　　明
success	Function	否	接口调用成功的回调函数
fail	Function	否	接口调用失败的回调函数
complete	Function	否	接口调用结束的回调函数(调用成功、失败都会执行)

使用罗盘 API 的例 10-4 代码如下,其效果如图 10-4 所示。

例 10-4

```
<!--index.wxml-->
<button type="primary" bindtap="onStartCompass">开始监听罗盘数据</button>
<button  bindtap="onCompassChange">监听罗盘数据变化</button>
<button type="primary" bindtap="onStopCompass">结束监听罗盘数据</button>

//index.js
Page({
  onStartCompass: function() {
    wx.startCompass()
    console.log('开始监听重力罗盘数据')
},
  onCompassChange: function() {
    wx.onCompassChange(function(res) {
      console.log(res.direction);
    })
    console.log('监听罗盘数据')
  },
  onStopCompass: function() {
    wx.stopAccelerometer()
    console.log('停止监听罗盘数据')
  },
})
```

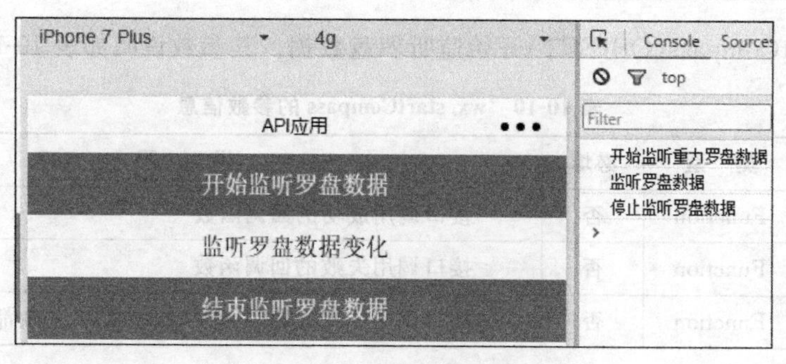

图 10-4　罗盘 API 的应用

10.5 拨打电话API

wx.makePhoneCall(OBJECT)拨打电话,其OBJECT参数说明如表10-12所示。

表 10-12 wx.makePhoneCall的参数信息

参 数	类 型	必填	说 明
phoneNumber	String	是	需要拨打的电话号码
success	Function	否	接口调用成功的回调函数
fail	Function	否	接口调用失败的回调函数
complete	Function	否	接口调用结束的回调函数(调用成功、失败都会执行)

使用拨打电话API的例10-5代码如下,效果如图10-5所示。

例 10-5

```
<!--index.wxml-->
<button type="primary" bindtap="clickCall">拨打电话</button>

//index.js
Page({
  clickCall: function() {
    wx.makePhoneCall({
      phoneNumber: '12345678901'      //模拟号码
    })
  },
})
```

图 10-5 拨打电话API的应用

10.6 扫码 API

wx.scanCode(OBJECT)调用客户端扫码界面，扫码成功后返回对应的结果。其OBJECT参数说明如表10-13所示。

表 10-13 wx.scanCode 的参数信息

参数	类型	必填	说明
onlyFromCamera	Boolean	否	是否只能从相机扫码，不允许从相册选择图片
success	Function	否	接口调用成功的回调函数，返回内容详见表10-14参数说明
fail	Function	否	接口调用失败的回调函数
complete	Function	否	接口调用结束的回调函数(调用成功、失败都会执行)

wx.scanCode 的 success 返回参数内容说明如表10-14所示。

表 10-14 wx.scanCode 的 success 返回参数信息

参数	说明
result	所扫码的内容
scanType	所扫码的类型
charSet	所扫码的字符集
path	当所扫码为当前小程序合法二维码时，会返回此字段，内容为二维码携带的 path

使用扫码 API 的例10-6代码如下，其效果如图10-6所示。

例 10-6

```
<!--index.wxml-->
<button type="primary" bindtap="scanTwoWay">允许从相机和相册扫码</button>
<button bindtap="scanOneWay">只允许从相机扫码</button>

//index.js
Page({
    scanTwoWay: function() {
    wx.scanCode({
      success: (res)=>{
        console.log(res)
      }
    })
    console.log('允许从相机和相册两种来源处扫码')
},
  scanOneWay: function() {
    wx.scanCode({
```

```
        onlyFromCamera :true,
        success: (res)=>{
          console.log(res)
        }
      })
      console.log('允许从相机处扫码')
    },
  })
```

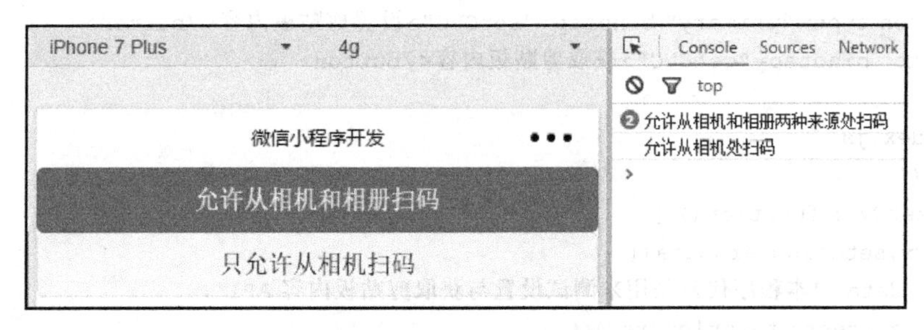

图 10-6 扫码 API 的应用

10.7 剪贴板 API

wx.setClipboardData(OBJECT)设置系统剪贴板的内容，其参数说明如表 10-15 所示。

表 10-15 wx.setClipboardData 参数信息

参 数	类 型	必填	说 明
data	String	是	需要设置的内容
success	Function	否	接口调用成功的回调函数
fail	Function	否	接口调用失败的回调函数
complete	Function	否	接口调用结束的回调函数(调用成功、失败都会执行)

wx.getClipboardData(OBJECT)获取系统剪贴板内容，其参数说明如表 10-16 所示。

表 10-16 wx.getClipboardData 参数信息

参 数	类 型	必填	说 明
success	Function	否	接口调用成功的回调函数
fail	Function	否	接口调用失败的回调函数
complete	Function	否	接口调用结束的回调函数(调用成功、失败都会执行)

wx.getClipboardData 的 success 返回参数说明如表 10-17 所示。

表 10-17　wx.getClipboardData 的 success 返回参数信息

参数	类型	说　明
data	String	剪贴板的内容

使用剪贴板 API 的例 10-7 代码如下，其效果如图 10-7 所示。

例 10-7

```
<!--index.wxml-->
<button type="primary" bindtap="setCVC">设置剪贴板内容</button>
<button bindtap="getCVC">获取剪贴板内容</button>

//index.js
Page({
    setCVC: function() {
    wx.setClipboardData({
      data: '本程序代码是用来测试设置与获取剪贴板内容 API',
      success: function(res) {
        wx.getClipboardData({
          success: function(res) {
            console.log('成功设置剪贴板内容')
            console.log(res.data) //data
          }
        })
      }
    })
  },
  getCVC: function() {
    wx.getClipboardData({
      success: function(res) {
        console.log('成功获取剪贴板内容')
        console.log(res.data)
      }
    })
  },
})
```

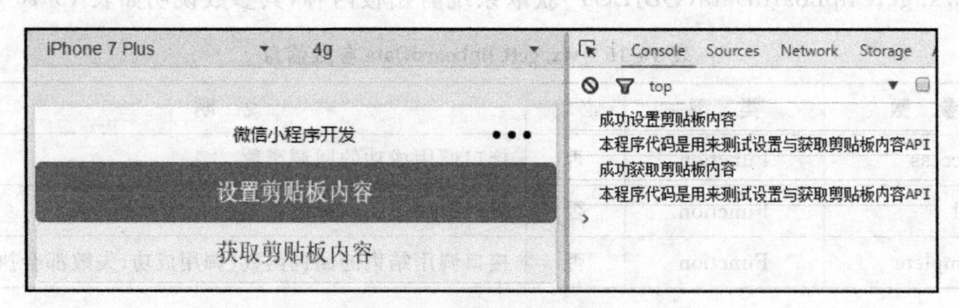

图 10-7　剪贴板 API 的应用

10.8 蓝牙API

wx.openBluetoothAdapter(OBJECT)初始化蓝牙适配器，其OBJECT参数说明如表10-18所示。

表10-18 wx.openBluetoothAdapter参数信息

参 数	类 型	必填	说 明
success	Function	否	接口调用成功则返回成功初始化信息
fail	Function	否	接口调用失败的回调函数
complete	Function	否	接口调用结束的回调函数(调用成功、失败都会执行)

wx.closeBluetoothAdapter(OBJECT)关闭蓝牙模块，调用该方法将断开所有已建立的链接并释放系统资源，其OBJECT参数说明如表10-19所示。

表10-19 wx.closeBluetoothAdapter参数信息

参 数	类 型	必填	说 明
success	Function	是	接口调用成功则返回成功关闭模块信息
fail	Function	否	接口调用失败的回调函数
complete	Function	否	接口调用结束的回调函数(调用成功、失败都会执行)

wx.getBluetoothAdapterState(OBJECT)获取本机蓝牙适配器状态，其OBJECT参数说明如表10-20所示。

表10-20 wx.getBluetoothAdapterState参数信息

参 数	类 型	必填	说 明
success	Function	否	接口调用成功则返回本机蓝牙适配器状态
fail	Function	否	接口调用失败的回调函数
complete	Function	否	接口调用结束的回调函数(调用成功、失败都会执行)

wx.getBluetoothAdapterState(OBJECT)的success返回参数信息如表10-21所示。

表10-21 wx.getBluetoothAdapterState的success返回参数信息

参 数	类 型	说 明
discovering	Boolean	是否正在搜索设备
available	Boolean	蓝牙适配器是否可用
errMsg	String	成功：ok;错误：详细信息

wx. onBluetoothAdapterStateChange(CALLBACK)监听蓝牙适配器状态变化事件，其 CALLBACK 参数说明如表 10-22 所示。

表 10-22　wx. onBluetoothAdapterStateChange 的参数信息

参　数	类　型	说　　明
available	Boolean	蓝牙适配器是否可用
discovering	Boolean	蓝牙适配器是否处于搜索状态

wx. startBluetoothDevicesDiscovery(OBJECT)开始搜索附近的蓝牙外围设备，其 OBJECT 参数说明如表 10-23 所示。注意，该操作比较耗费系统资源，请在搜索并连接到设备后调用 stop 方法停止搜索。

表 10-23　wx. startBluetoothDevicesDiscovery 的参数信息

参　数	类　型	必填	说　　明
services	Array	否	蓝牙设备主 service 的 uuid 列表(某些蓝牙设备会广播自己的主 service 的 uuid)，如果这里传入该列表数组，那么根据该 uuid 列表，只搜索有这个主服务的设备
allowDuplicatesKey	Boolean	否	是否允许重复上报同一设备，如果允许，则 onDeviceFound 方法会多次上报同一设备，但是 RSSI 值会有不同
interval	Integer	否	上报设备的时间间隔，默认为 0，即找到新设备立即上报，否则根据传入的时间间隔上报
success	Function	否	接口调用成功则返回本机蓝牙适配器状态
fail	Function	否	接口调用失败的回调函数
complete	Function	否	接口调用结束的回调函数(成功、失败都会执行)

wx. startBluetoothDevicesDiscovery(OBJECT)的 success 返回参数信息如表 10-24 所示。

表 10-24　wx. startBluetoothDevicesDiscovery 的 success 返回参数信息

参　数	类　型	说　　明
errMsg	String	成功：ok；错误：详细信息

wx. stopBluetoothDevicesDiscovery(OBJECT)停止搜寻附近的蓝牙外围设备，其 OBJECT 参数说明如表 10-25 所示。请在找到需要的设备后调用该方法停止搜索。

表 10-25 wx.stopBluetoothDevicesDiscovery 参数信息

参 数	类 型	必填	说 明
success	Function	否	接口调用成功则返回本机蓝牙适配器状态
fail	Function	否	接口调用失败的回调函数
complete	Function	否	接口调用结束的回调函数(调用成功、失败都会执行)

wx.stopBluetoothDevicesDiscovery(OBJECT)的 success 返回参数信息如表 10-26 所示。

表 10-26 wx.stopBluetoothDevicesDiscovery 的 success 返回参数信息

参 数	类 型	说 明
errMsg	String	成功：ok;错误：详细信息

success 返回参数中 adapterState 蓝牙适配器状态信息如表 10-27 所示。

表 10-27 success 返回参数中 adapterState 信息

参 数	类 型	说 明
discovering	Boolean	蓝牙适配器是否处于搜索状态
available	Boolean	蓝牙适配器是否可用

wx.getBluetoothDevices(OBJECT)获取所有已发现的蓝牙设备,包括已经和本机处于连接状态的设备,其 OBJECT 参数说明如表 10-28 所示。

表 10-28 wx.getBluetoothDevices 参数信息

参 数	类 型	必填	说 明
success	Function	否	接口调用成功则返回本机蓝牙适配器状态
fail	Function	否	接口调用失败的回调函数
complete	Function	否	接口调用结束的回调函数(调用成功、失败都会执行)

wx.getBluetoothDevices(OBJECT)的 success 返回参数信息如表 10-29 所示。

表 10-29 wx.getBluetoothDevices 的 success 返回参数信息

参 数	类 型	说 明
devices	Array	uuid 对应的已连接设备列表
errMsg	String	成功：ok;错误：详细信息

devices 对象存储蓝牙设备信息,参数如表 10-30 所示。注意,开发者工具和 Android 系统上获取到的 deviceId 为设备 MAC 地址,iOS 上则为设备 uuid。因此 deviceId 不能硬编码到代码中。

表 10-30 蓝牙设备相关信息

参数	类型	说明
name	String	蓝牙设备的名称,某些设备可能没有
localName	String	低功耗设备的名称,某些设备可能没有
deviceId	String	用于区分设备的 id
RSSI	Int	当前蓝牙设备的信号强度
advertisData	ArrayBuffer	当前蓝牙设备的广播内容(注意: vConsole 无法打印 ArrayBuffer 类型数据)

wx. getConnectedBluetoothDevices(OBJECT)根据 uuid 获取处于已连接状态的设备,其 OBJECT 参数说明如表 10-31 所示。

表 10-31 wx. getConnectedBluetoothDevices 参数信息

参数	类型	必填	说明
services	Array	是	蓝牙设备主 service 的 uuid 列表
success	Function	否	接口调用成功则返回本机蓝牙适配器状态
fail	Function	否	接口调用失败的回调函数
complete	Function	否	接口调用结束的回调函数(调用成功、失败都会执行)

wx. getConnectedBluetoothDevices(OBJECT)的 success 返回参数信息如表 10-32 所示。

表 10-32 wx. getConnectedBluetoothDevices 的 success 返回参数信息

参数	类型	说明
devices	Array	搜索到的设备列表
errMsg	String	成功: ok;错误: 详细信息

devices 对象存储蓝牙设备信息,参数如表 10-33 所示。注意,开发者工具和 Android 系统上获取到的 deviceId 为设备 MAC 地址,iOS 上则为设备 uuid。因此 deviceId 不能硬编码到代码中。

表 10-33 device 对象信息

参数	类型	说明
name	String	蓝牙设备的名称,某些设备可能没有
deviceId	String	用于区分设备的 id

wx. onBluetoothDeviceFound (CALLBACK) 监听寻找到新设备的事件,其 CALLBACK 参数说明如表 10-34 所示;其所用到的 devices 对象参数与表 10-30 内容相同。

表 10-34 wx.onBluetoothDeviceFound 参数信息

参　数	类　型	说　明
devices	Array	新搜索到的设备列表

wx.createBLEConnection(OBJECT)连接低功耗蓝牙设备,其 OBJECT 参数说明如表 10-35 所示。

表 10-35 wx.createBLEConnection 参数信息

参　数	类　型	必填	说　明
deviceId	String	是	蓝牙设备 id,参考 getDevices 接口
success	Function	否	接口调用成功则返回本机蓝牙适配器状态
fail	Function	否	接口调用失败的回调函数
complete	Function	否	接口调用结束的回调函数(调用成功、失败都会执行)

wx.createBLEConnection(OBJECT)的 success 返回参数信息如表 10-36 所示。

表 10-36 wx.createBLEConnection 的 success 返回参数信息

参　数	类　型	说　明
errMsg	String	成功: ok;错误: 详细信息

wx.closeBLEConnection(OBJECT)断开与低功耗蓝牙设备的连接,其 OBJECT 参数说明如表 10-37 所示。

表 10-37 wx.closeBLEConnection 参数信息

参　数	类　型	必填	说　明
deviceId	String	是	蓝牙设备 id,参考 getDevices 接口
success	Function	否	接口调用成功则返回本机蓝牙适配器状态
fail	Function	否	接口调用失败的回调函数
complete	Function	否	接口调用结束的回调函数(调用成功、失败都会执行)

wx.closeBLEConnection(OBJECT)的 success 返回参数信息如表 10-38 所示。

表 10-38 wx.closeBLEConnection 的 success 返回参数信息

参　数	类　型	说　明
errMsg	String	成功: ok;错误: 详细信息

wx.getBLEDeviceServices(OBJECT)获取蓝牙设备所有 service(服务),其 OBJECT 参数说明如表 10-39 所示。

表 10-39　wx. getBLEDeviceServices 参数信息

参　数	类　型	必填	说　明
deviceId	String	是	蓝牙设备 id,参考 getDevices 接口
success	Function	否	接口调用成功则返回本机蓝牙适配器状态
fail	Function	否	接口调用失败的回调函数
complete	Function	否	接口调用结束的回调函数(调用成功、失败都会执行)

wx. getBLEDeviceServices(OBJECT)的 success 返回参数信息如表 10-40 所示。

表 10-40　wx. getBLEDeviceServices 的 success 返回参数信息

参　数	类　型	说　明
services	Array	设备服务列表
errMsg	String	成功：ok;错误：详细信息

蓝牙设备 service 对象的 service(服务)信息如表 10-41 所示。

表 10-41　蓝牙设备 service(服务)信息

参　数	类　型	说　明
uuid	String	蓝牙设备服务的 uuid
isPrimary	Boolean	该服务是否为主服务

wx. getBLEDeviceCharacteristics(OBJECT)获取蓝牙设备所有 characteristic(特征值),其 OBJECT 参数说明如表 10-42 所示。

表 10-42　wx. getBLEDeviceCharacteristics 参数信息

参　数	类　型	必填	说　明
deviceId	String	是	蓝牙设备 id,参考 device 对象
serviceId	String	是	蓝牙设备服务的 uuid
success	Function	否	接口调用成功则返回本机蓝牙适配器状态
fail	Function	否	接口调用失败的回调函数
complete	Function	否	接口调用结束的回调函数(调用成功、失败都会执行)

wx. getBLEDeviceCharacteristics(OBJECT)的 success 返回参数信息如表 10-43 所示。

表 10-43　wx. getBLEDeviceCharacteristics 的 success 返回参数信息

参数	类　型	说　明
characteristics	Array	设备特征值列表
errMsg	String	成功：ok;错误：详细信息

wx. getBLEDeviceCharacteristic(OBJECT)的蓝牙设备 characteristic 信息如表 10-44 所示。

表 10-44 wx. getBLEDeviceCharacteristic 的蓝牙设备 characteristic 信息

参数	类型	说明
uuid	String	蓝牙设备特征值的 uuid
properties	Object	该特征值支持的操作类型

properties 对象信息如表 10-45 所示。

表 10-45 properties 对象信息

参数	类型	说明
read	Boolean	该特征值是否支持 read 操作
write	Boolean	该特征值是否支持 write 操作
notify	Boolean	该特征值是否支持 notify 操作
indicate	Boolean	该特征值是否支持 indicate 操作

wx. readBLECharacteristicValue(OBJECT)读取低功耗蓝牙设备的特征值的二进制数据值,其 OBJECT 参数说明如表 10-46 所示。注意:设备的特征值必须支持 read 才可以成功调用,具体参照 characteristic 的 properties 属性。

表 10-46 wx. readBLECharacteristicValue 参数信息

参数	类型	必填	说明
deviceId	String	是	蓝牙设备 id,参考 device 对象
serviceId	String	是	蓝牙设备特征值对应服务的 uuid
characteristicId	String	是	蓝牙设备特征值的 uuid
success	Function	否	接口调用成功则返回本机蓝牙适配器状态
fail	Function	否	接口调用失败的回调函数
complete	Function	否	接口调用结束的回调函数(调用成功、失败都会执行)

wx. readBLECharacteristicValue(OBJECT)的 success 返回参数信息如表 10-47 所示。

表 10-47 wx. readBLECharacteristicValue 的 success 返回参数信息

参数	类型	说明
errCode	Number	错误码
errMsg	String	成功: ok;错误: 详细信息

wx. readBLECharacteristicValue(OBJECT)的蓝牙设备 characteristic 信息如表 10-48 所示。

表 10-48　wx. readBLECharacteristicValue 的蓝牙设备 characteristic 信息

参　数	类　型	说　明
characteristicId	String	蓝牙设备特征值的 uuid
serviceId	Object	蓝牙设备特征值对应服务的 uuid
value	ArrayBuffer	蓝牙设备特征值对应的二进制值

wx. writeBLECharacteristicValue(OBJECT)向低功耗蓝牙设备特征值中写入二进制数据，其 OBJECT 参数说明如表 10-49 所示。注意：设备的特征值必须支持 write 才可以成功调用，具体参照 characteristic 的 properties 属性。

表 10-49　wx. writeBLECharacteristicValue 参数信息

参　数	类　型	必填	说　明
deviceId	String	是	蓝牙设备 id，参考 device 对象
serviceId	String	是	蓝牙设备特征值对应服务的 uuid
characteristicId	String	是	蓝牙设备特征值的 uuid
value	ArrayBuffer	是	蓝牙设备特征值对应的二进制值
success	Function	否	接口调用成功则返回本机蓝牙适配器状态
fail	Function	否	接口调用失败的回调函数
complete	Function	否	接口调用结束的回调函数(成功、失败都会执行)

wx. writeBLECharacteristicValue(OBJECT)的 success 返回参数信息如表 10-50 所示。

表 10-50　wx. writeBLECharacteristicValue 的 success 返回参数信息

参　数	类　型	说　明
errMsg	String	成功：ok；错误：详细信息

wx. notifyBLECharacteristicValueChange(OBJECT)启用低功耗蓝牙设备特征值变化时的 notify 功能，其 OBJECT 参数说明如表 10-51 所示。注意：设备的特征值必须支持 notify 才可以成功调用，具体参照 characteristic 的 properties 属性。另外，必须先启用 notify 才能监听到设备 characteristicValueChange 事件。

表 10-51　wx. notifyBLECharacteristicValueChange 参数信息

参　数	类　型	必填	说　明
deviceId	String	是	蓝牙设备 id，参考 device 对象
serviceId	String	是	蓝牙设备特征值对应服务的 uuid
characteristicId	String	是	蓝牙设备特征值的 uuid

续表

参数	类型	必填	说明
state	Boolean	是	true:启用 notify; false: 停用 notify
success	Function	否	接口调用成功则返回本机蓝牙适配器状态
fail	Function	否	接口调用失败的回调函数
complete	Function	否	接口调用结束的回调函数(调用成功、失败都会执行)

wx. notifyBLECharacteristicValueChange(OBJECT)的 success 返回参数信息如表 10-52 所示。

表 10-52 wx. notifyBLECharacteristicValueChange 的 success 返回参数信息

参数	类型	说明
errMsg	String	成功: ok;错误: 详细信息

wx. onBLEConnectionStateChange(CALLBACK)监听低功耗蓝牙连接的错误事件,包括设备丢失,连接异常断开等。其 CALLBACK 参数说明如表 10-53 所示。

表 10-53 wx. onBLEConnectionStateChange 参数信息

参数	类型	说明
deviceId	String	蓝牙设备 id,参考 device 对象
connected	Boolean	目前连接的状态

wx. onBLECharacteristicValueChange(CALLBACK)监听低功耗蓝牙设备的特征值变化,其 CALLBACK 参数说明如表 10-54 所示。必须先启用 notify 接口才能接收到设备推送的 notification。

表 10-54 wx. onBLECharacteristicValueChange 参数信息

参数	类型	说明
deviceId	String	蓝牙设备 id,参考 device 对象
serviceId	String	蓝牙设备特征值对应服务的 uuid
characteristicId	String	蓝牙设备特征值的 uuid
value	ArrayBuffer	蓝牙设备特征值对应的最新二进制值(注意: vConsole 无法打印出 ArrayBuffer 类型数据)

蓝牙错误码(errCode)如表 10-55 所示。

表 10-55 蓝牙错误码相关信息

错误码	说　明	备　注
0	ok	正常
10000	not init	未初始化蓝牙适配器
10001	not available	当前蓝牙适配器不可用
10002	no device	没有找到指定设备
10003	connection fail	连接失败
10004	no service	没有找到指定服务
10005	no characteristic	没有找到指定特征值
10006	no connection	当前连接已断开
10007	property not support	当前特征值不支持此操作
10008	system error	其余所有系统上报的异常
10009	system not support	Android 系统特有,系统版本低于 4.3 不支持 BLE
10010	no descriptor	没有找到指定描述符

应用蓝牙 API 的例 10-8 代码如下,其效果如图 10-8 所示。

例 10-8

```
<!--index.wxml-->
<button type="primary" bindtap="openBluetooth">初始化蓝牙适配器</button>
<button bindtap="closeBluetooth">关闭蓝牙模块</button>
<button type="primary" bindtap="getBluetoothAdapterState">获取本机蓝牙适配器
状态</button>
<button bindtap="onBluetoothAdapterStateChange">监听蓝牙适配器状态变化事件
</button>
<button type="primary" bindtap="startBluetoothDevicesDiscovery">开始搜寻附近
的蓝牙外围设备
</button>
<button bindtap="stopBluetoothDevicesDiscovery">停止搜寻附近的蓝牙外围设备
</button>
<button type="primary" bindtap="getBluetoothDevices">获取所有已发现的蓝牙设备
</button>
<button bindtap="onBluetoothDeviceFound">监听寻找到新设备的事件</button>
<button type="primary" bindtap="getConnectedBluetoothDevices">根据 uuid 获取处
于已连接状态的设备</button>
<button bindtap="createBLEConnection">连接低功耗蓝牙设备</button>
<button type="primary" bindtap="closeBLEConnection">断开与低功耗蓝牙设备的连接
</button>
<buttonbindtap="onBLEConnectionStateChanged">监听低功耗蓝牙连接的错误事件
</button>
<button type="primary" bindtap="getBLEDeviceServices">获取蓝牙设备所有服务
```

```
</button>
<button bindtap="getBLEDeviceCharacteristics">获取蓝牙设备所有特征值</button>

//index.js
Page({
    //初始化蓝牙适配器
  openBluetooth: function() {
    wx.openBluetoothAdapter({
      success: function(res) {
        console.log(res.errMsg)
          wx.showToast({
          title: "初始化蓝牙适配器成功",
          duration: 2000
        })
      },
    })
  },
  //关闭蓝牙模块
  closeBluetooth: function() {
    wx.openBluetoothAdapter()
    wx.closeBluetoothAdapter({
      success: function(res) {
        console.log("success"+res)
      }
    })
  },
  //获取本机蓝牙适配器状态
  getBluetoothAdapterState: function() {
    wx.getBluetoothAdapterState({
      success: function(res) {
        //success
        console.log("res:"+res)
        console.log("errMsg:"+res.errMsg)
      }
    })
  },
  //监听蓝牙适配器状态变化事件
  onBluetoothAdapterStateChange: function() {
    wx.onBluetoothAdapterStateChange(function(res) {
      console.log('adapterState changed, now is', res)
    })
  },
  //开始搜寻附近的蓝牙外围设备
  startBluetoothDevicesDiscovery: function() {
    wx.startBluetoothDevicesDiscovery({
      success: function(res) {
```

```
      console.log(res)
    }
  })
},
//停止搜寻附近的蓝牙外围设备
stopBluetoothDevicesDiscovery: function() {
  wx.stopBluetoothDevicesDiscovery({
    success: function(res) {
      console.log(res)
    }
  })
},
//获取所有已发现的蓝牙设备
getBluetoothDevices: function() {
  wx.getBluetoothDevices({
    success: function(res) {
          console.log(res)
    },
  })
},
//监听寻找到新设备的事件
onBluetoothDeviceFound: function() {
  wx.onBluetoothDeviceFound(function(res) {
        console.log(res)
  })
},
//根据 uuid 获取处于已连接状态的设备
getConnectedBluetoothDevices: function() {
  wx.getConnectedBluetoothDevices({
    success: function(res) {
      console.log(res)
    }
  })
},
//连接低功耗蓝牙设备
createBLEConnection: function() {
  wx.createBLEConnection({
    deviceId: 'AC:BC:32:C1:47:80',
    success: function(res) {
          console.log(res)
    },
    fail: function(res) {
        },
    complete: function(res) {
        }
  })
```

```
  },
  //断开与低功耗蓝牙设备的连接
  closeBLEConnection: function() {
    wx.closeBLEConnection({
      deviceId: 'AC:BC:32:C1:47:80',
      success: function(res) {
        console.log(res)
      }
    })
  },
  //监听低功耗蓝牙连接的错误事件,包括设备丢失,连接异常断开等
  onBLEConnectionStateChanged: function() {
    wx.onBLEConnectionStateChanged(function(res) {
      console.log('device ${res.deviceId} state has changed, connected: ${res.
      connected}')
    })
  },
  //获取蓝牙设备所有 service(服务)
  getBLEDeviceServices: function() {
    wx.getBLEDeviceServices({
      deviceId: '48:3B:38:88:E3:83',
      success: function(res) {
              console.log('device services:', res.services.serviceId)
      },
      fail: function(res) {
              },
      complete: function(res) {
             }
    })
  },
  //获取蓝牙设备所有 characteristic(特征值)
  getBLEDeviceCharacteristics: function() {
    wx.getBLEDeviceCharacteristics({
      deviceId: '48:3B:38:88:E3:83',
      serviceId: 'serviceId',
      success: function(res) {
              },
      fail: function(res) {
              },
      complete: function(res) {
              }
    })
  }
})
```

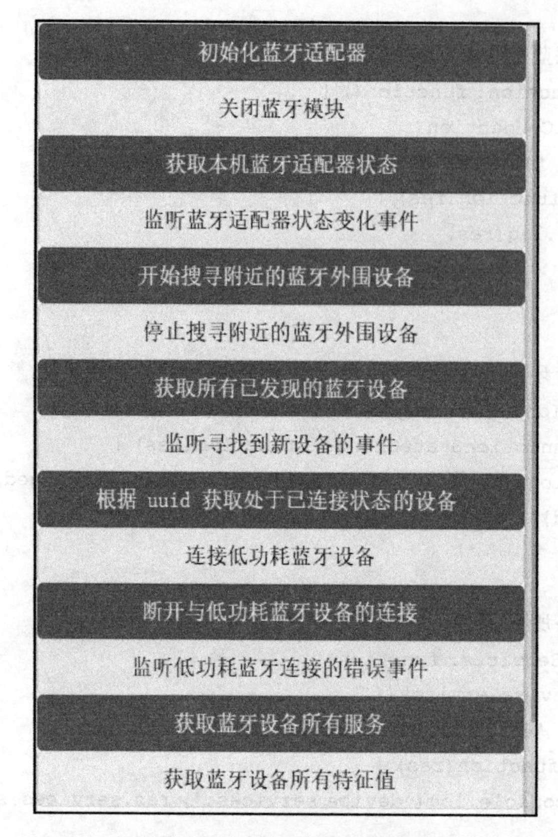

图 10-8　蓝牙 API 的应用

10.9　iBeacon 设备 API

wx.startBeaconDiscovery(OBJECT)开始搜索附近的 iBeacon 设备，其 OBJECT 参数说明如表 10-56 所示。

表 10-56　wx.startBeaconDiscovery 参数信息

参　数	类　型	必填	说　明
uuids	StringArray	是	iBeacon 设备广播的 uuids
success	Function	否	接口调用成功的回调函数
fail	Function	否	接口调用失败的回调函数
complete	Function	否	接口调用结束的回调函数(调用成功、失败都会执行)

wx.startBeaconDiscovery 的 success 返回参数说明如表 10-57 所示。

表 10-57　wx.startBeaconDiscovery 的 success 返回参数信息

参　数	类　型	说　　明
errMsg	String	调用结果

wx.stopBeaconDiscovery(OBJECT)停止搜索附近的 iBeacon 设备，其 OBJECT 参数说明如表 10-58 所示。

表 10-58　wx.stopBeaconDiscovery 参数信息

参　数	类　型	必填	说　　明
success	Function	否	接口调用成功的回调函数
fail	Function	否	接口调用失败的回调函数
complete	Function	否	接口调用结束的回调函数(调用成功、失败都会执行)

wx.stopBeaconDiscovery 的 success 返回参数说明如表 10-59 所示。

表 10-59　wx.stopBeaconDiscovery 的 success 返回参数信息

参　数	类　型	说　　明
errMsg	String	调用结果

wx.getBeacons(OBJECT)获取所有已搜索到的 iBeacon 设备，其 OBJECT 参数说明如表 10-60 所示。

表 10-60　wx.getBeacons 参数信息

参　数	类　型	必填	说　　明
success	Function	否	接口调用成功的回调函数
fail	Function	否	接口调用失败的回调函数
complete	Function	否	接口调用结束的回调函数(调用成功、失败都会执行)

wx.getBeacons 的 success 返回参数说明如表 10-61 所示。

表 10-61　wx.getBeacons 的 success 返回参数信息

参　数	类　型	说　　明
beacons	ObjectArray	iBeacon 设备列表
errMsg	String	调用结果

wx.getBeacons 的 iBeacon 结构如表 10-62 所示。

表 10-62 iBeacon 结构信息

参 数	类 型	说 明
uuid	String	iBeacon 设备广播的 uuid
major	String	iBeacon 设备的主 id
minor	String	iBeacon 设备的次 id
proximity	Number	表示设备距离的枚举值
accuracy	Number	iBeacon 设备的距离
rssi	Number	表示设备的信号强度

wx.onBeaconUpdate(CALLBACK)监听 iBeacon 设备的更新事件，其 CALLBACK 返回参数说明如表 10-63 所示。

表 10-63 wx.onBeaconUpdate 返回参数信息

参 数	类 型	说 明
beacons	ObjectArray	当前搜寻到的所有 iBeacon 设备列表

wx.onBeaconServiceChange(CALLBACK)监听 iBeacon 服务的状态变化，其 CALLBACK 返回参数说明如表 10-64 所示。

表 10-64 wx.onBeaconServiceChange 返回参数信息

参 数	类 型	说 明
available	Boolean	服务目前是否可用
discovering	Boolean	目前是否处于搜索状态

iBeacon 处理过程中错误码信息如表 10-65 所示。

表 10-65 iBeacon 处理过程中错误码信息

错误码	说 明	备 注
0	ok	正常
11000	unsupport	系统或设备不支持
11001	bluetooth service unavailable	蓝牙服务不可用
11002	location service unavailable	位置服务不可用
11003	already start	已经开始搜索

应用 iBeacon 设备 API 的例 10-9 代码如下，其效果如图 10-9 所示。

例 10-9

```
<!--index.wxml-->
<button type="primary" bindtap="startBeaconDevicesDiscovery">开始搜寻附近
```

```
iBeacon 设备</button>
<button bindtap="stopBeaconDevicesDiscovery">停止搜寻附近 iBeacon 设备
</button>
<button type="primary" bindtap="getBeacons">获取已搜索到的 iBeacon 设备
</button>
<button bindtap="onBeaconUpdate">监听 iBeacon 设备更新事件</button>
<button type="primary" bindtap="onBeaconServiceChange">监听 iBeacon 服务状态变
化</button>

//index.js
Page({
  //开始搜寻附近的 iBeacon 设备
  startBeaconDevicesDiscovery: function() {
    console.log('模拟寻找设备')
  },
  //停止搜寻附近的 iBeacon 设备
  stopBeaconDevicesDiscovery: function() {
    wx.stopBeaconDiscovery({
      success(res) {
        console.log(res)
        console.log('成功停止搜索')
      }
        })
  },
  //获取所有已搜索到的 iBeacon 设备
  getBeacons: function() {
   wx.getBeacons({
     success(res) {
      console.log(res)
       console.log('成功获取设备')
     }
   })
},
  //监听 iBeacon 设备更新事件
  onBeaconUpdate: function() {
   wx.onBeaconUpdate(function(res) {
     console.log('设备更新')
    console.log(res)
     })
   console.log('监听设备更新事件')
  },
  //监听 iBeacon 设备服务状态变化事件
  onBeaconServiceChange: function() {
   wx.onBeaconServiceChange(function(res) {
      console.log(res)
      console.log('设备服务状态更新')
```

```
    })
    console.log('监听服务状态变化事件')
  },
})
```

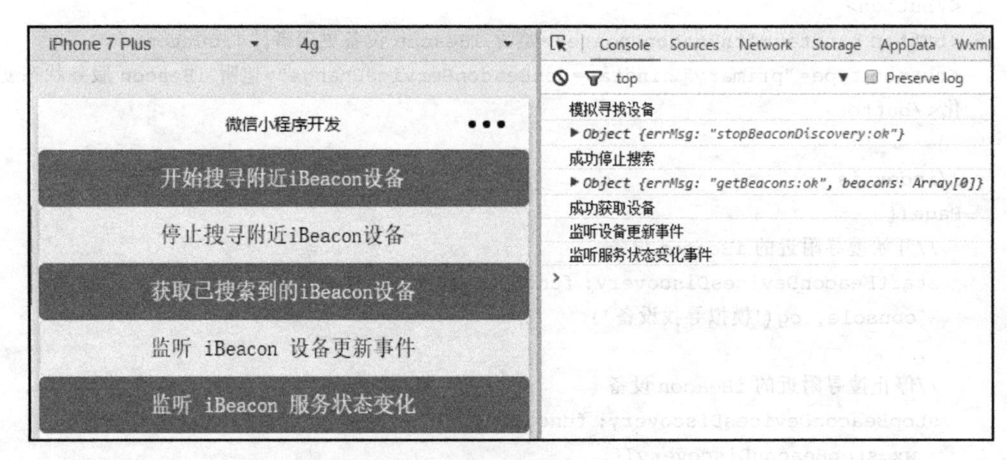

图 10-9　iBeacon 设备 API 的应用

10.10　屏幕亮度 API

wx. setScreenBrightness(OBJECT)设置屏幕亮度，其 OBJECT 参数说明如表 10-66 所示。

表 10-66　wx. setScreenBrightness 参数信息

参　数	类　型	必填	说　明
value	Number	是	屏幕亮度值；值为 0～1，0 为最暗，1 为最亮
success	Function	否	接口调用成功
fail	Function	否	接口调用失败的回调函数
complete	Function	否	接口调用结束的回调函数(调用成功、失败都会执行)

wx. getScreenBrightness(OBJECT)获取屏幕亮度，其 OBJECT 参数说明如表 10-67 所示。

表 10-67　wx. getScreenBrightness 参数信息

参　数	类　型	必填	说　明
success	Function	否	接口调用成功
fail	Function	否	接口调用失败的回调函数
complete	Function	否	接口调用结束的回调函数(调用成功、失败都会执行)

wx. getScreenBrightness 的 success 返回参数说明如表 10-68 所示。

表 10-68 wx. getScreenBrightness 的 success 返回参数信息

参 数	类 型	说 明
value	Number	屏幕亮度值;值为 0～1,0 为最暗,1 为最亮

wx. setKeepScreenOn(OBJECT)设置是否保持常亮状态。该接口仅在当前小程序生效,离开小程序后设置失效,其 OBJECT 参数说明如表 10-69 所示。

表 10-69 wx. setKeepScreenOn 参数信息

参 数	类 型	必填	说 明
keepScreenOn	Boolean	是	是否保持屏幕常亮
success	Function	否	接口调用成功的回调函数
fail	Function	否	接口调用失败的回调函数
complete	Function	否	接口调用结束的回调函数(调用成功、失败都会执行)

wx. setKeepScreenOn 的 success 返回参数说明如表 10-70 所示。

表 10-70 wx. setKeepScreenOn 的 success 返回参数信息

参 数	类 型	说 明
errMsg	String	调用结果

处理屏幕亮度 API 的例 10-10 代码如下,其效果如图 10-10 所示。

例 10-10

```
<!--index.wxml-->
<label>设置屏幕亮度:
<slider min="0" max="1" step="0.1"bindchange="changeScreenLight"/>
</label>
<button bindtap="getScreenBrightnessTap">获取屏幕亮度</button>
<view>屏幕亮度为:{{screenBrightness}}</view>
<button type="primary" bindtap="setKeepScreenOn">设置屏幕常亮</button>

//index.js
Page({
  data: {
    screenBrightness : 0
  },
  changeScreenLight: function(e) {
    //设置屏幕亮度
    wx.setScreenBrightness({
      value: parseFloat(e.detail.value).toFixed(1)
    })
  },
  getScreenBrightnessTap: function() {
```

```
    var that=this;
    //获取屏幕亮度
    wx.getScreenBrightness({
      success: function(res) {
        that.setData({
          screenBrightness: res.value
        })
      }
    })
  },
  setKeepScreenOn: function(e) {
    //设置屏幕常亮
    wx.setKeepScreenOn({
      keepScreenOn: true,
      success:function(res){
        console.log('成功设置常亮')
      }
    })
  },
})

/**index.wxss**/
button{
  margin: 10px;
  font-size: 11pt;
  color: green;
  border:1px solid green;
  background: white;
}
view{
  margin: 10px;
  font-size: 11pt;
}
```

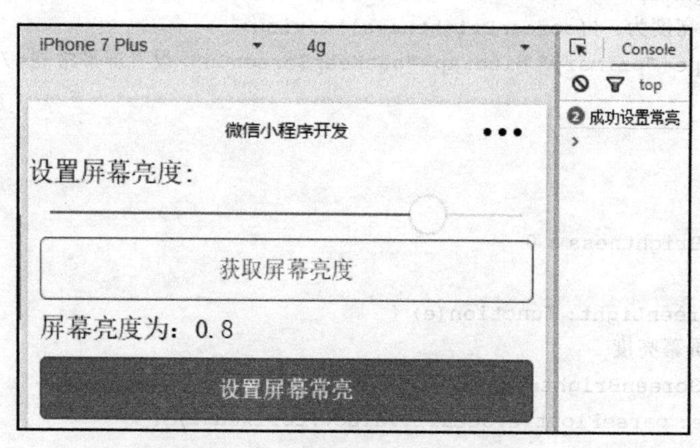

图 10-10 屏幕亮度 API 的应用

10.11 用户截屏事件 API

wx. captureScreen(OBJECT) 截取当前屏幕内容，其参数说明如表 10-71 所示。

表 10-71 wx. captureScreen 参数信息

参 数	类 型	必填	说 明
success	Function	否	接口调用成功
fail	Function	否	接口调用失败的回调函数
complete	Function	否	接口调用结束的回调函数(调用成功、失败都会执行)

wx. captureScreen 的 success 返回参数说明如表 10-72 所示。

表 10-72 wx. captureScreen 的 success 返回参数信息

参 数	类 型	说 明
tempFilePath	String	截屏产生图片的本地文件路径
errMsg	String	调用结果

wx. onUserCaptureScreen(CALLBACK)监听用户主动截屏事件，用户使用系统截屏按键截屏时触发此事件；CALLBACK 返回参数为"无"。

应用用户截屏事件 API 的例 10-11 代码如下，其效果如图 10-11 所示。

例 10-11

```
<!--index.wxml-->
<button bindtap="jp">用户主动截屏了</button>
<button type="primary" bindtap="cs">截屏</button>

//index.js
Page({
  jp: function() {
    wx.onUserCaptureScreen(function(res) {
      console.log('用户主动截屏了')
    })
  },
  //cs 与 jp 操作结果相同
    cs:function(){
      wx.captureScreen( {
        success:{
        }
      })
    }
})
```

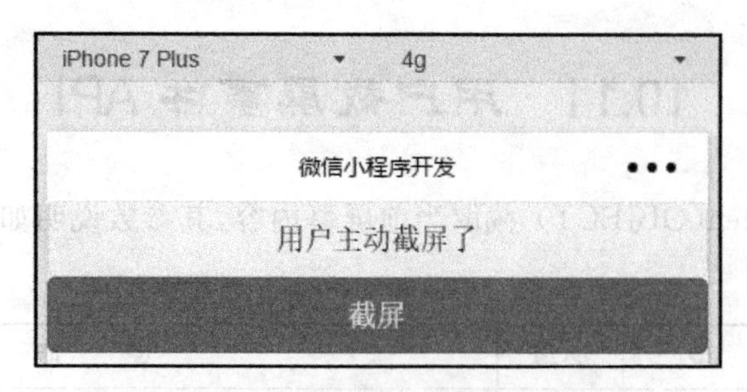

图 10-11　用户截屏事件 API 的应用

10.12　振动 API

wx.vibrateLong(OBJECT)使手机发生较长时间的振动(400ms),其 OBJECT 参数说明如表 10-73 所示。

表 10-73　wx.vibrateLong 参数信息

参　数	类　型	必填	说　　明
success	Function	否	接口调用成功
fail	Function	否	接口调用失败的回调函数
complete	Function	否	接口调用结束的回调函数(调用成功、失败都会执行)

wx.vibrateShort(OBJECT)使手机发生较短时间的振动(15ms),其 OBJECT 参数说明如表 10-74 所示。要注意的是 vibrateShort 接口仅在 iPhone7/iPhone7Plus 及 Android 机型生效。

表 10-74　wx.vibrateShort 参数信息

参　数	类　型	必填	说　　明
success	Function	否	接口调用成功
fail	Function	否	接口调用失败的回调函数
complete	Function	否	接口调用结束的回调函数(调用成功、失败都会执行)

应用振动 API 的例 10-12 代码如下,其效果如图 10-12 所示。

例 10-12

```
<!--index.wxml-->
<button bindtap="vibrateLongTap">振动(400ms)</button>
<button bindtap="vibrateShortTap">振动(15ms)</button>

//index.js
Page({
```

```
  vibrateLongTap: function() {
      //使手机振动 400ms
    wx.vibrateLong({
      success: function(res) {
        console.log(res);
        console.log("长振动")                  //只能在真机上才可以显示
      }
  })
    console.log("400ms 振动")                 //在 console、真机中都可以显示
  },
      vibrateShortTap:  function() {
    //使手机振动 15ms
        wx.vibrateShort({
      success: function(res) {
        console.log(res);
        console.log("短振动")                  //只能在真机上才可以显示
      }
    })
        console.log("15ms 振动")              //在 console、真机中都可以显示
},
})

/**index.wxss**/
button{
  margin: 10px;
  font-size: 11pt;
  color: green;
  border:1px solid green;
  background: white;
}
view{
  margin: 10px;
  font-size: 11pt;
}
```

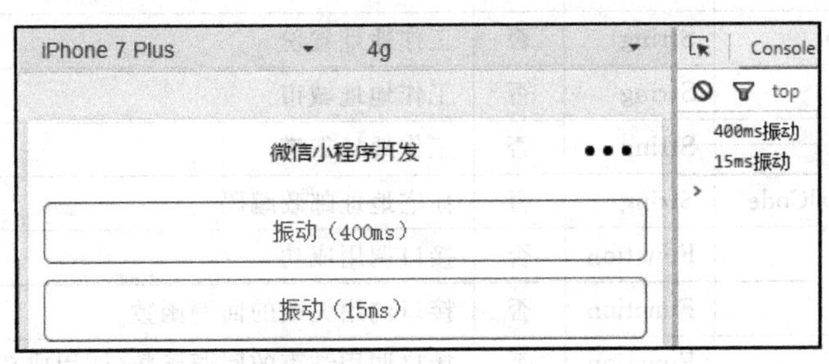

图 10-12 振动 API 的应用

10.13 手机联系人 API

wx. addPhoneContact(OBJECT)调用后,用户可以选择将该表单以“新增联系人”或“添加到已有联系人”的方式,写入手机系统通讯录,完成手机通讯录联系人和联系方式的增加。其 OBJECT 参数说明如表 10-75 所示。

表 10-75 wx. addPhoneContact 参数信息

参　数	类　型	必填	说　明
photoFilePath	String	否	头像本地文件路径
nickName	String	否	昵称
lastName	String	否	姓氏
middleName	String	否	中间名
firstName	String	是	名字
remark	String	否	备注
mobilePhoneNumber	String	否	手机号
weChatNumber	String	否	微信号
addressCountry	String	否	联系地址国家
addressState	String	否	联系地址省份
addressCity	String	否	联系地址城市
addressStreet	String	否	联系地址街道
addressPostalCode	String	否	联系地址邮政编码
organization	String	否	公司
title	String	否	职位
workFaxNumber	String	否	工作传真
workPhoneNumber	String	否	工作电话
hostNumber	String	否	公司电话
email	String	否	电子邮件
url	String	否	网站
workAddressCountry	String	否	工作地址国家
workAddressState	String	否	工作地址省份
workAddressCity	String	否	工作地址城市
workAddressStreet	String	否	工作地址街道
homeAddressPostalCode	String	否	住宅地址邮政编码
success	Function	否	接口调用成功
fail	Function	否	接口调用失败的回调函数
complete	Function	否	接口调用结束的回调函数(调用成功、失败都会执行)

wx.addPhoneContact 参数信息回调结果如表 10-76 所示。

表 10-76 wx.addPhoneContact 回调结果信息

回调类型	errMsg	说　　明
success	ok	添加成功
fail	fail cancel	用户取消操作
fail	fail ${detail}	调用失败,detail 加上详细信息

应用手机联系人 API 的例 10-13 代码如下,相关效果如图 10-13、图 10-14 和图 10-15 所示。

例 10-13

```
<!--index.wxml-->
<view bindlongtap="phoneNumTap">{{phoneNum}}</view>

//index.js
Page({
  data: {
    phoneNum: '12345678901'       //测试用的号码,并非真实号码
  },
  //长按号码响应函数
  phoneNumTap: function() {
    var that=this;
    //提示呼叫号码还是将号码添加到手机通讯录
    wx.showActionSheet({
      itemList: ['呼叫', '添加联系人'],
      success: function(res) {
        if (res.tapIndex===0) {
          //呼叫号码
          wx.makePhoneCall({
            phoneNumber: that.data.phoneNum,
          })
        } else if (res.tapIndex==1) {
          //添加到手机通讯录
          wx.addPhoneContact({
            firstName: 'test',     //联系人姓名
            mobilePhoneNumber: that.data.phoneNum,     //联系人手机号
          })
            }
          },
      success:function(res){
        console.log('成功处理号码信息')
      }
```

```
    })
    console.log('长按号码后显示"呼叫""添加联系人""取消"等菜单项')
  }
})

/**index.wxss**/
view{
  color: blue;
  padding: 15px;
  border-bottom: 1px solid gainsboro;
}
```

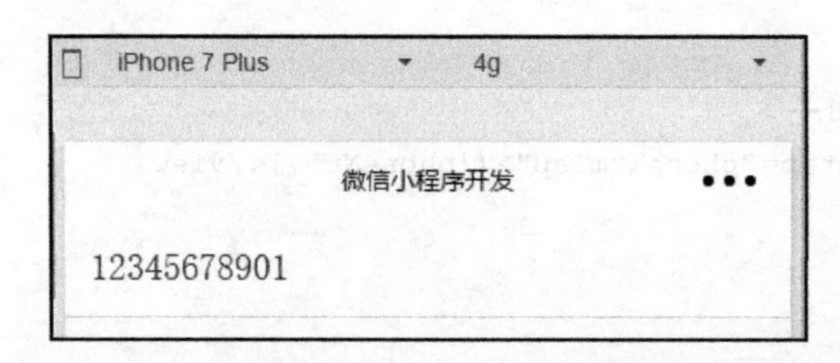

图 10-13 手机联系人 API 应用时开始显示号码的界面

图 10-14 长按手机号码出现"呼叫"等三个菜单项的界面

图 10-15 点击“呼叫”菜单项的结果界面示意图

习 题 10

实验题

1. 请在实例中实现对系统信息 API 的应用。
2. 请在实例中实现对网络状态 API 的应用。
3. 请在实例中实现对加速度计 API 的应用。
4. 请在实例中实现对罗盘 API 的应用。
5. 请在实例中实现对拨打电话 API 的应用。
6. 请在实例中实现对扫码 API 的应用。
7. 请在实例中实现对剪贴板 API 的应用。
8. 请在实例中实现对蓝牙 API 的应用。
9. 请在实例中实现对 iBeacon 设备 API 的应用。
10. 请在实例中实现对屏幕亮度 API 的应用。
11. 请在实例中实现对用户截屏事件 API 的应用。
12. 请在实例中实现对振动 API 的应用。
13. 请在实例中实现对手机联系人 API 的应用。

第11章 Chapter 11

界面API

本章主要介绍界面API的相关内容，包括交互反馈API、设置导航条API、设置置顶信息API、导航API、动画API、位置API、绘图API、下拉刷新API等API的用法。

11.1 交互反馈API

消息提示框经常用来显示"提交成功"或者"加载中"的一种友好提示方式，可以设置提示框的内容、类型、时间以及相应的事件。如果想显示消息提示框，可以使用wx.showToast(OBJECT)的API显示消息提示框，其OBJECT参数说明如表11-1所示。与之相对应，wx.hideToast(OBJECT)隐藏消息提示框。

表11-1 wx.showToast参数信息

参数	类型	必填	说明
title	String	是	提示的内容
icon	String	否	图标，只支持"success"、"loading"、"none"
image	String	否	自定义图标的本地路径，image的优先级高于icon
duration	Number	否	提示的延迟时间，单位为ms，默认值为1500
mask	Boolean	否	是否显示透明蒙层，防止触摸穿透，默认为false
success	Function	否	接口调用成功的回调函数
fail	Function	否	接口调用失败的回调函数
complete	Function	否	接口调用结束的回调函数(调用成功、失败都会执行)

wx.showLoading(OBJECT)显示loading提示框，其OBJECT参数说明如表11-2所示。要注意的是，需要主动调用wx.hideLoading才能关闭loading提示框。而且，wx.showLoading和wx.showToast同时只能显示一个，使用wx.hideToast、wx.hideLoading都可以关闭提示框。

表 11-2 wx.showLoading 参数信息

参数	类型	必填	说明
title	String	是	提示的内容
mask	Boolean	否	是否显示透明蒙层,防止触摸穿透,默认为 false
success	Function	否	接口调用成功的回调函数
fail	Function	否	接口调用失败的回调函数
complete	Function	否	接口调用结束的回调函数(调用成功、失败都会执行)

模态弹窗是对整个界面进行覆盖,防止用户对界面中的其他内容进行操作。使用 wx.showModal(OBJECT)显示模态弹窗,可以设置提示的标题、内容、"取消"按钮和样式、"确定"按钮和样式以及一些绑定的事件。wx.showModal(OBJECT)的 OBJECT 参数具体说明如表 11-3 所示。

表 11-3 wx.showModal 参数信息

参数	类型	必填	说明
title	String	是	提示的标题
content	String	是	提示的内容
showCancel	Boolean	否	是否显示取消按钮,默认为 true
cancelText	String	否	取消按钮的文字,默认为"取消",最多 4 个字符
cancelColor	String	否	取消按钮的文字颜色,默认为#000000
confirmText	String	否	确定按钮的文字,默认为"确定",最多 4 个字符
confirmColor	String	否	确定按钮的文字颜色,默认为#576B95
success	Function	否	接口调用成功的回调函数
fail	Function	否	接口调用失败的回调函数
complete	Function	否	接口调用结束的回调函数(调用成功、失败都会执行)

wx.showModal(OBJECT)的 success 返回参数说明如表 11-4 所示。

表 11-4 wx.showModal 的 success 返回参数信息

参数	类型	说明
confirm	Boolean	为 true 时,表示用户点击了确定按钮(Android 6.3.30 系统下的 wx.showModal 返回的 confirm 一直为 true)
cancel	Boolean	为 true 时,表示用户点击了取消按钮(用于 Android 系统区分点击蒙层关闭还是点击取消按钮关闭)

在 App 软件里,经常可以看到从屏幕底部弹出很多选项供我们选择,同时也可以取消选择;在微信小程序里,同样可以实现这样的效果。需要使用 wx.showActionSheet

(OBJECT)显示操作菜单 API 接口,wx.showActionSheet(OBJECT)的 OBJECT 参数说明如表 11-5 所示。

表 11-5 wx.showActionSheet 参数信息

参数	类型	必填	说明
itemList	String Array	是	按钮的文字数组,数组最多为 6 个
itemColor	String	否	按钮的文字颜色,默认为#000000
success	Function	否	接口调用成功的回调函数,详见返回参数说明
fail	Function	否	接口调用失败的回调函数
complete	Function	否	接口调用结束的回调函数(调用成功、失败都会执行)

wx.showActionSheet(OBJECT)的 success 返回参数说明如表 11-6 所示。而当 wx.showActionSheet 点击取消或蒙层时,回调 fail,errMsg 为"showActionSheet: fail cancel"。

表 11-6 wx.showActionSheet 的 success 返回参数信息

参数	类型	说明
tapIndex	Number	用户点击的按钮,从 0 开始,顺序为从上到下

应用交互反馈 API 的例 11-1 代码如下,其效果如图 11-1 所示。

例 11-1

```
<!--index.wxml-->
<view style="margin:20px;display: flex;flex-direction: column;">
  <button type="primary" bindtap="onClick_ShowToast">显示 Toast</button>
  <button bindtap="onClick_HideToast">隐藏 Toast</button>
  <button type="primary" bindtap="onClick_ShowLoading">显示 loading</button>
  <button bindtap="onClick_HideLoading">隐藏 loading</button>
  <button type="primary" bindtap="onClick_ShowModal">显示模态窗口</button>
  <button bindtap="onClick_ShowActionSheet">显示操作菜单</button>
</view>

//index.js
Page({
  onClick_ShowToast: function() {
    wx.showToast({
      title: 'Toast',
      duration: 2000
    })
    console.log('成功显示 Toast')
  },
  onClick_HideToast: function() {
```

```
    wx.showToast({
      title: 'Toast加载中',
    })
    setTimeout(function() {
      wx.hideToast()
    }, 2000)
    console.log('成功隐藏 Toast')
  },
  onClick_ShowLoading: function() {
    wx.showLoading({
      title: 'Loding',
      icon: 'loading',
      duration: 2000
    })
    console.log('成功显示 Loading')
  },
  onClick_HideLoading: function() {
    wx.showLoading({
      title: 'Loding加载中',
    })
    setTimeout(function() {
      wx.hideLoading()
    }, 2000)
    console.log('成功隐藏 Loading')
  },
  onClick_ShowModal: function() {
    wx.showModal({
      title: '提示',
      content: '这是一个模态弹窗',
      success: function(res) {
        console.log('成功显示模态弹窗')
        if (res.confirm) {
          console.log('用户点击确定')
        }
        else {
          console.log('用户点击取消')
        }
      }
    })
  },
  onClick_ShowActionSheet: function() {
      wx.showActionSheet({
      itemList: ['语文', '数学', '英语'],
      success: function(res) {
        console.log('成功显示菜单')
        console.log(res.tapIndex)
```

```
      },
      fail: function(res) {
        console.log(res.errMsg)
      }
    })
  },
})
```

图 11-1　交互反馈 API 的应用

11.2　设置导航条 API

wx.setNavigationBarTitle(OBJECT）动态设置当前页面的标题,其 OBJECT 参数说明如表 11-7 所示。

表 11-7　wx.setNavigationBarTitle 参数信息

参　数	类　型	必填	说　　明
title	String	否	页面标题
success	Function	否	接口调用成功的回调函数
fail	Function	否	接口调用失败的回调函数
complete	Function	否	接口调用结束的回调函数(调用成功、失败都会执行)

wx. showNavigationBarLoading ( ) 在当前页面显示导航条加载动画，wx. hideNavigationBarLoading()隐藏导航条加载动画。

wx. setNavigationBarColor(OBJECT)设置导航条颜色，其 OBJECT 参数说明如表 11-8 所示。

表 11-8 wx. setNavigationBarColor 参数信息

参 数	类 型	必填	说 明
frontColor	String	是	前景颜色值，包括按钮、标题、状态栏的颜色，仅支持 #ffffff 和 #000000
backgroundColor	String	是	背景颜色值，有效值为十六进制颜色
animation	Object	否	动画效果
animation. duration	Number	否	动画变化时间，默认值为 0，单位为 ms
animation. timingFunc	String	否	动画变化方式，默认为 linear
success	Function	否	接口调用成功的回调函数
fail	Function	否	接口调用失败的回调函数
complete	Function	否	接口调用结束的回调函数(成功、失败都会执行)

其中 animation. timingFunc 有效值如表 11-9 所示。

表 11-9 wx. setNavigationBarColor 参数中 animation. timingFunc 的有效值信息

值	说 明	值	说 明
linear	动画从头到尾的速度是相同的	easeOut	动画以低速结束
easeIn	动画以低速开始	easeInOut	动画以低速开始和结束

wx. setNavigationBarColor 的 success 返回参数说明如表 11-10 所示。

表 11-10 wx. setNavigationBarColor 的 success 返回参数信息

参 数	类 型	说 明
errMsg	String	调用结果

应用设置导航条 API 的例 11-2 代码如下，其效果如图 11-2 所示。

例 11-2

```
<!--index.wxml-->
<view style="margin:20px;display: flex;flex-direction: column;">
  <button type="primary" bindtap="onClick_TQYB">设置导航条标题为"天气预报"
</button>
  <button bindtap="onClick_XSDH">显示导航条动画</button>
  <button type="primary" bindtap="onClick_YCDH">隐藏导航条动画</button>
  <button bindtap="onClick_DHTYS">设置导航条颜色</button>
```

```
</view>

//index.js
Page({
  onClick_TQYB: function() {
    wx.setNavigationBarTitle({
      title: '天气预报',
      success: function(res) {
        console.log('成功将导航条标题设为"天气预报"')
      }
    })
  },
  onClick_XSDH: function() {
    wx.showNavigationBarLoading({
      success: function(res) {
        console.log('成功显示动画')
    }
    })
  },
  onClick_YCDH: function() {
    wx.hideNavigationBarLoading({
      success: function(res) {
        console.log('成功隐藏动画')
      }
    })
  },
  onClick_DHTYS: function() {
    wx.setNavigationBarColor({
      frontColor: '#ffffff',
      backgroundColor: '#ff0000',
      animation: {
        duration: 400,
        timingFunc: 'easeIn'
      },
      success: function(res) {
        console.log('成功设置导航条颜色')
      }
    })
  }
})
```

图 11-2 设置导航条 API 的应用

11.3 设置置顶信息 API

wx. setTopBarText(OBJECT)动态设置置顶栏文字内容，只有当前小程序被置顶时才能生效。如果当前小程序未被置顶，也能调用成功，但是不会立即生效。只有在用户将这个小程序置顶后才换上设置的文字内容。要特别注意的是，调用成功后，需间隔 5s 才能再次调用此接口；如果在 5s 内再次调用此接口，会回调 fail，同时 errMsg 的内容为"setTopBarText: fail invoke too frequently"。

wx. setTopBarText(OBJECT)的 OBJECT 参数说明如表 11-11 所示。

表 11-11 wx. setTopBarText 参数信息

参 数	类 型	必填	说 明
text	String	是	置顶栏文字内容
success	Function	否	接口调用成功的回调函数
fail	Function	否	接口调用失败的回调函数
complete	Function	否	接口调用结束的回调函数(调用成功、失败都会执行)

应用设置置顶信息 API 的例 11-3 代码如下，其效果如图 11-3 所示。

例 11-3

```
<!--index.wxml-->
    <button type="primary" bindtap="onClick_SZZDLNR">动态设置置顶栏文字内容</
    button>

//index.js
Page({
  onClick_SZZDLNR: function() {
      wx.setTopBarText({
```

```
        text: 'hello, world! ',        //此内容只能在真机上显示
        success: function(res) {
        console.log('成功修改置顶栏内容')     //此输出在 console、真机环境都能显示
      }
    })
  },
})
```

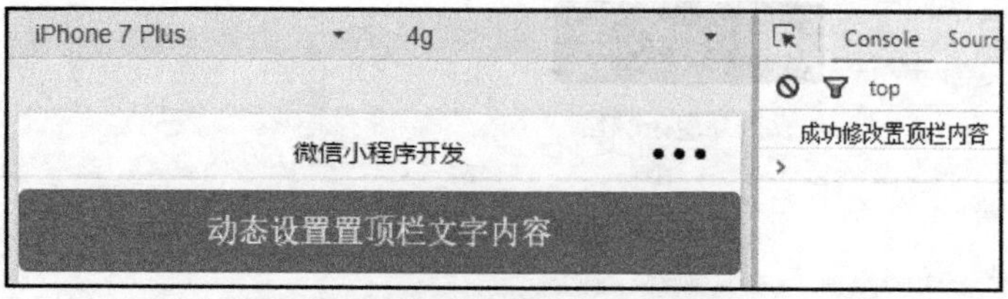

图 11-3 设置置顶信息 API 的应用

11.4 路由 API

wx.navigateTo(OBJECT)保留当前页面，跳转到应用内的某个页面；使用 wx.navigateBack 可以返回到原页面。wx.navigateTo 的 OBJECT 参数说明如表 11-12 所示。注意：为了不让用户在使用小程序时产生困扰，我们规定页面路径最多只能是五层，请尽量避免多层级的交互方式。

表 11-12 wx.navigateTo 参数信息

参 数	类 型	必填	说 明
url	String	是	需要跳转的应用内非 tabBar 页面的路径，路径末尾可以带参数，参数与路径之间使用“?”分隔，参数键与参数值用“=”相连，不同参数用“&”分隔，如“path?key=value&key2=value2”
success	Function	否	接口调用成功的回调函数
fail	Function	否	接口调用失败的回调函数
complete	Function	否	接口调用结束的回调函数(调用成功、失败都会执行)

wx.redirectTo(OBJECT)关闭当前页面，跳转到应用内的某个页面，其 OBJECT 参数说明如表 11-13 所示。

表 11-13 wx.redirectTo 参数信息

参 数	类 型	必填	说 明
url	String	是	需要跳转的应用内非 tabBar 页面的路径，路径末尾可以带参数，参数与路径之间使用“?”分隔，参数键与参数值用“=”相连，不同参数用“&”分隔，如“path?key=value&key2=value2”

续表

参　数	类　型	必填	说　　明
success	Function	否	接口调用成功的回调函数
fail	Function	否	接口调用失败的回调函数
complete	Function	否	接口调用结束的回调函数(调用成功、失败都会执行)

wx. switchTab(OBJECT)跳转到 tabBar 页面,并关闭其他所有非 tabBar 页面,其 OBJECT 参数说明如表 11-14 所示。

表 11-14　wx. switchTab 参数信息

参　数	类　型	必填	说　　明
url	String	是	需要跳转的 tabBar 页面的路径(需要在 app. json 的 tabBar 字段定义的页面),路径末尾不能带参数
success	Function	否	接口调用成功的回调函数
fail	Function	否	接口调用失败的回调函数
complete	Function	否	接口调用结束的回调函数(调用成功、失败都会执行)

wx. navigateBack(OBJECT)关闭当前页面,返回上一页面或多级页面。可通过 getCurrentPages( )获取当前的页面栈,决定需要返回几层。wx. navigateBack 的 OBJECT 参数说明如表 11-15 所示。

表 11-15　wx. navigateBack 参数信息

参数	类型	默认值
delta	Number	1

wx. reLaunch(OBJECT)关闭所有页面,打开到应用内的某个页面,其 OBJECT 参数说明如表 11-16 所示。

表 11-16　wx. reLaunch 参数信息

参　数	类　型	必填	说　　明
url	String	是	需要跳转的应用内页面的路径,路径末尾可以带参数,参数与路径之间使用“?”分隔,参数键与参数值用“=”相连,不同参数用“&”分隔;如“path?key=value&key2=value2”
success	Function	否	接口调用成功的回调函数
fail	Function	否	接口调用失败的回调函数
complete	Function	否	接口调用结束的回调函数(调用成功、失败都会执行)

应用导航 API 的例 11-4 代码如下,先在 app. json 中增加两个目录信息,再修改文件 index. wxml 和 index. js。

例 11-4

```
"pages": [
......
"pages/news/news",
    "pages/page1/page1",
......]

<!--index.wxml-->
<button type="warn" bindtap="navigateTo">保留当前页跳转,能返回源头页面
</button>
<button bindtap="redirectTo">不保留当前页面跳转,无法返回源头页面</button>
<button type="warn" bindtap="navigateBack">从首页退回到上一个页面</button>

//index.js
Page({
    /**
     * 保留当前 Page 跳转
     */
  navigateTo: function() {
    wx.navigateTo({
      url: '../news/news',      //页面跳转相对路径要写清楚且准确
      success: function(res) {
        console.log('跳转到 news 页面成功')
      },
      fail: function() {
        console.log('跳转到 news 页面失败')
      },
          })
    },
  /**
   * 关闭当前页面进行跳转,当前页面会销毁
   */
  redirectTo: function() {
    wx.redirectTo({
      url: '../news/news',        //页面跳转相对路径要写清楚且准确
      success: function(res) {
        console.log('跳转到 news 页面成功')
      },
      fail: function() {
        console.log('跳转到 news 页面失败')
      },
          })
  },
```

```
  /**
   *退回到上一个页面
   */
  navigateBack: function() {
    wx.navigateBack({
      success: function(res) {
        console.log('成功退回到上一个页面')
      },
      fail: function() {
        console.log('退回到上一个页面失败')
      },
    })
  },
})
```

上述 index 代码的效果如图 11-4 所示。

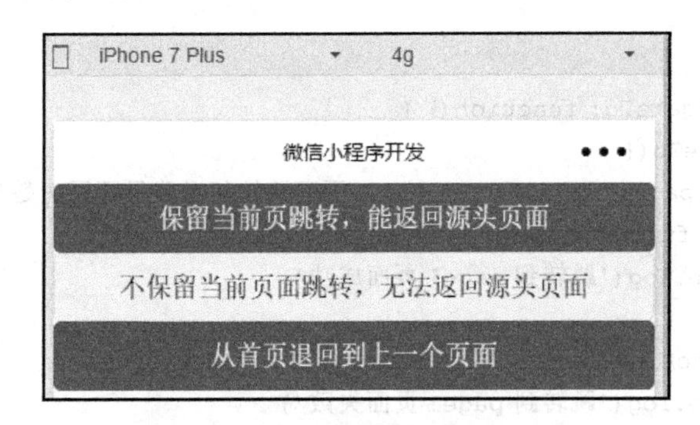

图 11-4　路由 API 应用的 index 界面

从 index 跳转到 news，要涉及 news.wxml 和 news.js 的代码。相应的代码如例 11-5 所示。

例 11-5

```
<!--news.wxml-->
<view style="margin:20px">
  <input placeholder="请输入返回第几层页面" style="margin:20px"
  value="{{value}}" bindinput="charInput"/>
  <button style="margin:20px" bindtap="onClick_navigateBack">返回指定层数的页
  面</button>
  <button style="margin-top:10px" bindtap="onClick_navigateTo">跳转到 page1 页
  面</button>
</view>

//news.js
Page({
  data: {
    value: 1
```

```
},
onLoad: function(option) {
 //wx.setNavigationBarTitle({ title: option.title+" New page" })
  wx.setNavigationBarTitle({ title: "新页面 New page"})
},
onClick_navigateBack: function() {
  var that=this;
  wx.navigateBack({
    delta: that.data.value          //返回的页面层级数
  })
},
charInput: function(res) {
  this.setData(
    {
      value: parseInt(res.detail.value)
    }
  )
},
onClick_navigateTo: function() {
  wx.navigateTo({
    url: '../page1/page1',          //页面跳转相对路径要写清楚且准确
    success: function(res) {
      console.log('跳转到 page1 页面成功')
    },
    fail: function() {
      console.log('跳转到 page1 页面失败')
    },
      })
},
})
```

点击 index 界面中的第一行按钮“保留当前页跳转，能返回源头页面”可以跳转到如图 11-5 所示的 news 界面。

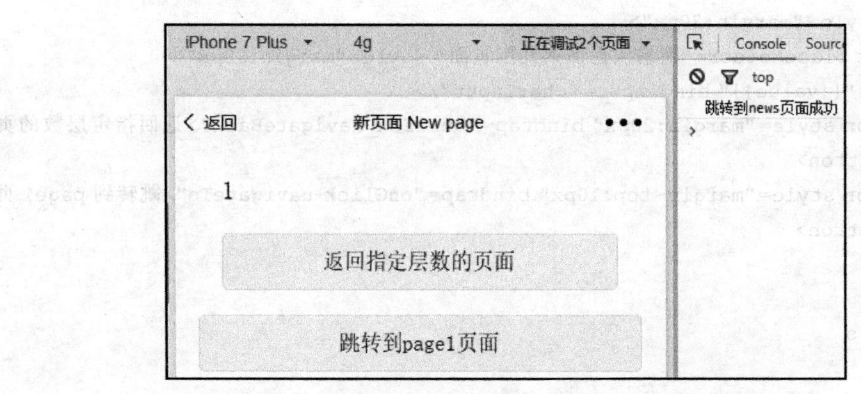

图 11-5　点击 index 界面中第一行按钮后跳转到的界面

点击 index 界面中的第二行按钮“不保留当前页面跳转，无法返回源头页面”跳转到如图 11-6 所示的界面。

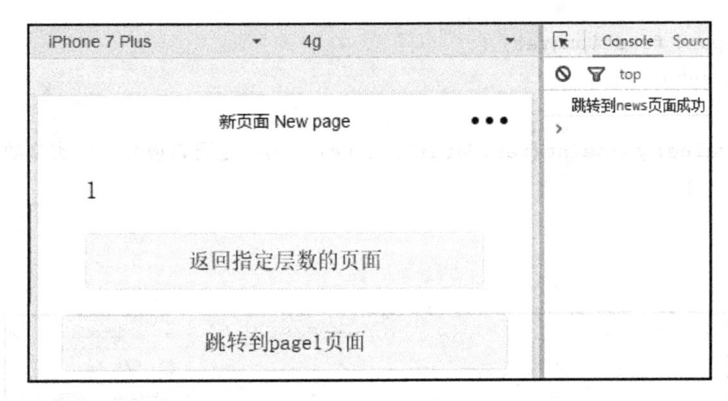

图 11-6　点击 index 界面中第二行按钮后跳转到的界面

对比图 11-5 和图 11-6 所示的界面可以发现，图 11-6 的模拟器左上方缺少“返回”二字。因此，无法直接从新页面 New page 返回到 index 页面。即使图 11-6 中有“返回指定层数的页面”这一个功能按钮也无法返回到 index 页面，这是因为 wx. redirectTo 接口不保存源头页面。反之，由于 wx. navigateTo 保留源头页面信息，故而能够返回到前一个页面。

进入 news 的新页面 New page 可以跳转到 page1 页面，界面如图 11-7 所示。这就涉及 page1. wxml 和 page1. js。相应的代码如例 11-6 所示。

例 11-6

```
<!--page1.wxml-->
<view style="margin:20px">
  <input placeholder="请输入从 page1 返回第几层页面" style="margin:20px"
  value="{{value}}" bindinput="charInput"/>
  <button style="margin:20px" bindtap="onClick_navigateBack">返回</button>
</view>

//page1.js
Page({
  data: {
    value: 1
  },
  onLoad: function(option) {
    wx.setNavigationBarTitle({ title: "最底层页面 Page1" })
  },
  onClick_navigateBack: function() {
    var that=this;
    console.log(this.data.value)
    wx.navigateBack({
```

```
        delta: that.data.value
      })
    },
    charInput: function(res) {
      this.setData(
        {
          value: parseInt(res.detail.value)   //一定要转换为 int 类型的值
        }  )
    }
  })
```

图 11-7　导航 API 应用的 page1 界面

11.5　动画 API

wx.createAnimation(OBJECT)创建一个动画实例 animation，并通过调用实例的方法来描述动画。最后通过动画实例的 export 方法导出动画数据，传递给组件的 animation 属性。要特别注意的是，export 方法每次调用后会清除掉之前的动画操作。wx.createAnimation 的 OBJECT 参数说明如表 11-17 所示。

表 11-17　wx.createAnimation 参数信息

参　数	类　型	必填	说　明
duration	Number	否	动画持续时间，单位为 ms，默认值是 400
timingFunction	String	否	定义动画的效果，默认值是"linear"，有效值包括："linear"，"ease"，"ease-in"，"ease-in-out"，"ease-out"，"step-start"，"step-end"
delay	Number	否	动画持续时间，单位为 ms，默认值是 0
transformOrigin	String	否	设置 transform-origin，默认值为"50% 50% 0"

其中，timingFunction 有效值说明如表 11-18 所示。

表 11-18　timingFunction 有效值说明信息

值	说　　明
linear	动画从头到尾的速度是相同的
ease	动画以低速开始，然后加快，在结束前变慢
ease-in	动画以低速开始
ease-in-out	动画以低速开始和结束
ease-out	动画以低速结束
step-start	动画第一帧就跳至结束状态直到结束
step-end	动画一直保持开始状态，最后一帧跳到结束状态

动画实例是 wx. createAnimation 接口创建的 animation 对象。它可以调用以下方法来描述动画，调用结束后会返回自身，并支持链式调用的写法。animation 对象的方法如表 11-19 所示。

表 11-19　animation 对象的方法

方　　法	参　数	说　　明
opacity	value	透明度，参数的值为 0～1
backgroundColor	color	颜色值
width	length	长度值，传入 Number 时默认使用 px，可传入其他自定义单位长度值
height	length	长度值，传入 Number 时默认使用 px，可传入其他自定义单位长度值
top	length	长度值，传入 Number 时默认使用 px，可传入其他自定义单位长度值
left	length	长度值，传入 Number 时默认使用 px，可传入其他自定义单位长度值
bottom	length	长度值，传入 Number 时默认使用 px，可传入其他自定义单位长度值
right	length	长度值，传入 Number 时默认使用 px，可传入其他自定义单位长度值

动画实例的旋转描述方法如表 11-20 所示。

表 11-20　动画实例的旋转描述信息

方　法	参　数	说　　明
rotate	deg	deg 的值为－180～180，从原点顺时针旋转一个 deg 角度
rotateX	deg	deg 的值为－180～180，在 X 轴旋转一个 deg 角度
rotateY	deg	deg 的值为－180～180，在 Y 轴旋转一个 deg 角度
rotateZ	deg	deg 的值为－180～180，在 Z 轴旋转一个 deg 角度
rotate3d	(x,y,z,deg)	与 CSS3 中进行 3D 位移转换的函数 translate3d()相同

动画实例的缩放描述方法如表 11-21 所示。

表 11-21 动画实例的缩放描述信息

方 法	参 数	说 明
scale	sx,[sy]	一个参数时,表示在 X 轴、Y 轴同时缩放 sx 倍数;两个参数时,表示在 X 轴缩放 sx 倍数,在 Y 轴缩放 sy 倍数
scaleX	sx	在 X 轴缩放 sx 倍数
scaleY	sy	在 Y 轴缩放 sy 倍数
scaleZ	sz	在 Z 轴缩放 sz 倍数
scale3d	(sx,sy,sz)	在 X 轴缩放 sx 倍数,在 Y 轴缩放 sy 倍数,在 Z 轴缩放 sz 倍数

动画实例的偏移描述方法如表 11-22 所示。

表 11-22 动画实例的偏移描述信息

方 法	参 数	说 明
translate	tx,[ty]	一个参数时,表示在 X 轴偏移 tx,单位 px;两个参数时,表示在 X 轴偏移 tx,在 Y 轴偏移 ty,单位为 px
translateX	tx	在 X 轴偏移 tx,单位为 px
translateY	ty	在 Y 轴偏移 tx,单位为 px
translateZ	tz	在 Z 轴偏移 tx,单位为 px
translate3d	(tx,ty,tz)	在 X 轴偏移 tx,在 Y 轴偏移 ty,在 Z 轴偏移 tz,单位为 px

动画实例的倾斜描述方法如表 11-23 所示。

表 11-23 动画实例的倾斜描述信息

方 法	参 数	说 明
skew	ax,[ay]	参数值为-180~180;一个参数时,Y 轴坐标不变,X 轴坐标沿顺时针倾斜 ax 度;两个参数时,分别在 X 轴倾斜 ax 度,在 Y 轴倾斜 ay 度
skewX	ax	参数值为-180~180;Y 轴坐标不变,X 轴坐标沿顺时针倾斜 ax 度
skewY	ay	参数值为-180~180;X 轴坐标不变,Y 轴坐标沿顺时针倾斜 ay 度

动画实例的矩阵变形描述方法如表 11-24 所示。

表 11-24 动画实例的矩阵变形描述信息

方 法	参 数	说 明
matrix	(a,b,c,d,tx,ty)	与 CSS3 中 2D 矩阵功能函数 matrix()相同
matrix3d	无	与 CSS3 中 3D 矩阵功能函数 matrix3d()相同

动画队列调用动画操作方法后要调用 step()来表示一组动画完成,可以在一组动画中调用任意多个动画方法,一组动画中的所有动画会同时开始,当一组动画完成后才会进行下一组动画。step()可以传入一个跟 wx.createAnimation()一样的配置参数用于指

定当前组动画的配置。

应用动画 API 的例 11-7 代码如下，其效果如图 11-8 所示。

例 11-7

```
<!--index.wxml-->
<view>
  <view style="justify-content:center;display:flex">
    <image src="../../images/7.jpg" style="width:120px;height:120px"
    animation="{{animation}}">
    </image>
  </view>
  <button type="primary" bindtap="rotate">旋转</button>
  <button bindtap="scale">缩放</button>
  <button type="primary" bindtap="translate">移动</button>
  <button bindtap="skew">倾斜</button>
  <button type="primary" bindtap="rotateAndScale">旋转并缩放</button>
  <button bindtap="rotateThenScale">旋转然后缩放</button>
  <button type="primary" bindtap="all">同时展示全部</button>
  <button bindtap="allInQueue">顺序展示全部</button>
  <button type="primary" bindtap="reset">还原</button>
</view>

//index.js
Page({
  onReady: function() {
    this.animation=wx.createAnimation()
  },
  rotate: function() {
    this.animation.rotate(Math.random() * 720-360).step()
    this.setData(
      { animation: this.animation.export() },
        console.log('旋转成功')
        )
  },
  scale: function() {
    this.animation.scale(Math.random() * 2).step()
    this.setData(
      { animation: this.animation.export() },
      console.log('缩放成功')
      )
  },
  translate: function() {
    this.animation.translate(Math.random() * 100-50, Math.random() * 100-50).
    step()
```

```
    this.setData(
      { animation: this.animation.export() },
      console.log('移动成功')
      )
  },
  skew: function() {
    this.animation.skew(Math.random() * 90, Math.random() * 90).step()
    this.setData(
      { animation: this.animation.export() },
      console.log('倾斜成功')
      )
  },
  rotateAndScale: function() {
    this.animation.rotate(Math.random() * 720-360)
      .scale(Math.random() * 2)
      .step()
    this.setData(
      { animation: this.animation.export() },
      console.log('旋转并缩放成功')
    )
  },
  rotateThenScale: function() {
    this.animation.rotate(Math.random() * 720-360).step()
      .scale(Math.random() * 2).step()
    this.setData(
      { animation: this.animation.export() },
      console.log('旋转后缩放成功')
    )
  },
  all: function() {
    this.animation.rotate(Math.random() * 720-360)
      .scale(Math.random() * 2)
      .translate(Math.random() * 100-50, Math.random() * 100-50)
      .skew(Math.random() * 90, Math.random() * 90)
      .step()
    this.setData(
      { animation: this.animation.export() },
       console.log('同时展示全部成功')
    )
  },
  allInQueue: function() {
    this.animation.rotate(Math.random() * 720-360).step()
      .scale(Math.random() * 2).step()
      .translate(Math.random() * 100-50, Math.random() * 100-50).step()
```

```
        .skew(Math.random() * 90, Math.random() * 90).step()
      this.setData(
        { animation: this.animation.export() },
        console.log('顺序展示全部成功')
      )
    },
    reset: function() {
      this.animation.rotate(0, 0)
        .scale(1)
        .translate(0, 0)
        .skew(0, 0)
        .step({ duration: 0 })
      this.setData(
        { animation: this.animation.export() },
        console.log('还原成功')
      )
    }
  })
```

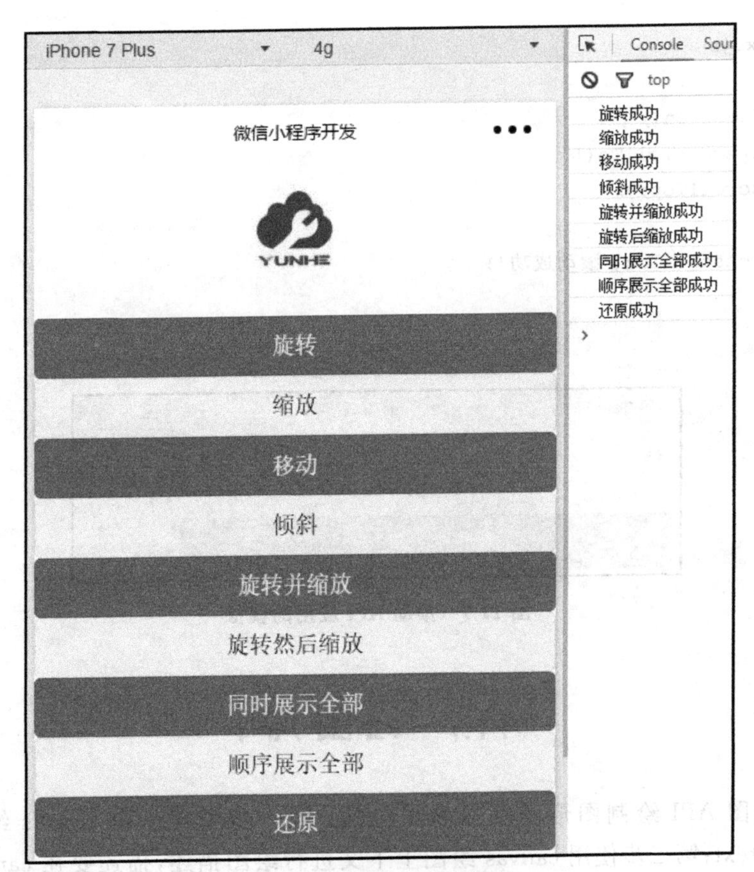

图 11-8 动画 API 的应用

11.6 滚动 API

wx. pageScrollTo (OBJECT)将页面滚动到目标位置,其 OBJECT 参数说明如表 11-25 所示。

表 11-25 wx. pageScrollTo 参数信息

参 数	类 型	必填	说 明
scrollTop	Number	是	滚动到页面的目标位置(单位为 px)

应用位置 API 的例 11-8 代码如下,其效果如图 11-9 所示。

例 11-8

```
<!--index.wxml-->
<view>
  <buttontype="primary" bindtap="GD">滚动到目标位置</button>
</view>

//index.js
Page({
  GD: function() {
    wx.pageScrollTo({
      scrollTop: 0
    })
      console.log('滚动成功')
  },
})
```

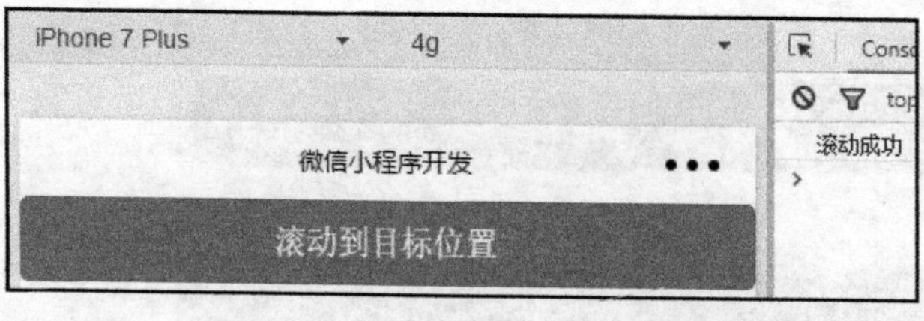

图 11-9 滚动 API 应用的模拟

11.7 绘图 API

应用绘图 API 绘制图形的基本步骤包括:第一步创建一个 canvas 绘图上下文 CanvasContext;第二步使用 canvas 绘图上下文进行绘图描述,描述要在 canvas 中绘制什么内容;第三步绘图,告诉<canvas/>组件将第二步的描述绘制上去。

其中，wx. createCanvasContext（canvasId）用来创建 canvas 绘图上下文（指定 canvasId）。需要注意的是，使用 wx. createCanvasContext 时要指定 canvasId，该绘图上下文只作用于对应的<canvas/>。其参数 canvasId 为 String 类型，表示画布和传入定义在<canvas/>的 canvas-id。

应用绘图 API 绘图的例 11-9 代码如下，其效果如图 11-10 所示。

例 11-9

```
<!--index.wxml-->
<canvas canvas-id="myCanvas" style="border: 1px solid;"/>

//index.js
Page({
        //所有在<canvas/>中的画图必须用 JavaScript 完成
        //在此例中将 JavaScript 代码放在 onLoad 中
  onLoad: function(e) {
        //CanvasContext 是小程序内置的一个对象，有一些绘图的方法
    const ctx=wx.createCanvasContext('myCanvas');
    ctx.setFillStyle('red');        //设置绘图上下文的填充色为红色
        //用 fillRect(x, y, width, height) 方法画一个矩形，填充为刚刚设置的红色
    ctx.fillRect(10, 10, 150, 75);
    ctx.draw();
    console.log('绘图成功');
    },
})
```

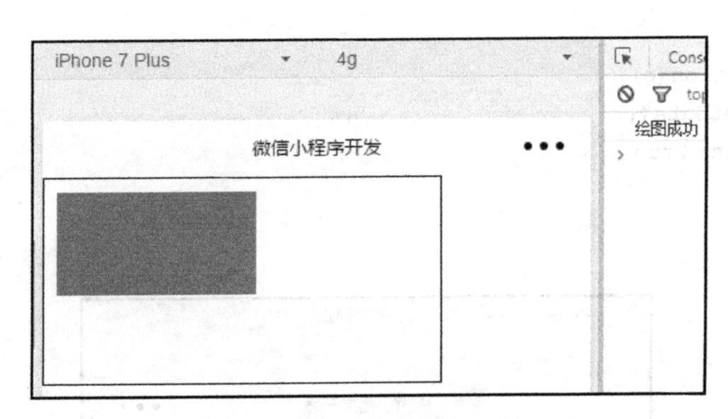

图 11-10 绘图 API 的应用

canvas 是在一个二维的网格当中。它的左上角坐标为(0,0)，fillRect(0,0,150,75)就是从左上角(0,0)开始画一个 150×75px 的矩形。

应用绘图 API 坐标系的例 11-10 代码如下，其效果如图 11-11 所示。

例 11-10

```
<!--index.wxml-->
<!--加上一些事件，来观测 canvas 的坐标系-->
```

```
<canvas canvas-id="myCanvas"
  style="margin:5px; border:1px solid #d3d3d3;"
  bindtouchstart="start"
  bindtouchmove="move"
  bindtouchend="end"/>
<view hidden="{{hidden}}">Coordinates: ({{x}}, {{y}})</view>

//index.js
Page({
  data: {
    x: 0,
    y: 0,
    hidden: true
  },
  start: function(e) {
    this.setData({
      hidden: false,
      x: e.touches[0].x,
      y: e.touches[0].y
    })
  },
  move: function(e) {
    this.setData({
      x: e.touches[0].x,
      y: e.touches[0].y
    })
  },
  end: function(e) {
    this.setData({
      hidden: true
    })
  }
})
```

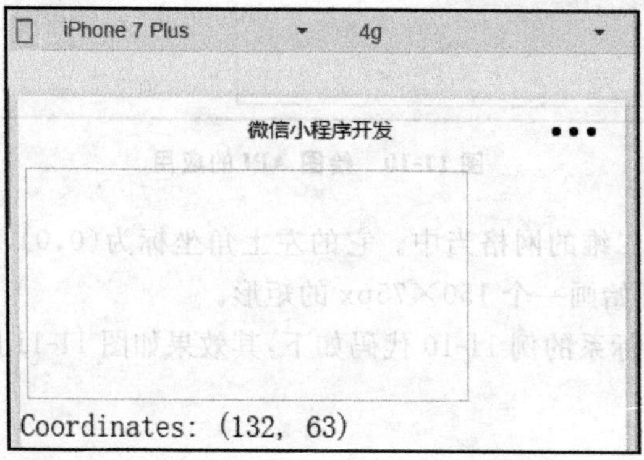

图 11-11　应用绘图 API 的坐标系

渐变能用于填充矩形、圆形、线条、文字等。填充色可以不固定为同一种颜色，也有两种颜色渐变的方式：运用 createLinearGradient(x, y, x1, y1)创建线性的渐变，运用 createCircularGradient(x, y, r) 创建从圆心开始的渐变。注意，一旦创建了一个渐变对象，必须添加两个颜色渐变点。addColorStop(position, color) 方法用于指定颜色渐变点的位置和颜色，位置必须在 0～1。可以用 setFillStyle() 和 setStrokeStyle() 方法设置渐变，然后进行画图描述。

应用绘图 API 颜色渐变的例 11-11 代码如下，其效果如图 11-12 所示。

例 11-11

```
<!--index.wxml-->
<canvas canvas-id="myCanvas" style="border: 5px solid;"/>
<button type="primary" bindtap="XX">线性颜色渐变</button>
<button bindtap="YX">从圆心开始的颜色渐变</button>

//index.js
Page({
  XX: function(e) {
  const ctx=wx.createCanvasContext('myCanvas')
  //创建线性颜色渐变 Create linear gradient
  const grd=ctx.createLinearGradient(0, 0, 200, 0)
  grd.addColorStop(0, 'red')
  grd.addColorStop(1, 'white')
  //填充 Fill with gradient
  ctx.setFillStyle(grd)
  ctx.fillRect(10, 10, 150, 80)
  ctx.draw()
  console.log('设置线性颜色渐变成功')
  },
  YX: function(e) {
   const ctx=wx.createCanvasContext('myCanvas')
   //创建从圆心开始的颜色渐变 Create circular gradient
   const grd=ctx.createCircularGradient(75, 50, 50)
   grd.addColorStop(0, 'blue')
   grd.addColorStop(1, 'yellow')
   //填充 Fill with gradient
   ctx.setFillStyle(grd)
   ctx.fillRect(10, 10, 150, 80)
   ctx.draw()
   console.log('设置从圆心开始的颜色渐变成功')
  },
})
```

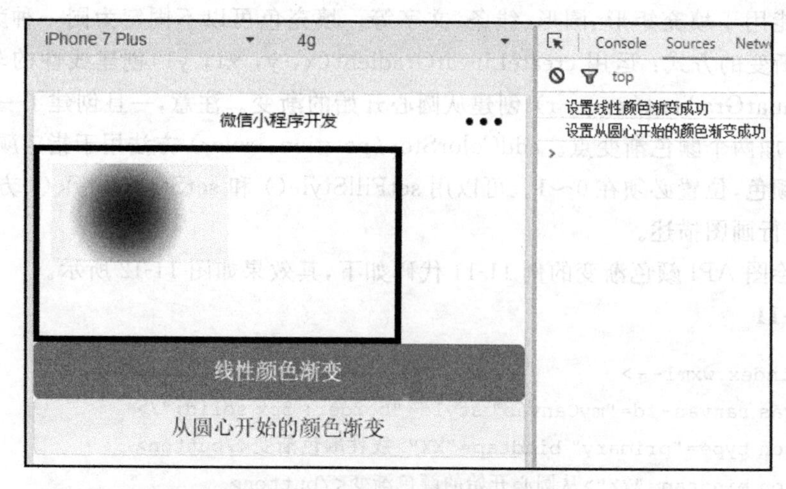

图 11-12　应用绘图 API 的颜色渐变

绘图 API 中创建相关对象的方法说明如表 11-26 所示。

表 11-26　绘图 API 中创建相关对象的方法说明信息

相关对象	方　法	说　明
API 接口	createCanvasContext	创建 canvas 绘图上下文(指定 canvasId)
	createContext	创建 canvas 绘图上下文(不推荐使用)
	drawCanvas	进行绘图(不推荐使用)
	canvasToTempFilePath	导出图片
context	setFillStyle	设置填充样式
	setStrokeStyle	设置线条样式
	setShadow	设置阴影
颜色渐变	createLinearGradient	创建一个线性渐变
	createCircularGradient	创建一个圆形渐变
	addColorStop	在渐变中的某一点添加一个颜色变化
线条样式	setLineWidth	设置线条宽度
	setLineCap	设置线条端点的样式
	setLineJoin	设置两线条相交处的样式
	setMiterLimit	设置最大倾斜
矩形	rect	创建一个矩形
	fillRect	填充一个矩形
	strokeRect	画一个矩形(不填充)
	clearRect	在给定的矩形区域内,清除画布上的像素

续表

相关对象	方　法	说　明
路径	fill	对当前路径进行填充
	stroke	对当前路径进行描边
	beginPath	开始一个路径
	closePath	关闭一个路径
	moveTo	把路径移动到画布中的指定点,但不创建线条
	lineTo	添加一个新点后,在画布中创建从该点到最后指定点的线条
	arc	添加一个弧形路径到当前路径,沿顺时针绘制
	quadraticCurveTo	创建二次方贝塞尔曲线
	bezierCurveTo	创建三次方贝塞尔曲线
变形	scale	对横纵坐标进行缩放
	rotate	对坐标轴进行顺时针旋转
	translate	对坐标原点进行缩放
文字	fillText	在画布上绘制被填充的文本
	setFontSize	设置字体大小
	setTextBaseline	设置字体基准线
	setTextAlign	设置字体对齐方式
图片	drawImage	在画布上绘制图像
混合	setGlobalAlpha	设置全局画笔透明度
其他	save	保存当前绘图上下文
	restore	恢复之前保存的绘图上下文
	draw	进行绘图
	getActions	获取当前 context 上存储的绘图动作(不推荐使用)
	clearActions	清空绘图上下文的绘图动作(不推荐使用)

可以用以下四种方式来表示 canvas 中使用的颜色：第一种方式采用 RGB 颜色表示,如“rgb(255, 0, 0)”;第二种方式采用 RGBA 颜色表示,如“rgba(255, 0, 0, 0.3)”;第三种方式采用十六进制颜色表示,如“#FF0000”;第四种方式采用预定义的颜色表示,如“red”。要特别注意的是预定义颜色大小写不敏感。绘画 API 中预定义颜色有以下 148 个,预定义颜色和十六进制颜色之间的对应关系如表 11-27 和表 11-28 所示。

表 11-27　预定义颜色和十六进制颜色之间的对应关系表(Ⅰ)

预定义颜色	十六进制	预定义颜色	十六进制	预定义颜色	十六进制
AliceBlue	#F0F8FF	DarkGrey	#A9A9A9	GhostWhite	#F8F8FF
AntiqueWhite	#FAEBD7	DarkGreen	#006400	Gold	#FFD700
Aqua	#00FFFF	DarkKhaki	#BDB76B	GoldenRod	#DAA520
Aquamarine	#7FFFD4	DarkMagenta	#8B008B	Gray	#808080
Azure	#F0FFFF	DarkOliveGreen	#556B2F	Grey	#808080
Beige	#F5F5DC	DarkOrange	#FF8C00	Green	#008000
Bisque	#FFE4C4	DarkOrchid	#9932CC	GreenYellow	#ADFF2F
Black	#000000	DarkRed	#8B0000	HoneyDew	#F0FFF0
BlanchedAlmond	#FFEBCD	DarkSalmon	#E9967A	HotPink	#FF69B4
Blue	#0000FF	DarkSeaGreen	#8FBC8F	IndianRed	#CD5C5C
BlueViolet	#8A2BE2	DarkSlateBlue	#483D8B	Indigo	#4B0082
Brown	#A52A2A	DarkSlateGray	#2F4F4F	Ivory	#FFFFF0
BurlyWood	#DEB887	DarkSlateGrey	#2F4F4F	Khaki	#F0E68C
CadetBlue	#5F9EA0	DarkTurquoise	#00CED1	Lavender	#E6E6FA
Chartreuse	#7FFF00	DarkViolet	#9400D3	LavenderBlush	#FFF0F5
Chocolate	#D2691E	DeepPink	#FF1493	LawnGreen	#7CFC00
Coral	#FF7F50	DeepSkyBlue	#00BFFF	LemonChiffon	#FFFACD
CornflowerBlue	#6495ED	DimGray	#696969	LightBlue	#ADD8E6
Cornsilk	#FFF8DC	DimGrey	#696969	LightCoral	#F08080
Crimson	#DC143C	DodgerBlue	#1E90FF	LightCyan	#E0FFFF
Cyan	#00FFFF	FireBrick	#B22222	LightGolden RodYellow	#FAFAD2
DarkBlue	#00008B	FloralWhite	#FFFAF0	LightGray	#D3D3D3
DarkCyan	#008B8B	ForestGreen	#228B22	LightGrey	#D3D3D3
DarkGoldenRod	#B8860B	Fuchsia	#FF00FF	LightGreen	#90EE90
DarkGray	#A9A9A9	Gainsboro	#DCDCDC	LightPink	#FFB6C1

表 11-28 预定义颜色和十六进制颜色之间的对应关系表(Ⅱ)

预定义颜色	十六进制	预定义颜色	十六进制	预定义颜色	十六进制
LightSalmon	#FFA07A	NavajoWhite	#FFDEAD	SandyBrown	#F4A460
LightSeaGreen	#20B2AA	Navy	#000080	SeaGreen	#2E8B57
LightSkyBlue	#87CEFA	OldLace	#FDF5E6	SeaShell	#FFF5EE
LightSlateGray	#778899	Olive	#808000	Sienna	#A0522D
LightSlateGrey	#778899	OliveDrab	#6B8E23	Silver	#C0C0C0
LightSteelBlue	#B0C4DE	Orange	#FFA500	SkyBlue	#87CEEB
LightYellow	#FFFFE0	OrangeRed	#FF4500	SlateBlue	#6A5ACD
Lime	#00FF00	Orchid	#DA70D6	SlateGray	#708090
LimeGreen	#32CD32	PaleGoldenRod	#EEE8AA	SlateGrey	#708090
Linen	#FAF0E6	PaleGreen	#98FB98	Snow	#FFFAFA
Magenta	#FF00FF	PaleTurquoise	#AFEEEE	SpringGreen	#00FF7F
Maroon	#800000	PaleVioletRed	#DB7093	SteelBlue	#4682B4
MediumAquaMarine	#66CDAA	PapayaWhip	#FFEFD5	Tan	#D2B48C
MediumBlue	#0000CD	PeachPuff	#FFDAB9	Teal	#008080
MediumOrchid	#BA55D3	Peru	#CD853F	Thistle	#D8BFD8
MediumPurple	#9370DB	Pink	#FFC0CB	Tomato	#FF6347
MediumSeaGreen	#3CB371	Plum	#DDA0DD	Turquoise	#40E0D0
MediumSlateBlue	#7B68EE	PowderBlue	#B0E0E6	Violet	#EE82EE
MediumSpringGreen	#00FA9A	Purple	#800080	Wheat	#F5DEB3
MediumTurquoise	#48D1CC	RebeccaPurple	#663399	White	#FFFFFF
MediumVioletRed	#C71585	Red	#FF0000	WhiteSmoke	#F5F5F5
MidnightBlue	#191970	RosyBrown	#BC8F8F	Yellow	#FFFF00
MintCream	#F5FFFA	RoyalBlue	#4169E1	YellowGreen	#9ACD32
MistyRose	#FFE4E1	SaddleBrown	#8B4513		
Moccasin	#FFE4B5	Salmon	#FA8072		

wx.createCanvasContext(canvasId)创建 canvas 绘图上下文(指定 canvasId),其参数说明如表 11-29 所示。

表 11-29 wx.createCanvasContext 参数信息

参 数	类 型	说 明
canvasId	String	画布表示,传入定义在＜canvas/＞的 canvas-id

wx. createContext 创建并返回绘图上下文，但是官方文档提醒不推荐使用。

wx. drawCanvas 用所提供的 actions 在所给的 canvas-id 对应的 canvas 上进行绘图。其参数说明如表 11-30 所示。

表 11-30　wx. drawCanvas 参数信息

参　数	类　型	说　明
canvasId	String	画布标识，传入<canvas/>的 canvas-id
actions	Array	绘图动作数组，由 wx. createContext 创建的 context，调用 getActions 方法导出绘图动作数组
reserve	Boolean	本次绘制是否接着上一次绘制(可选)，默认为 false，则在本次调用 drawCanvas 绘制之前 native 层应先清空画布再继续绘制；若为 true，则保留当前画布上的内容，本次调用 drawCanvas 绘制的内容覆盖在上面

wx. canvasToTempFilePath(OBJECT)把当前画布指定区域的内容导出生成指定大小的图片，并返回文件路径，其 OBJECT 参数说明如表 11-31 所示。

表 11-31　wx. canvasToTempFilePath 参数信息

参　数	类　型	必填	说　明
x	Number	否	画布 x 轴起点(默认为 0)
y	Number	否	画布 y 轴起点(默认为 0)
width	Number	否	画布宽度(默认为 canvas 宽度－x)
height	Number	否	画布高度(默认为 canvas 高度－y)
destWidth	Number	否	输出图片宽度(默认为 width)
destHeight	Number	否	输出图片高度(默认为 height)
canvasId	String	是	画布标识，传入<canvas/>的 canvas-id
success	Function	否	接口调用成功的回调函数
fail	Function	否	接口调用失败的回调函数
complete	Function	否	接口调用结束的回调函数(成功、失败都会执行)

例 11-12 代码如下，其效果如图 11-13 所示。要注意的是在模拟器中的结果和真机上的结果不同。

例 11-12

```
<!--index.wxml-->
<view>
<button  type="primary" bindtap="DCTP">导出内容成图片</button>
</view>

//index.js
```

```
Page({
  DCTP: function( ) {
    wx.canvasToTempFilePath({
      x: 100,
      y: 200,
      width: 50,
      height: 50,
      destWidth: 100,
      destHeight:100,
      canvasId: 'myCanvas',
      success: function success(res) { //真机可以执行此分支,模拟器上不能执行
        wx.saveFile({
          tempFilePath: res.tempFilePath,
          success: function success(res) {
            console.log('saved::'+res.savedFilePath);
          },
          complete: function fail(e) {
            console.log(e.errMsg);
          }
        });
      },
      complete: function complete(e) {
        console.log(e.errMsg);
      }
    });
  },
})
```

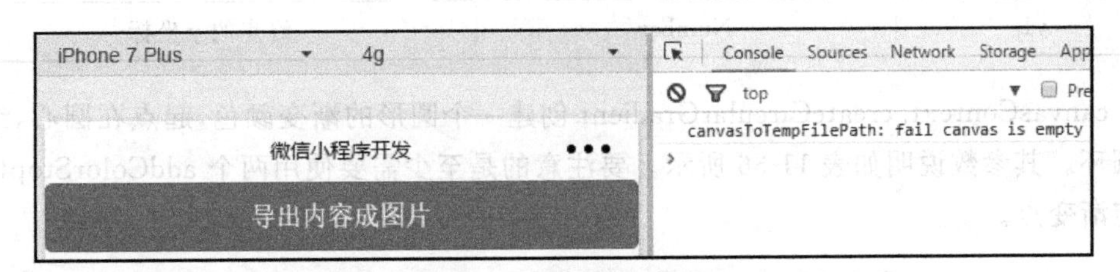

图 11-13 wx.canvasToTempFilePath 的应用

canvasContext.setFillStyle 可以设置填充色。如果没有设置 fillStyle,默认颜色为 black。其参数说明如表 11-32 所示。

表 11-32 canvasContext.setFillStyle 参数信息

参数	类型	定 义	说 明
color	Color	Gradient Object	填充色

canvasContext.setStrokeStyle 可以设置边框颜色。如果没有设置 fillStyle,默认颜

色为 black。其参数说明如表 11-33 所示。

表 11-33 canvasContext.setStrokeStyle 参数信息

参数	类型	定 义	说 明
color	Color	Gradient Object	填充色

canvasContext.setShadow 设置阴影样式，其参数说明如表 11-34 所示。如果没有设置，其 offsetX 默认值为 0，offsetY 默认值为 0，blur 默认值为 0，color 默认值为 black。

表 11-34 canvasContext.setShadow 参数信息

参 数	类 型	定 义
offsetX	Number	阴影相对于形状在水平方向的偏移
offsetY	Number	阴影相对于形状在竖直方向的偏移
blur	Number	阴影的模糊级别，范围是 0～100，数值越大越模糊
color	Color	阴影的颜色

canvasContext.createLinearGradient 创建一个线性的渐变颜色，其参数说明如表 11-35 所示。需要特别注意的是，至少需要用两个 addColorStop() 来指定渐变点。

表 11-35 canvasContext.createLinearGradient 参数信息

参数	类 型	定 义
x0	Number	起点的 x 坐标
y0	Number	起点的 y 坐标
x1	Number	终点的 x 坐标
y1	Number	终点的 y 坐标

canvasContext.createCircularGradient 创建一个圆形的渐变颜色，起点在圆心，终点在圆环。其参数说明如表 11-36 所示。要注意的是至少需要使用两个 addColorStop()来指定渐变点。

表 11-36 canvasContext.createCircularGradient 参数信息

参数	类 型	定 义
x	Number	圆心的 x 坐标
y	Number	圆心的 y 坐标
r	Number	圆的半径

canvasContext.addColorStop 创建一个颜色的渐变点。需要注意的是至少用两个 addColorStop()来指定渐变点。其参数说明如表 11-37 所示。在小于最小 stop 的部分会按最小 stop 的 color 来渲染；在大于最大 stop 的部分会按最大 stop 的 color 来渲染。

表 11-37 canvasContext. addColorStop 参数信息

参数	类 型	定 义
stop	Number(0-1)	表示渐变点在起点和终点的位置
color	Color	渐变点的颜色

canvasContext. setLineWidth 设置线条的宽度，其参数是线条的宽度 lineWidth（单位为 px），线条宽度的类型为 Number 型。canvasContext. setLineCap 设置线条的端点样式，其参数是线条的结束端点样式 lineCap。线条结束端点样式类型为 String 型，取值为"butt""round""square"，三种取值的差别如图 11-14 所示。butt 为线段端点的默认样式；round 在端点处添加一个半圆，其半径是线宽的一半；square 在端点处添加一个矩形，长度与线宽一致，宽度是线宽的一半。

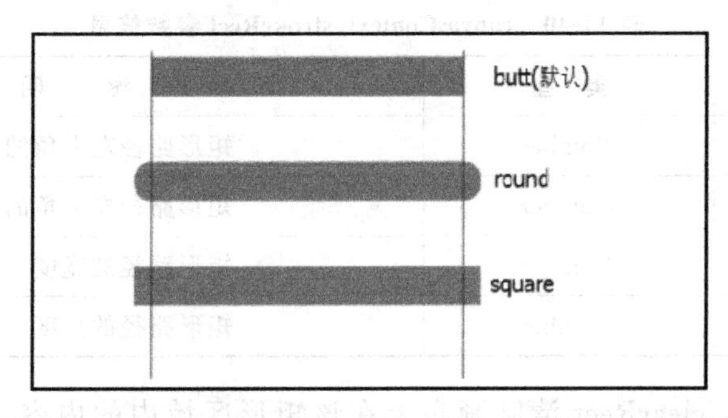

图 11-14 canvasContext. setLineCap 三种端点样式差异示意图

canvasContext. setLineJoin 设置线条的交点样式，其参数是线条的结束交点样式 lineJap。线条结束交点样式类型为 String 型，取值为"bevel(创建斜角)""round(创建圆角)""miter(创建尖角，默认取值)"。

canvasContext. setMiterLimit 设置最大斜接长度，斜接长度是指在两条线交汇处内角和外角之间的距离，其参数是最大斜接长度 miterLimit。最大斜接长度类型为 Number 类型。当 setLineJoin() 为 miter 时才有效。超过最大斜接长度的，连接处将以 lineJoin 为 bevel 来显示。

canvasContext. rect 创建一个矩形，其参数如表 11-38 所示。创建矩形时要用 fill() 或者 stroke()方法将矩形真正的画到 canvas 中。

表 11-38 canvasContext. rect 参数信息

参 数	类 型	说 明
x	Number	矩形路径左上角的 x 坐标
y	Number	矩形路径左上角的 y 坐标
width	Number	矩形路径的宽度
height	Number	矩形路径的高度

canvasContext. fillRect 填充一个矩形。用 setFillStyle() 设置矩形的填充色，如果

未设置，默认是黑色，其参数如表 11-39 所示。

表 11-39　canvasContext. fillRect 参数信息

参　数	类　型	说　明
x	Number	矩形路径左上角的 x 坐标
y	Number	矩形路径左上角的 y 坐标
width	Number	矩形路径的宽度
height	Number	矩形路径的高度

canvasContext. strokeRect 画一个矩形(非填充)。用 setFillStroke() 设置矩形线条的颜色，如果未设置，默认是黑色，其参数如表 11-40 所示。

表 11-40　canvasContext. strokeRect 参数信息

参　数	类　型	说　明
x	Number	矩形路径左上角的 x 坐标
y	Number	矩形路径左上角的 y 坐标
width	Number	矩形路径的宽度
height	Number	矩形路径的高度

canvasContext. clearRect 清除画布上在该矩形区域内的内容，其参数如表 11-41 所示。

表 11-41　canvasContext. clearRect 参数信息

参　数	类　型	说　明
x	Number	矩形路径左上角的 x 坐标
y	Number	矩形路径左上角的 y 坐标
width	Number	矩形路径的宽度
height	Number	矩形路径的高度

canvasContext. fill 对当前路径中的内容进行填充，默认的填充色为黑色。如果当前路径没有闭合，fill()方法会将起点和终点进行连接，然后填充。fill()填充的路径是从 beginPath()开始计算，但是不会将 fillRect()包含进去。canvasContext. stroke 画出当前路径的边框，默认颜色为黑色。stroke()描绘的路径是从 beginPath()开始计算，但是不会将 strokeRect()包含进去。

canvasContext. beginPath 开始创建一个路径，需要调用 fill 或者 stroke 才会使用路径进行填充或描边。在最开始的时候相当于调用了一次 beginPath()。在同一个路径内的多次 setFillStyle()、setStrokeStyle()、setLineWidth()等设置中，以最后一次设置为准。canvasContext. closePath 关闭一个路径，关闭路径会连接起点和终点。如果关闭路径后没有调用 fill()或者 stroke()就开启了新的路径，那之前的路径将不会被渲染。

canvasContext. moveTo 把路径移动到画布中的指定点，不创建线条，可以用 stroke() 方法来画线条。其参数如表 11-42 所示。

表 11-42 canvasContext. moveTo 参数信息

参　数	类　型	说　　明
x	Number	目标位置的 x 坐标
y	Number	目标位置的 y 坐标

canvasContext. lineTo 方法增加一个新点，然后创建一条从上次指定点到目标点的线。可以用 stroke() 方法来画线条。其参数如表 11-43 所示。

表 11-43 canvasContext. lineTo 参数信息

参　数	类　型	说　　明
x	Number	目标位置的 x 坐标
y	Number	目标位置的 y 坐标

canvasContext. arc 画一条弧线。同时，创建一个圆可以也用 arc()方法指定其起始弧度为 0，终止弧度为 2 * Math. PI。另外，可以用 stroke()或者 fill()方法在 canvas 中画弧线。canvasContext. arc 的参数如表 11-44 所示。

表 11-44 canvasContext. arc 参数信息

参　数	类　型	说　　明
x	Number	圆心的 x 坐标
y	Number	圆心的 y 坐标
r	Number	圆的半径
sAngle	Number	弧度起始点，默认起始点是圆周上对应于时钟 3 点钟的点
eAngle	Number	终止弧度
counterclockwise	Boolean	可选，指定弧度的方向是逆时针还是顺时针，默认是 false，即顺时针

canvasContext. bezierCurveTo 创建三次方贝塞尔曲线路径，曲线的起始点为路径中前一个点。其参数如表 11-45 所示。

表 11-45 canvasContext. bezierCurveTo 参数信息

参　数	类　型	说　　明
cp1x	Number	第一个贝塞尔控制点的 x 坐标
cp1y	Number	第一个贝塞尔控制点的 y 坐标
cp2x	Number	第二个贝塞尔控制点的 x 坐标
cp2y	Number	第二个贝塞尔控制点的 y 坐标
x	Number	结束点的 x 坐标
y	Number	结束点的 y 坐标

canvasContext. quadraticCurveTo 创建二次贝塞尔曲线路径,曲线的起始点为路径中前一个点。其参数如表 11-46 所示。

表 11-46　canvasContext. quadraticCurveTo 参数信息

参　数	类　型	说　明
cpx	Number	贝塞尔控制点的 x 坐标
cpy	Number	贝塞尔控制点的 y 坐标
x	Number	结束点的 x 坐标
y	Number	结束点的 y 坐标

canvasContext. scale 在调用 scale 方法后,之后创建的路径的横纵坐标会被缩放。多次调用 scale,缩放倍数会相乘。其参数如表 11-47 所示。

表 11-47　canvasContext. scale 参数信息

参　数	类　型	说　明
scaleWidth	Number	横坐标缩放的倍数(1=100%,0.5=50%,2=200%)
scaleHeight	Number	纵坐标缩放的倍数(1=100%,0.5=50%,2=200%)

canvasContext. rotate 以原点为中心,原点可以用 translate 方法修改。顺时针旋转当前坐标轴。多次调用 rotate,旋转的角度会叠加。其参数如表 11-48 所示。

表 11-48　canvasContext. rotate 参数信息

参　数	类　型	说　明
rotate	Number	旋转角度,以弧度计(degrees * Math. PI/180;degrees 的值为 0～360)

canvasContext. translate 对当前坐标系的原点(0, 0)进行变换,默认的坐标系原点为页面左上角。其参数如表 11-49 所示。

表 11-49　canvasContext. translate 参数信息

参　数	类　型	说　明
x	Number	横坐标平移量
y	Number	纵坐标平移量

canvasContext. setFontSize 设置字体的字号,参数为字体的字号 fontSize,参数类型为 Number 类型。

canvasContext. fillText 在画布上绘制被填充的文本,其参数如表 11-50 所示。

表 11-50　canvasContext. fillText 参数信息

参　数	类　型	说　明
text	String	在画布上输出的文本
x	Number	绘制文本的左上角 x 坐标
y	Number	绘制文本的左上角 y 坐标

canvasContext.setTextAlign 用于设置文字的对齐。其参数 align 是 String 类型，取值包括 “left”“center”“right”。

canvasContext.setTextBaseline 用于设置文字的水平对齐。其参数 textBaseline 是 String 类型，取值包括“top”“bottom”“middle”“normal”。

canvasContext.drawImage 绘制图像，图像保持原始尺寸，其参数如表 11-51 所示。

表 11-51　canvasContext.drawImage 参数信息

参　数	类　型	说　　明
imageResource	String	所要绘制的图片资源
x	Number	图像左上角的 x 坐标
y	Number	图像左上角的 y 坐标
width	Number	图像宽度
height	Number	图像高度

canvasContext.setGlobalAlpha 设置全局画笔透明度。其表示透明度的参数 alpha 是 Number 类型；取值为 0～1，0 表示完全透明，1 表示完全不透明。

canvasContext.save 保存当前的绘图上下文。canvasContext.restore 恢复之前保存的绘图上下文。canvasContext.draw 将之前在绘图上下文中的描述（路径、变形、样式）画到 canvas 中。其参数如表 11-52 所示。绘图上下文需要由 wx.createCanvasContext (canvasId)来创建。

表 11-52　canvasContext.draw 参数信息

参　数	类　型	说　　明
reserve	Boolean	非必填，本次绘制是否接着上一次绘制，默认为 false，则在本次调用 drawCanvas 绘制之前 native 层应先清空画布再继续绘制；若为 true，则保留当前画布上的内容，本次调用 drawCanvas 绘制的内容覆盖在上面

getActions 返回绘图上下文的绘图动作，不推荐使用。canvasContext.clearActions 清空上下文的绘图动作，不推荐使用。

绘制基本图形方法的例 11-13 代码如下，其效果如图 11-15 所示。

例 11-13

```
<!--index.wxml-->
<view style="margin:20px">
  <view style="justify-content:center;display:flex">
    <canvas style="width:100%;height:300px;" canvas-id="canvas"></canvas>
  </view>
  <button size="mini" type="primary" bindtap="draw">绘制基本图形</button>
  <button size="mini" type="primary" bindtap="drawQuadraticCurveTo">绘制二次
  方贝塞尔曲线</button>
  <button size="mini" type="primary" bindtap="drawBezierCurveTo">绘制三次方贝
```

```
    塞尔曲线</button>
    <button size="mini" type="primary" bindtap="drawShallow">阴影效果</button>
    <button size="mini" type="primary" bindtap="drawImage">绘制图像</button>
    <button size="mini" type="primary" bindtap="drawScale">图形的缩放</button>
    <button size="mini" type="primary" bindtap="drawRotate">图形的旋转</button>
    <button size="mini"  type="primary" bindtap="drawTranslate">改变坐标原点的
    位置</button>
    <button size="mini"  type="primary" bindtap="drawGradient">渐变</button>
</view>

//index.js
Page({
  onReady: function() {
    this.context=wx.createCanvasContext('canvas')
  },
  onPullDownRefresh:function() {
    console.log('PullDown')
  },
  draw: function() {
    this.context.moveTo(10, 10)
    //绘制直线
    this.context.lineTo(100, 10)
    this.context.setFillStyle('red')
    //绘制矩形
    this.context.rect(10, 30, 150, 75)
    this.context.moveTo(350, 75)
    this.context.arc(300, 75, 50, 0, 2 * Math.PI)
    this.context.fill()
    this.context.setFillStyle('blue')
    this.context.setFontSize(20)
    this.context.fillText('微信小程序', 20, 160)
    this.context.fillText('https://mp.weixin.qq.com/debug/wxadoc/dev/api/',
    150, 160)
    this.context.stroke()
    this.context.draw()
  },
  drawQuadraticCurveTo: function() {
    //Draw points
    this.context.beginPath()
    this.context.arc(20, 20, 2, 0, 2 * Math.PI)
    this.context.setFillStyle('red')
    this.context.fill()
    this.context.beginPath()
    this.context.arc(200, 20, 2, 0, 2 * Math.PI)
```

```
    this.context.setFillStyle('green')
    this.context.fill()
    this.context.beginPath()
    this.context.arc(20, 100, 2, 0, 2 * Math.PI)
    this.context.setFillStyle('blue')
    this.context.fill()
    this.context.setFillStyle('black')
    //Draw guides
    this.context.beginPath()
    this.context.moveTo(20, 20)
    this.context.lineTo(20, 100)
    this.context.lineTo(200, 20)
    this.context.setStrokeStyle('#AAAAAA')
    this.context.stroke()
    //Draw quadratic curve
    this.context.beginPath()
    this.context.moveTo(20, 20)
    this.context.quadraticCurveTo(20, 100, 200, 20)
    this.context.setStrokeStyle('black')
    this.context.stroke()
    this.context.draw()
  },
  drawBezierCurveTo: function() {
    //Draw points
    this.context.beginPath()
    this.context.arc(20, 20, 2, 0, 2 * Math.PI)
    this.context.setFillStyle('red')
    this.context.fill()
    this.context.beginPath()
    this.context.arc(200, 20, 2, 0, 2 * Math.PI)
    this.context.setFillStyle('green')
    this.context.fill()
    this.context.beginPath()
    this.context.arc(20, 100, 2, 0, 2 * Math.PI)
    this.context.arc(200, 100, 2, 0, 2 * Math.PI)
    this.context.setFillStyle('blue')
    this.context.fill()
    this.context.setFillStyle('black')
    //Draw guides
    this.context.beginPath()
    this.context.moveTo(20, 20)
    this.context.lineTo(20, 100)
    this.context.lineTo(150, 75)
    this.context.moveTo(200, 20)
    this.context.lineTo(200, 100)
```

```
    this.context.lineTo(70, 75)
    this.context.setStrokeStyle('#AAAAAA')
    this.context.stroke()
    //Draw quadratic curve
    this.context.beginPath()
    this.context.moveTo(20, 20)
    this.context.bezierCurveTo(20, 100, 200, 100, 200, 20)
    this.context.setStrokeStyle('black')
    this.context.stroke()
    this.context.draw()
  },
  drawShallow: function() {
    this.context.setFillStyle('red')
    this.context.setShadow(10, 50, 50, 'blue')
    this.context.fillRect(10, 10, 150, 75)
    this.context.draw()
  },
  drawImage: function() {
    var that=this;
    wx.chooseImage({
      success: function(res) {
        that.context.drawImage(res.tempFilePaths[0], 0, 0, 150, 100)
        that.context.draw()
  }
    })
  },
  drawScale: function() {
    this.context.strokeRect(10, 10, 25, 15)
    this.context.scale(2, 2)
    this.context.strokeRect(10, 10, 25, 15)
    this.context.scale(2, 2)
    this.context.strokeRect(10, 10, 25, 15)
    this.context.scale(2, 1.2)
    this.context.strokeRect(10, 10, 25, 15)
    this.context.draw()
  },
  drawRotate: function() {
    this.context.strokeRect(100, 10, 150, 100)
    this.context.rotate(20 * Math.PI / 180)
    this.context.strokeRect(100, 10, 150, 100)
    this.context.rotate(20 * Math.PI / 180)
    this.context.strokeRect(100, 10, 150, 100)
    this.context.draw()
  },
  drawTranslate: function() {
    this.context.strokeRect(10, 10, 150, 100)
```

```
    this.context.translate(20, 20)
    this.context.strokeRect(10,10, 150, 100)
    this.context.translate(20, 20)
    this.context.strokeRect(10, 10, 150, 100)
    this.context.draw()
  },
  drawGradient: function() {
    /* const gradient1=this.context.createLinearGradient(0, 0, 200, 0)
      gradient1.addColorStop(0, 'red')
      gradient1.addColorStop(1, 'white')
        //Fill with gradient
      this.context.setFillStyle(gradient1)
      this.context.fillRect(10, 10, 150, 80)
      this.context.draw() */
    const gradient2=this.context.createCircularGradient(75, 70, 50)
    gradient2.addColorStop(0, 'red')
    gradient2.addColorStop(1, 'white')
    //Fill with gradient
    this.context.setFillStyle(gradient2)
    this.context.fillRect(10, 10, 150, 150)
    this.context.draw()
  }
})
```

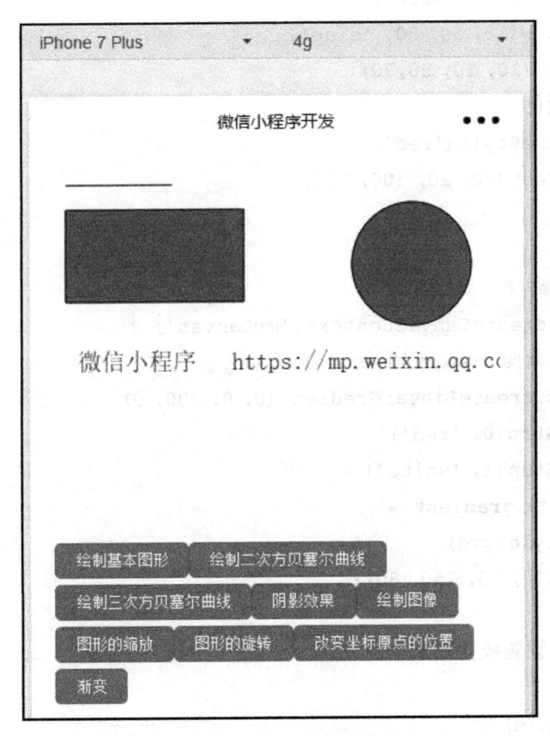

图 11-15 绘制不同图形

应用不同方法的例 11-14 代码如下，其效果如图 11-16 所示。

例 11-14

```
<!--index.wxml-->
<canvas canvas-id="myCanvas" style="border: 5px solid;"/>
<canvas canvas-id="myCanvas" style="border: 5px solid;" />
<button type="primary" bindtap="XX">线性颜色渐变</button>
<button bindtap="FZJB">复杂颜色渐变</button>
<button type="primary" bindtap="YX">从圆心开始的颜色渐变</button>
<button bindtap="BTZX">绘制不同宽度和端点的直线</button>
<button type="primary" bindtap="JD">设置线条的交点样式和最大斜接长度
</button>
<button bindtap="DC">生成图片并返回临时文件路径</button>

//index.js
Page({
 onLoad:function(e){
   const ctx=wx.createCanvasContext('myCanvas')
   //设置填充颜色
   ctx.setFillStyle('yellow')
   ctx.fillRect(10, 10, 150, 75)
   //设置阴影
   ctx.setFillStyle('green')
   ctx.setShadow(10, 50, 50, 'blue')
   ctx.fillRect(10, 10, 50,70)
   //设置边框颜色
   ctx.setStrokeStyle('red')
   ctx.strokeRect(20, 20, 100, 100)
   ctx.draw()
 },
 XX: function(e) {
 const ctx=wx.createCanvasContext('myCanvas')
 //创建线性颜色渐变 Create linear gradient
 const grd=ctx.createLinearGradient(0, 0, 200, 0)
 grd.addColorStop(0, 'red')
 grd.addColorStop(1, 'white')
 //填充 Fill with gradient
 ctx.setFillStyle(grd)
 ctx.fillRect(10, 10, 150, 80)
 ctx.draw()
 console.log('设置线性颜色渐变成功')
 },
 FZJB: function(e) {
   const ctx=wx.createCanvasContext('myCanvas')
```

```
    const grd=ctx.createLinearGradient(30, 10, 120, 10)
    grd.addColorStop(0, 'red')
    grd.addColorStop(0.16, 'orange')
    grd.addColorStop(0.33, 'yellow')
    grd.addColorStop(0.5, 'green')
    grd.addColorStop(0.66, 'cyan')
    grd.addColorStop(0.83, 'blue')
    grd.addColorStop(1, 'purple')
    ctx.setFillStyle(grd)
    ctx.fillRect(10, 10, 150, 80)
    ctx.draw()
    console.log('复杂线性颜色渐变成功')
  },
  YX: function(e) {
   const ctx=wx.createCanvasContext('myCanvas')
   //创建从圆心开始的颜色渐变 Create circular gradient
   const grd=ctx.createCircularGradient(75, 50, 50)
   grd.addColorStop(0, 'blue')
   grd.addColorStop(1, 'yellow')
   //填充 Fill with gradient
   ctx.setFillStyle(grd)
   ctx.fillRect(10, 10, 150, 80)
   ctx.draw()
   console.log('设置从圆心开始的颜色渐变成功')
  },
  BTZX: function(e) {
    const ctx=wx.createCanvasContext('myCanvas')
    ctx.beginPath()
    ctx.moveTo(10, 10)
    ctx.lineTo(150, 10)
    ctx.stroke()
    ctx.beginPath()
    ctx.setLineCap('butt')
    ctx.setLineWidth(5)
    ctx.moveTo(10, 30)
    ctx.lineTo(150, 30)
    ctx.stroke()
    ctx.beginPath()
    ctx.setLineCap('round')
    ctx.setLineWidth(10)
    ctx.moveTo(10, 50)
    ctx.lineTo(150, 50)
    ctx.stroke()
    ctx.beginPath()
```

```
    ctx.setLineCap('square')
    ctx.setLineWidth(15)
    ctx.moveTo(10, 70)
    ctx.lineTo(150, 70)
    ctx.stroke()
    ctx.draw()
    console.log('成功绘制不同宽度和端点的直线')
  },
  JD: function(e) {
    const ctx=wx.createCanvasContext('myCanvas')
    ctx.beginPath()
    ctx.setMiterLimit(1)  //设置最大斜接长度
    ctx.moveTo(10, 10)
    ctx.lineTo(100, 50)
    ctx.lineTo(10, 90)
    ctx.stroke()
    ctx.beginPath()
    ctx.setLineJoin('bevel')
    ctx.setLineWidth(10)
    ctx.moveTo(50, 10)
    ctx.lineTo(140, 50)
    ctx.lineTo(50, 90)
    ctx.stroke()
    ctx.beginPath()
    ctx.setLineJoin('round')
    ctx.setLineWidth(10)
    ctx.moveTo(90, 10)
    ctx.lineTo(180, 50)
    ctx.lineTo(90, 90)
    ctx.stroke()
    ctx.beginPath()
    ctx.setLineJoin('miter')
    ctx.setMiterLimit(4)  //设置最大斜接长度
    ctx.setLineWidth(10)
    ctx.moveTo(130, 10)
    ctx.lineTo(220, 50)
    ctx.lineTo(130, 90)
    ctx.stroke()
    ctx.draw()
    console.log('成功设置线条的交点样式和最大斜接长度')
  },
  DC: function(e) {
   wx.canvasToTempFilePath({
```

```
    x: 100,
    y: 200,
    width: 50,
    height: 50,
    destWidth: 100,
    destHeight: 100,
    canvasId: 'myCanvas',
    success: function(res) {
      console.log(res.tempFilePath)
      console.log('成功生成图片并返回路径')
    }
  })
  },
})
```

图 11-16　绘图 API 不同方法的应用

11.8　下拉刷新 API

往往在 Page 中定义 onPullDownRefresh 处理函数，监听该页面用户下拉刷新事件。在此之前，需要在 config 的 window 选项中开启 enablePullDownRefresh。当处理完数据刷新后，用 wx. stopPullDownRefresh()可以停止当前页面的下拉刷新。

wx. startPullDownRefresh(OBJECT)开始下拉刷新，调用后触发下拉刷新动画，效果与用户手动下拉刷新一致，其 OBJECT 参数说明如表 11-53 所示，其 success 返回参数说明如表 11-54 所示。

表 11-53 wx.startPullDownRefresh 的参数信息

参　数	类　型	必填	说　　明
success	Function	否	接口调用成功的回调函数
fail	Function	否	接口调用失败的回调函数
complete	Function	否	接口调用结束的回调函数(调用成功、失败都会执行)

表 11-54 wx.startPullDownRefresh 的 success 返回参数信息

参　数	类　型	说　　明
errMsg	String	接口调用结果

应用下拉刷新 API 的例 11-15 代码如下，其效果如图 11-17 所示。

例 11-15

```
<!--index.wxml-->
<button type="primary" bindtap="BXL">开始下拉刷新</button>
<button type="defaule" bindtap="onPullDownRefresh">监听下拉刷新</button>
<button type="primary" bindtap="SXL">停止下拉刷新</button>

//index.js
Page({
  BXL: function(e) {
    console.log('可以下拉刷新,开始下拉刷新')
    wx.startPullDownRefresh;
  },
  onPullDownRefresh: function(e) {
    console.log('监听下拉刷新,成功停止下拉刷新')
    wx.stopPullDownRefresh()
  }
  ,
  SXL: function(e) {
    wx.stopPullDownRefresh;
    console.log('成功停止下拉刷新')
  }
})
```

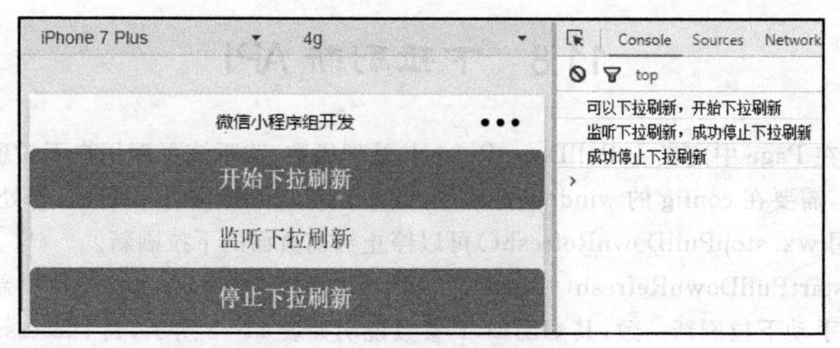

图 11-17 下拉刷新 API 的应用

习 题 11

实验题

1. 请在实例中实现对交互反馈 API 的应用。
2. 请在实例中实现对设置导航条 API 的应用。
3. 请在实例中实现对设置置顶信息 API 的应用。
4. 请在实例中实现对导航 API 的应用。
5. 请在实例中实现对动画 API 的应用。
6. 请在实例中实现对位置 API 的应用。
7. 请在实例中实现对绘图 API 的应用。
8. 请在实例中实现对下拉刷新 API 的应用。

第12章 Chapter 12

开放接口

本章主要介绍开放接口的相关内容，包括登录API、授权API、用户信息API、微信支付API、模板消息API、客服消息API、转发API、获取二维码API、收货地址API、卡券API、设置API、微信运动API、打开小程序API、获取发票抬头API、生物认证API等API的用法。

12.1 登录API

微信小程序的登录是必不可少的环节，它的登录可以简单理解为以下几个步骤。首先，使用wx.login()获取code值。然后在拿到code值后再加上AppID、secret、grant_type授权类型去请求路径https://api.weixin.qq.com/sns/jscode2session，来获取session_key。接着，使用session_key可以生成自己的3rd_session并存储在storage中。最后，后续用户进入微信小程序，先从storage中获得3rd_session，再根据这个去查找合法的session_key。

通过wx.login()获取到用户登录态之后，需要维护登录态。开发者应该直接把session_key、openid等字段作为用户的标识或者session的标识，派发一个session登录态。对于开发者自己生成的session，应该保证其安全性且不应该设置较长的过期时间。session派发到小程序客户端之后，可将其存储在storage中，用于后续通信使用。通过wx.checkSession()检测用户登录态是否失效，并决定是否调用wx.login()重新获取登录态。

wx.login(OBJECT)调用接口获取登录凭证(code)进而换取用户登录态信息，包括用户的唯一标识(openid)及本次登录的会话密钥(session_key)。用户数据的加密与解密通讯需要依赖会话密钥完成。wx.login的OBJECT参数说明如表12-1所示。

表12-1 wx.login参数信息

参数	类型	必填	返回
success	Function	否	接口调用成功的回调函数
fail	Function	否	接口调用失败的回调函数
complete	Function	否	接口调用结束的回调函数(调用成功、失败都会执行)

wx.login(OBJECT)的 success 返回参数信息如表 12-2 所示。

表 12-2 wx.login 的 success 返回参数信息

参 数	类 型	说 明
errMsg	String	成功：ok;错误：详细信息
code	String	用户被允许登录后，回调内容会带上 code(有效期五分钟)，开发者需要将 code 发送到开发者服务器后台，使用 code 换取 session_key api，将 code 换成 openid 和 session_key

https://api.weixin.qq.com/sns/jscode2session 是一个 HTTPS 接口，开发者服务器使用登录凭证 code 获取 session_key 和 openid。其中，session_key 是对用户数据进行加密签名的密钥。为了自身应用安全，session_key 不应该在网络上传输。

接口地址为：https://api.weixin.qq.com/sns/jscode2session?Appid = APPID &secret=SECRET &js_ code=JSCODE&grant_type=authorization_code，其请求参数说明如表 12-3 所示，其返回参数说明如表 12-4 所示。

表 12-3 请求参数信息

参 数	必填	说 明
appid	是	小程序唯一标识
secret	是	小程序的 app secret
js_code	是	登录时获取的 code
grant_type	是	填写为 authorization_code

表 12-4 返回参数信息

参 数	说 明
openid	用户唯一标识
session_key	会话密钥

wx.checkSession(OBJECT)通过上述接口获得的用户登录态拥有一定的时效性。用户越久未使用小程序，用户登录态越有可能失效。反之如果用户一直在使用小程序，则用户登录态一直保持有效。具体时效逻辑由微信维护，对开发者透明。开发者只需要调用 wx.checkSession 接口检测当前用户登录态是否有效。登录态过期后开发者可以再调用 wx.login 获取新的用户登录态。其 OBJECT 参数说明如表 12-5 所示。

表 12-5 wx.checkSession 参数信息

参 数	类 型	必填	返 回
success	Function	否	接口调用成功的回调函数
fail	Function	否	接口调用失败的回调函数
complete	Function	否	接口调用结束的回调函数(调用成功、失败都会执行)

为了确保开放接口返回用户数据的安全性，微信会对明文数据进行签名。开发者可以根据业务需要对数据包进行签名校验，确保数据的完整性。签名校验算法涉及用户的session_key，通过 wx.login 登录流程获取用户 session_key，并自行维护与应用自身登录态的对应关系。

通过调用接口（如 wx.getUserInfo）获取数据时，接口会同时返回 rawData、signature，其中 signature＝sha1(rawData＋session_key)。开发者将 rawData、signature 发送到开发者服务器进行校验。服务器利用用户对应的 session_key 使用相同的算法计算出签名 signature2，比对 signature 与 signature2 即可校验数据的完整性。

为了应用能校验数据的有效性，我们会在敏感数据加上数据水印（watermark）。watermark 参数说明如表 12-6 所示。

表 12-6　watermark 参数信息

参　数	类　型	说　　明
watermark	OBJECT	数据水印
appid	String	敏感数据归属 appid，开发者可校验此参数与自身 appid 是否一致
timestamp	DateInt	敏感数据获取的时间戳，开发者可以用于数据时效性校验

登录 API 应用代码例 12-1 如下，其登录界面如图 12-1 所示，输入用户名“ws”和密码“12”后效果如图 12-2 所示。

例 12-1

```
<!--index.wxml-->
用户名：
<input type="text" bindinput="userNameInput"/>
密码：
<input type="text" bindinput="userPasswordInput" password="true"/>
<button bindtap="logIn">登录</button>

//index.js
var app=getApp()
Page({
  data: {
    userName: '',
    userPassword: '',
    id_token:'',
  },
  userNameInput: function(e) {
    this.setData({
      userName: e.detail.value
    })
```

```
    console.log("用户名为："+e.detail.value)
  },
  userPasswordInput: function(e) {
    this.setData({
      userPassword: e.detail.value
    })
    console.log("密码为："+e.detail.value)
  },
  logIn: function() {
      var that=this
      wx.login({
          success: function(res) {
            if (res.code) {
              console.log(res)
            } else {
              console.log("获取用户登录态失败!"+res.errMsg);
            };
        try {
          wx.setStorageSync('id_token', 1)
          console.log('id_token : '+that.id_token)
        } catch(e) {
          console.log('there is no id_token')
        };
          console.log('登录成功后跳转');
            wx.navigateTo({
              url: '../news/news'
            });
          }
        })
    }
})
```

```
<!--news.wxml-->
<view style="margin:20px">
  <input placeholder="请输入返回第几层页面" style="margin:20px"
  value="{{value}}" bindinput="charInput"/>
  <button style="margin:20px" bindtap="onClick_navigateBack">返回指定层数的页
  面</button>
  <button style="margin-top:10px" bindtap="onClick_navigateTo">跳转到 page1 页
  面</button>
</view>
```

在 app.json 中增加路径"pages/news/news"

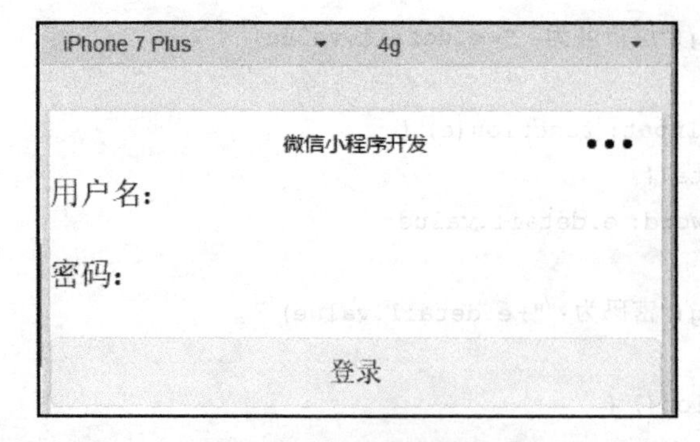

图 12-1　登录起始界面

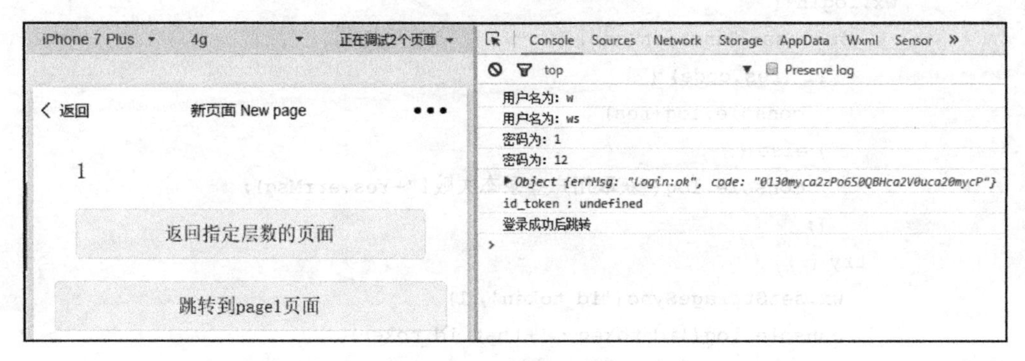

图 12-2　登录后结果界面

12.2　授权 API

wx.authorize(OBJECT)部分接口需要获得同意后才能调用。此类接口调用时，如果用户未授权过，会弹窗询问用户，用户点击同意后方可调用接口。如果用户点击了拒绝，则短期内调用不会出现弹窗，而是直接进入 fail 回调。用户可以在小程序设置界面中修改对该小程序的授权信息。本接口用于提前向用户发起授权，调用后会立刻弹窗询问用户是否同意小程序使用某项功能或获取用户的某些数据，但不会实际调用接口。如果用户之前已经同意，则不会出现弹窗，直接返回成功。其 OBJECT 参数说明如表 12-7 所示。

表 12-7　wx.authorize 参数信息

参　数	类　型	必填	说　明
scope	String	是	需要获取权限的 scope，详见 scope 列表
success	Function	否	接口调用成功的回调函数
fail	Function	否	接口调用失败的回调函数
complete	Function	否	接口调用结束的回调函数(调用成功、失败都会执行)

wx. authorize 的 success 返回参数说明如表 12-8 所示。

表 12-8 wx. authorize 的 success 返回参数信息

参 数	类 型	说 明
errMsg	String	调用结果

wx. authorize 的 scope 返回参数说明如表 12-9 所示。

表 12-9 wx. authorize 的 scope 返回参数信息

scope	对 应 接 口	描 述
scope. userInfo	wx. getUserInfo	用户信息
scope. userLocation	wx. getLocation, wx. chooseLocation	地理位置
scope. address	wx. chooseAddress	通讯地址
scope. record	wx. startRecord	录音功能
scope. writePhotosAlbum	wx. saveImageToPhotosAlbum, wx. saveVideoToPhotosAlbum	保存到相册

应用授权 API 的例 12-2 代码如下,其效果如图 12-3 所示。

例 12-2

```
<!--index.wxml-->
<button type="primary" bindtap="TX">授权通讯地址的示例</button>
<button bindtap="LY">授权录音功能的示例</button>
<button type="primary" bindtap="XC">授权保存到相册示例</button>

//index.js
Page({
  data :{
  //scope: 'scope.userInfo',      //用户信息 wx.getUserInfo
  //scope: 'scope.userLocation', //地理位置 wx.getLocation, wx.chooseLocation
  //scope: 'scope.address',      //通讯地址 wx.chooseAddress
   scope: 'scope.record',        //录音功能 wx.startRecord
  //scope: 'scope.writePhotosAlbum'   //保存到相册
  wx.saveImageToPhotosAlbum, wx.saveVideoToPhotosAlbum
  },
  TX: function() {
    wx.getSetting({
      success(res) {
        if (! res['scope.address']) {
            wx.authorize({
            scope: 'scope.address',
            success() {
              console.log('授权成功后选择通讯地址');
                  wx.chooseAddress({
```

```
                    })
                }
            })
            console.log('用户得到非通讯地址类型的授权'+res)
          }
          else {
            console.log('用户得到 scope.address 的授权')
          }
        }
      })
    },
    LY:function() {
      wx.getSetting({
        success(res) {
          if (! res['scope.record']) {
           console.log('用户得到非录音功能类型的授权'+res)
            wx.authorize({
              scope: 'scope.record',
              success() {
                console.log('授权后使用录音功能')
                wx.startRecord({
                  success: function(res) {
                    var tempFilePath=res.tempFilePath
                  },
                })
              },
            })
          }
          else{
            console.log('用户得到 scope.record 的授权')
          }
        }
      })
    },
    XC: function() {
      wx.getSetting({
        success(res) {
          if (! res['scope.writePhotosAlbum']) {
            console.log('用户得到非保存到相册类型的授权'+res)
            wx.authorize({
              scope: 'scope.writePhotosAlbum',
              success() {
                console.log('授权成功后保存到相册')
                wx.saveImageToPhotosAlbum({
```

```
                success(res) {
                  console.log('保存到相册成功')
                }
              })
            },
          })
        }
        else {
          console.log('用户得到 scope.writePhotosAlbum 的授权')
        }
      }
    })
  },
})
```

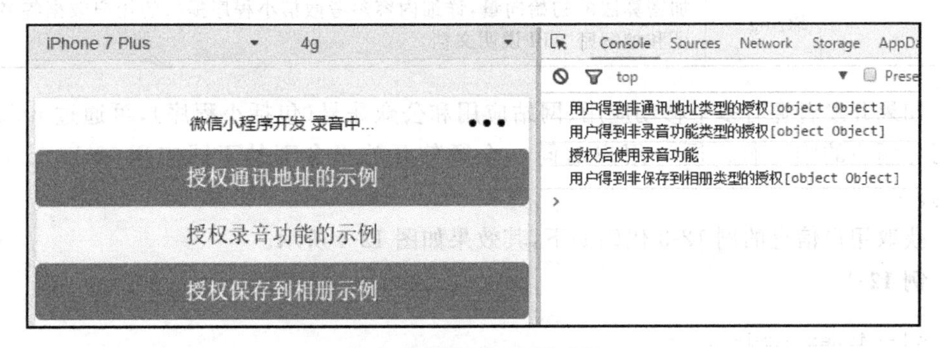

图 12-3　授权 API 的应用

12.3　用户信息 API

wx.getUserInfo(OBJECT)获取用户信息，其参数说明如表 12-10 所示；参数 withCredentials 为 true 时需要先调用 wx.login 接口。

表 12-10　wx.getUserInfo 参数信息

参　数	类　型	必填	说　明
withCredentials	Boolean	否	是否带上登录态信息
lang	String	否	指定返回用户信息的语言，zh_CN 为简体中文，zh_TW 为繁体中文，en 为英文，默认为 en
success	Function	否	接口调用成功的回调函数
fail	Function	否	接口调用失败的回调函数
complete	Function	否	接口调用结束的回调函数(调用成功、失败都会执行)

wx.getUserInfo 的 success 返回参数说明如表 12-11 所示。要特别注意的是，当

withCredentials 为 true 时，要求此前调用过 wx.login 且登录态尚未过期，此时返回的数据会包含 encryptedData、iv 等敏感信息；当 withCredentials 为 false 时，不要求有登录状态，返回的数据不包含 encryptedData、iv 等敏感信息。

表 12-11 wx.getUserInfo 的 success 返回参数信息

参数	类型	说明
userInfo	UserInfo	用户信息对象，不包含 openid 等敏感信息
rawData	String	不包括敏感信息的原始数据字符串，用于计算签名
signature	String	使用 sha1(rawData+sessionkey)得到字符串，用于校验用户信息，详细内容参考微信小程序提供的用户数据签名验证和加解密 API 说明文档
encryptedData	String	包括敏感数据在内的完整用户信息的加密数据，详细内容参考微信小程序提供的用户数据签名验证和加解密 API 说明文档
iv	String	加密算法的初始向量，详细内容参考微信小程序提供的用户数据签名验证和加解密 API 说明文档

如果开发者拥有多个移动应用、网站应用和公众账号(包括小程序)，可通过 unionid 来区分用户的唯一性。同一用户对同一个微信开放平台下的不同应用，unionid 是相同的。

获取用户信息的例 12-3 代码如下，其效果如图 12-4 所示。

例 12-3

```
<!--index.wxml-->
<button type="primary" bindtap="HQYHXX">获取用户信息</button>

//index.js
Page({
  HQYHXX: function() {
    wx.getUserInfo({
      success: function(res) {
        var userInfo=res.userInfo
        var nickName=userInfo.nickName
        var avatarUrl=userInfo.avatarUrl
        var gender=userInfo.gender    //性别 0: 未知; 1: 男; 2: 女
        var province=userInfo.province
        var city=userInfo.city
        var country=userInfo.country
        console.log('encrytedData  :'+res.encryptedData)
        console.log('iv  :'+res.iv)
        console.log('rawData  :'+res.rawData)
        console.log('signature  :'+res.signature)
        console.log('userinfo:'+res.userInfo)
```

```
            }
        })
    },
})
```

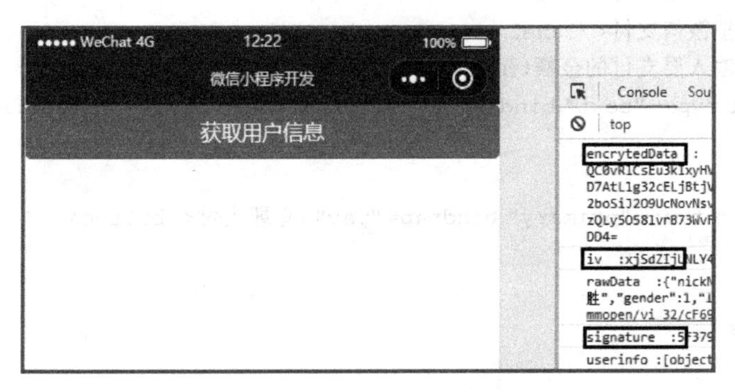

图 12-4 用户信息 API 的应用

12.4 微信支付 API

wx. requestPayment(OBJECT)发起微信支付,其参数说明如表 12-12 所示。

表 12-12 wx. requestPayment 参数信息

参　数	类　型	必填	说　明
timeStamp	String	是	时间戳从 1970 年 1 月 1 日 00:00:00 至今的秒数,即当前的时间
nonceStr	String	是	随机字符串,长度为 32 个字符以下
package	String	是	统一下单接口返回的 prepay_id 参数值,提交格式如: prepay_id= *
signType	String	是	签名算法,暂支持 MD5
paySign	String	是	签名,具体签名方案参见小程序支付接口文档
success	Function	否	接口调用成功的回调函数
fail	Function	否	接口调用失败的回调函数
complete	Function	否	接口调用结束的回调函数(调用成功、失败都会执行)

wx. requestPayment 的回调结果说明如表 12-13 所示。

表 12-13 wx. requestPayment 回调结果信息

回调类型	调 用 结 果	说　明
success	requestPayment:ok	调用支付成功
fail	requestPayment:fail cancel	用户取消支付
fail	requestPayment: fail (detail message)	调用支付失败,其中 detail message 为后台返回的详细失败原因

模拟微信支付的例 12-4 代码如下,其效果如图 12-5 所示。

例 12-4

```
<!--index.wxml-->
<view class="container">
<label>模拟微信支付</label>
<label>请输入要支付的金额(元¥):
    <input type="text" bindinput="getOrderCode" style="border:1px solid #ccc;"
    />
</label>
    <button type="primary" bindtap="pay">立即支付</button>
</view>

//index.js
Page({
  data: {
    txtOrderCode: ''
  },
  pay: function() {
    var ordercode=this.data.txtOrderCode;
    wx.login({
      success: function(res) {
        console.log(res)
        console.log('成功登录')
        wx.requestPayment({
          'timeStamp': '',
          'nonceStr': '',
          'package': '',
          'signType': 'MD5',
          'paySign': '',
         'success': function(res) {
          console.log('成功支付');
          console.log(res)
      },
         'fail': function(res) {
           console.log('支付失败');
           console.log(res);
           console.log("您准备支付的是 "+ordercode+"元,可惜没有支付成功。请更换
           支付方法。");
         }
      })
          }
          })
  },
  getOrderCode: function(event) {
    this.setData({
      txtOrderCode: event.detail.value
```

```
    });
  }
})
```

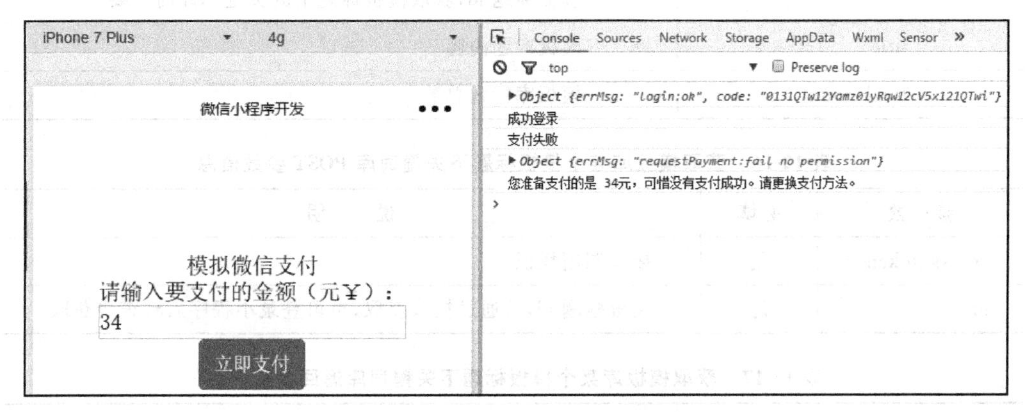

图 12-5 微信支付 API 的模拟应用

12.5 模板消息 API

模板消息 API 的使用方法如下。首先，获取模板 ID，获取模板 ID 的方法有两种：一是通过模板消息管理接口获取模板 ID，二是在微信公众平台手动配置获取模板 ID。登录 http://mp.weixin.qq.com 获取模板，如果没有合适的模板，还可以申请添加新模板，审核通过后可以使用。然后，发送模板消息，当页面的<form/>组件属性 report-submit 为 true 时，可以声明为需发模板消息，此时点击按钮提交表单，可以获取 formId 用于发送模板消息。或者当用户完成支付行为时，可以获取 prepay_id 用于发送模板消息。最后，调用接口下发模板消息。

模板的消息管理分为：获取模板库标题列表，其 POST 参数如表 12-14 所示，返回参数信息如表 12-15 所示；获取模板库某个模板标题下关键词库，其 POST 参数如表 12-16 所示，其返回参数信息如表 12-17 所示；组合模板并添加至账号下的个人模板库，其 POST 参数如表 12-18 所示，返回参数信息如表 12-19 所示；获取账号下已存在的模板列表，其 POST 参数如表 12-20 所示，返回参数信息如表 12-21 所示；删除账号下的某个模板，其 POST 参数如表 12-22 所示。

表 12-14 获取模板库标题列表 POST 参数信息

参 数	必填	说 明
access_token	是	接口调用凭证
offset	是	offset 和 count 用于分页，表示从 offset 开始，拉取 count 条记录，offset 从 0 开始，count 最大为 20
count	是	offset 和 count 用于分页，表示从 offset 开始，拉取 count 条记录，offset 从 0 开始，count 最大为 20

表 12-15　获取模板库标题列表返回参数信息

参　数	说　明
id	模板标题 id,获取模板标题下的关键词库时需要
title	模板标题内容
total_count	模板库标题总数

表 12-16　获取模板库某个模板标题下关键词库 POST 参数信息

参　数	必填	说　明
access_token	是	接口调用凭证
id	是	模板标题 id,可通过接口获取,也可登录小程序后台查看获取

表 12-17　获取模板库某个模板标题下关键词库返回参数信息

参　数	说　明
keyword_id	关键词 id,添加模板时需要
name	关键词内容
example	关键词内容对应的例

表 12-18　组合模板并添加至账号下的个人模板库 POST 参数信息

参　数	必填	说　明
access_token	是	接口调用凭证
id	是	模板标题 id,可通过接口获取,也可登录小程序后台查看获取
keyword_id_list	是	开发者自行组合好的模板关键词列表,关键词顺序可以自由搭配(例如[3,5,4]或[4,5,3]),最多支持 10 个关键词组合

表 12-19　组合模板并添加至账号下的个人模板库返回参数信息

参　数	说　明
template_id	添加至账号下的模板 id,发送小程序模板消息时所需

表 12-20　获取账号下已存在的模板列表 POST 参数信息

参　数	必填	说　明
access_token	是	接口调用凭证
offset	是	offset 和 count 用于分页,表示从 offset 开始,拉取 count 条记录,offset 从 0 开始,count 最大为 20,最后一页的 list 长度可能小于请求的 count
count	是	offset 和 count 用于分页,表示从 offset 开始,拉取 count 条记录,offset 从 0 开始,count 最大为 20,最后一页的 list 长度可能小于请求的 count

表 12-21 获取账号下已存在的模板列表返回参数信息

参 数	说 明
list	账号下的模板列表
template_id	添加至账号下的模板 id,发送小程序模板消息时所需
title	模板标题
content	模板内容
example	模板内容例

表 12-22 删除账号下的某个模板 POST 参数信息

参 数	必填	说 明
access_token	是	接口调用凭证
template_id	是	要删除的模板 id

access_token 是全局唯一接口调用凭据,开发者调用各接口时都需使用 access_token,请妥善保存。access_token 的存储至少要保留 512 个字符空间。access_token 的有效期目前为 2 个小时,需定时刷新,重复获取将导致上次获取的 access_token 失效。

开发者可以使用 AppID 和 AppSecret 调用本接口来获取 access_token。AppID 和 AppSecret 可登录微信公众平台官网—设置—开发设置中获得。AppSecret 生成后请自行保存,因为在公众平台每次生成查看都会导致 AppSecret 被重置。调用所有微信接口时均需使用 HTTPS 协议。

获取 access_token 的参数信息如表 12-23 所示。发送模板消息(ACCESS_TOKEN 需换成上文获取到的 access_token)的 POST 参数信息如表 12-24 所示。错误时返回错误码信息如表 12-25 所示。

表 12-23 获取 access_token 的参数信息

参 数	必填	说 明
grant_type	是	获取 access_token 填写 client_credential
appid	是	第三方用户唯一凭证
secret	是	第三方用户唯一凭证密钥,即 AppSecret

表 12-24 发送模板消息 POST 参数信息

参 数	必填	说 明
touser	是	接收者(用户)的 openid
template_id	是	所需下发的模板消息的 id
page	否	点击模板卡片后的跳转页面,仅限本小程序内的页面,支持带参数(例 index?foo=bar),该字段不填则模板无跳转

续表

参　数	必填	说　明
form_id	是	表单提交场景下，为 submit 事件带上的 formId；支付场景下，为本次支付的 prepay_id
data	是	模板内容，不填则下发空模板
color	否	模板内容字体的颜色，不填则默认黑色
emphasis_keyword	否	模板需要放大的关键词，不填则默认无放大

表 12-25　错误时返回错误码信息

返回码	说　明
40037	template_id 不正确
41028	form_id 不正确，或者过期
41029	form_id 已被使用
41030	page 不正确
45009	接口调用超过限额(目前默认每个账号日调用限额为 100 万元)

模拟模板消息的例 12-5 代码如下，其效果如图 12-6 所示。

例 12-5

```
<!--index.wxml-->
<form bindsubmit="submit" report-submit='true'>
  <button form-type="submit" type="primary" size="default">提交</button>
</form>

//index.js
Page({
  submit: function(e) {
    console.log('form 发生了 submit 事件，携带数据为：', e.detail.value)
        console.log('form id为：'+e.detail.formId);
  }
})
```

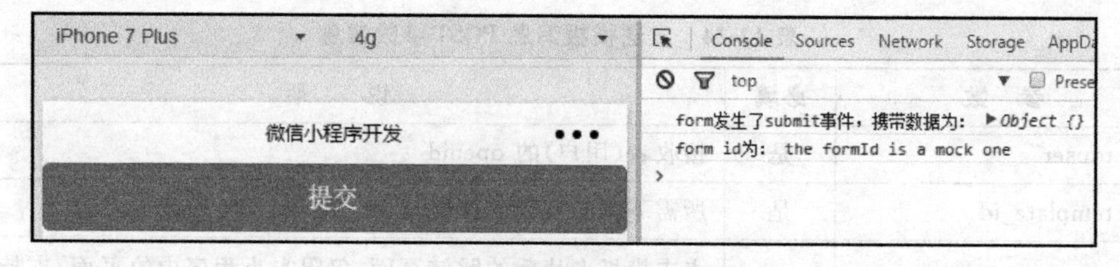

图 12-6　模板消息的模拟应用

12.6 客服消息 API

在页面中使用 contact-button 可以显示进入客服会话按钮。当用户在客服会话发送消息时，微信服务器会将消息的数据包(JSON 或者 XML 格式)POST 到请求开发者填写的 URL。开发者收到请求后可以使用发送客服消息接口进行异步回复。

微信服务器在将用户的消息发给小程序的开发者服务器地址(开发设置处配置)后，微信服务器在 5s 内收不到响应会断开连接，并且重新发起请求，总共重试 3 次，如果在调试中，发现用户无法收到响应的消息，可以检查消息是否处理超时。关于重试的消息排重，有 msgid 的消息推荐使用 msgid 排重，事件类型消息推荐使用 FromUserName+CreateTime 排重。

服务器收到请求必须做出直接 success 回复(推荐方式)或者直接回复空字符串(指字节长度为 0 的空字符串，而不是结构体中 content 字段的内容为空)，这样微信服务器才不会对此作任何处理，也不会发起重试。否则，将出现严重的错误提示。一旦开发者在 5s 内未回复任何内容或者回复了异常数据，微信都会在小程序会话中，向用户下发系统提示"该小程序客服暂时无法提供服务，请稍后再试"。

如果希望增强安全性，开发者可以在开发者中心处开启消息加密。这样，用户发给小程序的消息以及小程序被动回复用户的消息都会继续加密。

用户在客服会话中发送文本消息时将产生如下数据包：

- XML 格式数据包

```
<xml>
  <ToUserName><![CDATA[toUser]]></ToUserName>
  <FromUserName><![CDATA[fromUser]]></FromUserName>
  <CreateTime>1482048670</CreateTime>
  <MsgType><![CDATA[text]]></MsgType>
  <Content><![CDATA[this is a test]]></Content>
  <MsgId>1234567890123456</MsgId>
</xml>
```

- JSON 格式数据包

```
{
"ToUserName": "toUser",
    "FromUserName": "fromUser",
    "CreateTime": 1482048670,
    "MsgType": "text",
    "Content": "this is a test",
    "MsgId": 1234567890123456
}
```

在客户服务会话中发送文本消息的参数说明如表 12-26 所示。

表 12-26 在客服会话中发送文本消息时的参数信息

参　数	说　明	参　数	说　明
ToUserName	小程序的原始 ID	MsgType	text
FromUserName	发送者的 openid	Content	文本消息内容
CreateTime	消息创建时间(整型)	MsgId	消息 ID,64 位整型

用户在客服会话中发送图片消息时将产生如下数据包:

- XML 格式

```
<xml>
    <ToUserName><![CDATA[toUser]]></ToUserName>
    <FromUserName><![CDATA[fromUser]]></FromUserName>
    <CreateTime>1482048670</CreateTime>
    <MsgType><![CDATA[image]]></MsgType>
    <PicUrl><![CDATA[this is a url]]></PicUrl>
    <MediaId><![CDATA[media_id]]></MediaId>
    <MsgId>1234567890123456</MsgId>
</xml>
```

- JSON 格式

```
{
    "ToUserName": "toUser",
    "FromUserName": "fromUser",
    "CreateTime": 1482048670,
    "MsgType": "image",
    "PicUrl": "this is a url",
    "MediaId": "media_id",
    "MsgId": 1234567890123456
}
```

在客户服务会话中发送图片消息的参数说明如表 12-27 所示。

表 12-27 在客服会话中发送图片消息时的参数信息

参　数	说　明
ToUserName	小程序的原始 ID
FromUserName	发送者的 openid
CreateTime	消息创建时间(整型)
MsgType	image
PicUrl	图片链接(由系统生成)
MediaId	图片消息媒体 ID,可以调用获取临时素材接口拉取数据
MsgId	消息 ID,64 位整型

用户在小程序“客服会话按钮”进入客服会话时将产生如下数据包：

- XML 格式

```
<xml>
    <ToUserName><![CDATA[toUser]]></ToUserName>
    <FromUserName><![CDATA[fromUser]]></FromUserName>
    <CreateTime>1482048670</CreateTime>
    <MsgType><![CDATA[event]]></MsgType>
    <Event><![CDATA[user_enter_tempsession]]></Event>
    <SessionFrom><![CDATA[sessionFrom]]></SessionFrom>
</xml>
```

- JSON 格式

```
{
    "ToUserName": "toUser",
    "FromUserName": "fromUser",
    "CreateTime": 1482048670,
    "MsgType": "event",
    "Event": "user_enter_tempsession",
    "SessionFrom": "sessionFrom"
}
```

在小程序“客服会话按钮”进入客服会话时的参数说明如表 12-28 所示。

表 12-28　在小程序“客服会话按钮”进入客服会话时的参数信息

参　　数	说　　明
ToUserName	小程序的原始 ID
FromUserName	发送者的 openid
CreateTime	消息创建时间(整型)
MsgType	event
Event	事件类型,user_enter_tempsession
SessionFrom	开发者在客服会话按钮设置的 session-from 参数

当用户和小程序客服产生特定动作的交互时(具体动作列表请见表 12-29 说明),微信将会把消息数据推送给开发者,开发者可以在一段时间内(目前修改为 48 小时)调用客服接口,通过 POST 一个 JSON 数据包来发送消息给普通用户。此接口主要用于客服等有人工消息处理环节的功能,方便开发者为用户提供更加优质的服务。

目前允许的动作列表如表 12-29 所示。不同动作触发后,允许的客服接口下发消息条数和下发时限不同。收到的错误返回码具体请见表 12-31 的返回码说明。

表 12-29 目前允许的动作列表信息

用户动作	允许下发条数限制/条	下发时限
用户通过客服消息按钮进入会话	1	1分钟
用户发送信息	5	48小时

客服接口调用请求发 POST 消息时，各消息类型所需的 JSON 数据包如下所示，其参数如表 12-30 所示。

- 发送文本消息

```
{
    "touser":"OPENID",
    "msgtype":"text",
    "text":
    {
        "content":"Hello World"
    }
}
```

- 发送图片消息

```
{
    "touser":"OPENID",
    "msgtype":"image",
    "image":
    {
        "media_id":"MEDIA_ID"
    }
}
```

- 发送图文链接，每次可以发送一个图文链接

```
{
    "touser": "OPENID",
    "msgtype": "link",
    "link": {
        "title": "Happy Day",
        "description": "Is Really A Happy Day",
        "url": "URL",
        "thumb_url": "THUMB_URL"
    }
}
```

表 12-30 客服接口调用请求发 POST 消息时的参数信息

参数	是否必须	说明
access_token	是	调用接口凭证
touser	是	普通用户(openid)
msgtype	是	消息类型,文本为 text,图文链接为 link
content	是	文本消息内容
media_id	是	发送图片的媒体 ID,通过新增素材接口上传图片文件获得
title	是	图文链接消息标题
description	是	图文链接消息
url	是	图文链接消息被点击后跳转的链接
picurl	是	图文链接消息的图片链接,支持 JPG、PNG 格式,较好效果的分辨率:大图为 640×320,小图为 80×80

客服接收、发送消息的返回码说明如表 12-31 所示。

表 12-31 客服接收、发送消息的返回码信息

参数	说明
−1	系统繁忙,此时请开发者稍候再试
0	请求成功
40001	获取 access_token 时 AppSecret 错误,或者 access_token 无效,请开发者认真比对 AppSecret 的正确性,或查看是否正在为恰当的小程序调用接口
40002	不合法的凭证类型
40003	不合法的 OpenID,请开发者确认 OpenID 是否为其他小程序的 OpenID
45015	回复时间超过限制
45047	客服接口下行条数超过上限
48001	API 功能未授权,请确认小程序已获得该接口

如果小程序设置了消息推送,普通微信用户向小程序客服发消息时,微信服务器会先将消息 POST 到开发者填写的 url 上,如果希望将消息转发到网页版客服工具,则需要开发者在响应包中返回 MsgType 为 transfer_customer_service 的消息,微信服务器收到响应后会把当次发送的消息转发至客服系统。开发者只在响应包中返回 MsgType 为 transfer_customer_service 的消息,微信服务器收到响应后就会把当次发送的消息转发至客服系统。

从用户被客服接入以后到客服关闭会话以前,小程序均处于会话过程中,用户发送的消息均会被直接转发至客服系统。当会话超过 30 分钟客服仍没有关闭时,微信服务器会自动停止转发至客服,而将消息恢复发送至开发者填写的 url 上。用户在等待队列中时,发送的消息仍然会被推送至开发者填写的 url 上。

```
<xml>
    <ToUserName><![CDATA[touser]]></ToUserName>
    <FromUserName><![CDATA[fromuser]]></FromUserName>
    <CreateTime>1399197672</CreateTime>
    <MsgType><![CDATA[transfer_customer_service]]></MsgType>
</xml>
```

消息转发的参数信息如表 12-32 所示。

表 12-32　消息转发的参数信息

参　　数	是否必须	描　　述
ToUserName	是	接收方账号(收到的 OpenID)
FromUserName	是	开发者微信账号
CreateTime	是	消息创建时间(整型)
MsgType	是	transfer_customer_service

小程序可以使用本接口获取客服消息内的临时素材(即下载临时的多媒体文件)。目前小程序仅支持下载图片文件。其参数说明如表 12-33 所示。

表 12-33　获取临时素材的参数信息

参　　数	是否必须	说　　明
access_token	是	调用接口凭证
media_id	是	媒体文件 ID

小程序可以使用本接口把媒体文件(目前仅支持图片)上传到微信服务器,用户发送客服消息或被动回复用户消息,其参数信息如表 12-34 所示,其返回参数信息如表 12-35 所示。

表 12-34　新增临时素材的参数信息

参　数	是否必须	说　　明
access_token	是	调用接口凭证
type	是	image
media	是	form-data 中媒体文件标识,有 filename、filelength、content-type 等信息

表 12-35　新增临时素材的返回参数信息

参　　数	描　　述
type	image
media_id	媒体文件上传后,获取标识
created_at	媒体文件上传时间戳

接入微信小程序消息服务，开发者需要按照如下步骤完成：先填写服务器配置，再验证服务器地址的有效性，最后依据接口文档实现业务逻辑。

模拟发送模板信息和客服信息的例 12-6 代码如下，其效果如图 12-7 所示。

例 12-6

```
<!--index.wxml-->
<view class="container">
<text>模拟发送模板信息和联系客服</text>
    <button type="primary" bindtap="MBXX">模拟发送模板信息</button>
        <text>重新发送的模板信息:</text>
        <text>接收者 ID 为: {{ touser}}</text>
          <text>模板消息 ID 为: {{template_id}}</text>
          <text>提交事件的 form_id 为: {{form_id}}</text>
          <text>发送的模板内容为: {{value}}  </text>
    <button type="primary" bindtap="KF">模拟客服</button>
        <text>确定客服的相关信息并输出: </text>
        <text>小程序的原始 ID 为: {{ToUserName}}</text>
          <text>发送者的 openid 为: {{FromUserName}}</text>
          <text>消息创建时间(整型)为: {{CreateTime}}</text>
          <text>消息类型为: {{MsgType}}</text>
          <text>消息内容为: {{content}}</text>
          <text>消息 id(64 位整型)为: {{MsgId}}</text>
  <view>
    <contact-button type="default-light" size="30" session-from="weapp">客服
    </contact-button>
</view>
</view>

//index.js
Page({
  data:{
    //模板信息
    touser: 'OPENID',
    template_id: 'TEMPLATE_ID',
    form_id: "FORM_ID", //提交事件的 form_id(支付时的 prepay_id)
    value :"332",
    //客服信息
    ToUserName :'zhangsan',
    FromUserName:'Lisi',
    CreateTime:'20170726',
    MsgType :'text',
    content :'hi',
```

```
    MsgId : 1234567891234567891234567891234567891234567891234567891234567890
  },
  MBXX:function(res) {
    console.log(res)
    this.setData(    {
      touser:'x',
      template_id: 'y',
      form_id: 'z',
      value: '1',
      }     )
    console.log('模拟发送成功')
      },
  KF: function(res) {
    console.log(res)
    this.setData({
      ToUserName: 'q',
      FromUserName: 'qp',
      CreateTime: '20170727',
      MsgType: 'text',
      content: 'helloworld',
      MsgId: 0
    })
    console.log('模拟更改客服信息成功')
  },
})
```

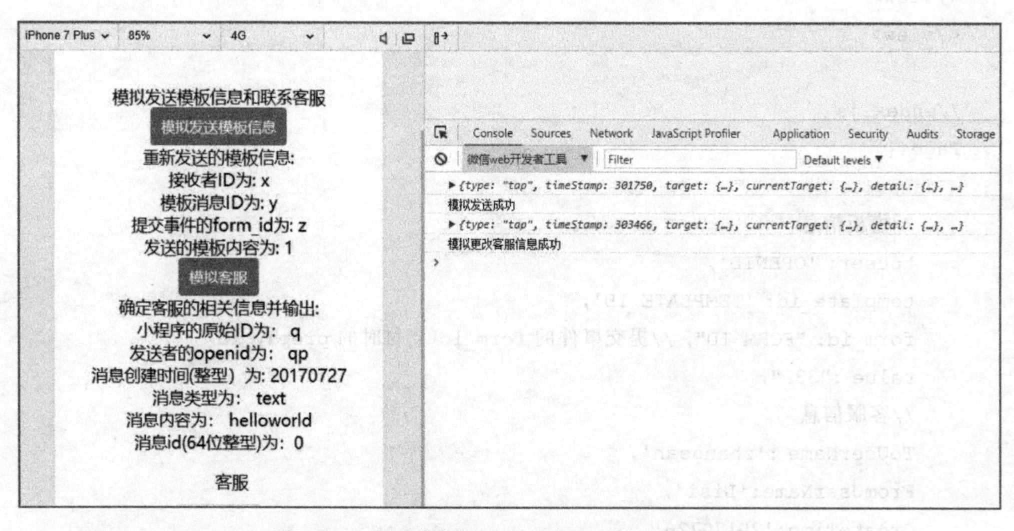

图 12-7　发送模板信息和客服信息的模拟应用

12.7 转发 API

在 Page 中定义 onShareAppMessage 函数，设置该页面的转发信息。只有定义了此事件处理函数，右上角菜单才会显示“转发”按钮。用户点击转发按钮的时候会调用 onShareAppMessage(options)。此事件需要 return 一个 OBJECT，用于自定义转发内容。onShareAppMessage 的 options 参数说明如表 12-36 所示。

表 12-36 onShareAppMessage 的 options 参数信息

参 数	类 型	说 明
from	String	转发事件来源，button：页面内转发按钮；menu：右上角转发菜单
target	Object	如果 from 值是 button，则 target 是触发这次转发事件的 button，否则为 undefined

onShareAppMessage 的自定义转发字段信息如表 12-37 所示。

表 12-37 onShareAppMessage 的自定义转发字段信息

字 段	说 明
title	转发标题，默认值为当前小程序名称
path	转发路径，必须是以/开头的完整路径，默认值为当前页面 path
imgaeUrl	自定义图片路径，可以是本地文件路径、代码包文件路径或者网络图片路径，支持 PNG 及 JPG 格式，不传入 imageUrl 则使用默认截图，显示图片长宽比是 5：4
success	转发成功的回调函数
fail	转发失败的回调函数
complete	转发结束的回调函数(转发成功、失败都会执行)

onShareAppMessage 的回调结果如表 12-38 所示。

表 12-38 onShareAppMessage 的回调结果

回调类型	回 调 结 果	说 明
success	shareAppMessage:ok	转发成功
fail	shareAppMessage:fail cancel	用户取消转发
fail	shareAppMessage: fail (detail message)	转发失败，其中 detail message 为失败的详细信息

onShareAppMessage 的 success 回调参数说明如表 12-39 所示。

表 12-39 onShareAppMessage 的 success 回调参数信息

参数	类型	说明
shareTickets	StringArray	shareTicket 数组，每一项是一个 shareTicket，对应一个转发对象

wx. showShareMenu(OBJECT)显示当前页面的转发按钮，其 OBJECT 参数说明如表 12-40 所示。

表 12-40 wx. showShareMenu 参数信息

参数	类型	必填	说明
withShareTicket	Boolean	否	是否使用带 shareTicket 的转发
success	Function	否	接口调用成功的回调函数
fail	Function	否	接口调用失败的回调函数
complete	Function	否	接口调用结束的回调函数(调用成功、失败都会执行)

wx. hideShareMenu(OBJECT)隐藏转发按钮，其 OBJECT 参数说明如表 12-41 所示。

表 12-41 wx. hideShareMenu 参数信息

参数	类型	必填	说明
success	Function	否	接口调用成功的回调函数
fail	Function	否	接口调用失败的回调函数
complete	Function	否	接口调用结束的回调函数(调用成功、失败都会执行)

wx. updateShareMenu(OBJECT)更新转发属性，其 OBJECT 参数说明如表 12-42 所示。

表 12-42 wx. updateShareMenu 参数信息

参数	类型	必填	说明
withShareTicket	Boolean	否	是否使用带 shareTicket 的转发
success	Function	否	接口调用成功的回调函数
fail	Function	否	接口调用失败的回调函数
complete	Function	否	接口调用结束的回调函数(调用成功、失败都会执行)

wx. getShareInfo(OBJECT)获取转发详细信息，其 OBJECT 参数说明如表 12-43 所示，CALLBACK 参数说明如表 12-44 所示。

表 12-43 wx. getShareInfo 的 OBJECT 参数信息

参数	类型	必填	说明
shareTicket	String	是	shareTicket
success	Function	否	接口调用成功的回调函数
fail	Function	否	接口调用失败的回调函数
complete	Function	否	接口调用结束的回调函数(调用成功、失败都会执行)

表 12-44 wx.getShareInfo 的 CALLBACK 参数信息

参 数	类 型	说 明
errMsg	String	错误信息
encryptedData	String	包括敏感数据在内的完整转发信息的加密数据，详细内容参考微信小程序提供的用户数据签名验证和加解密 API 说明文档
iv	String	加密算法的初始向量，详细内容参考微信小程序提供的用户数据签名验证和加解密 API 说明文档

wx.getShareInfo 的 CALLBACK 参数中 encryptedData 解密后为一个 JSON 结构，包含字段如表 12-45 所示。

表 12-45 encryptedData 解密后的 JSON 结构信息

字 段	说 明
openGId	群对当前小程序的唯一 ID

通常开发者希望转发出去的小程序被二次打开的时候能够获取一些信息，例如群的标识。现在通过调用 wx.showShareMenu 并且设置 withShareTicket 为 true，当用户将小程序转发到任一群聊之后，可以获取此次转发的 shareTicket，此转发卡片在群聊中被其他用户打开时，可以在 App.onLaunch()或 App.onShow 获取另一个 shareTicket。这两步获取的 shareTicket 均可通过 wx.getShareInfo()接口获取相同的转发信息。

只有转发到群聊中打开时才可以获取 shareTickets 返回值，单聊没有 shareTickets。shareTicket 仅在当前小程序生命周期内有效。由于策略变动，小程序群相关功能进行调整，开发者可先使用 wx.getShareInfo 接口中的群 ID 进行功能开发。

通过给 button 组件设置属性 open-type＝"share"，可以在用户点击按钮后触发 Page.onShareAppMessage()事件，如果当前页面没有定义此事件，则点击后无效果。转发按钮，旨在帮助用户更流畅地与好友分享内容和服务。转发(分享)的例 12-7 代码如下(注意只需要 js 文件)；点击如图 12-8 所示的“...”，出现“转发”菜单如图 12-9 所示，点击“转发”之后的选择界面如图 12-10 所示；模拟测试群界面如图 12-11 所示。

例 12-7

```
//index.js
Page({
  onShareAppMessage: function() {
     return {
       title: '这是测试转发的小程序：自定义分享主题',
       path: 'page/news/news',
         success: function(res) {
            console.log('成功')
            wx.showShareMenu({
              withShareTicket: true,
              success: function(res) {
```

```
                console.log('shareMenu share success') //分享成功
                console.log(res)
              },
              fail: function(res) {
                console.log(res)
              }
            })
          },
          fail: function(res) {
                console.log(res)
          }
        }
      }
    })
```

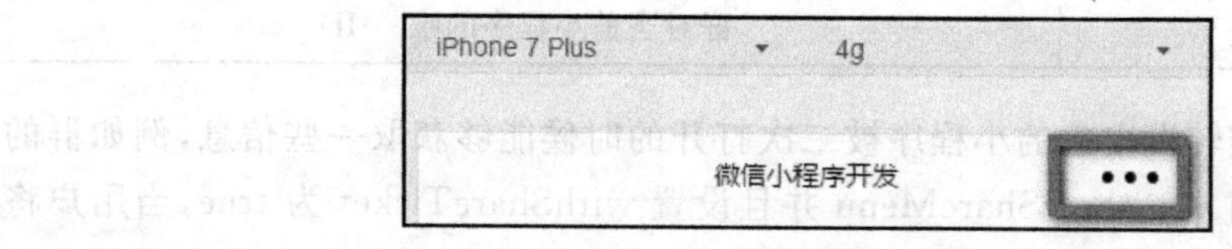

图 12-8 选中“...”区域

图 12-9 点击“转发”菜单项

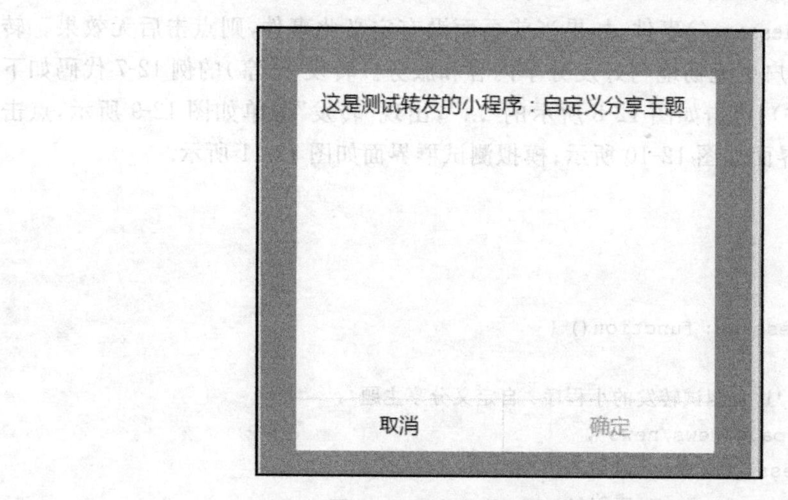

图 12-10 点击“转发”后的选择界面

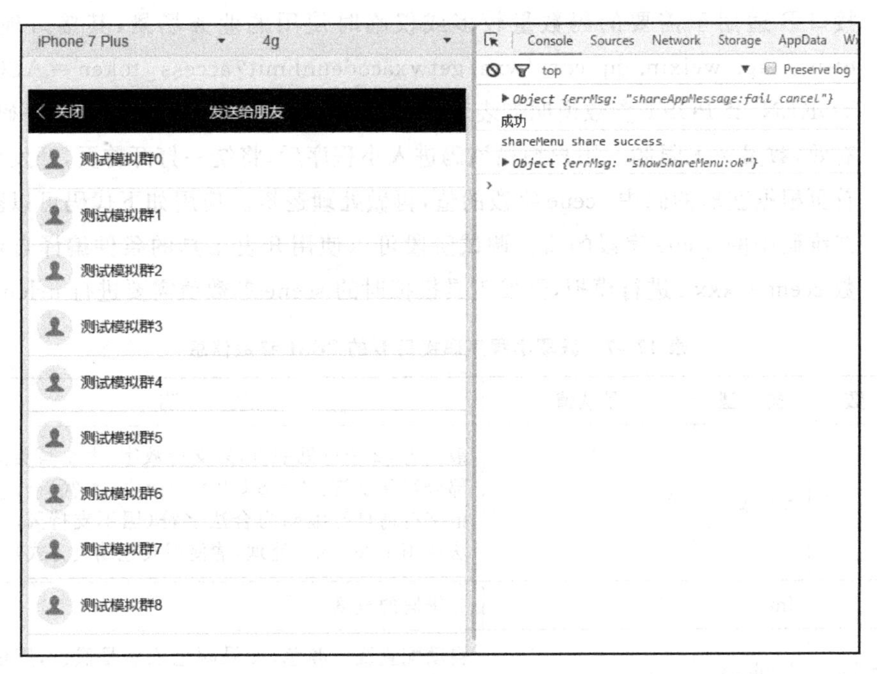

图 12-11 模拟测试群界面

12.8 获取二维码 API

通过后台接口可以获取小程序任意页面的二维码，扫描该二维码可以直接进入小程序对应的页面，还可以生成并使用小程序码，它具有更好的辨识度。目前有两个接口可以生成小程序码，开发者可以根据自己的需要选择合适的接口。

- 接口 A 适用于需要的码数量较少的业务场景，其接口地址为：https://api.weixin.qq.com/wxa/getwxacode?access_token=ACCESS_TOKEN，其 POST 参数说明如表 12-46 所示。通过该接口生成的小程序码，永久有效，二维码总量上限为 100 000，请谨慎使用。用户扫描该码进入小程序后，将直接进入 path 对应的页面。

表 12-46 获取小程序码接口 A 的 POST 参数信息

参 数	类 型	默认值	说 明
path	String	无	不能为空，最大长度为 128 字节
width	Int	430	二维码的宽度
auto_color	Boolean	false	自动配置线条颜色，如果颜色依然是黑色，则说明不建议配置主色调
line_color	Object	{"r":"0","g":"0","b":"0"}	auth_color 为 false 时生效，使用 rgb 设置颜色 例如{"r":"xxx","g":"xxx","b":"xxx"}

- 接口 B 适用于需要的码数量较多或仅临时使用的业务场景，其接口地址为：http://api.weixin.qq.com/wxa/getwxacodeunlimit?access_token=ACCESS_TOKEN，其 POST 参数说明如表 12-47 所示。通过该接口生成的小程序码，永久有效，数量暂无限制。用户扫描该码进入小程序后，将统一打开首页，开发者需在首页根据获取的码中 scene 字段的值，再做处理逻辑。使用如下代码可以获取到二维码中的 scene 字段的值。调试阶段可以使用开发工具的条件编译自定义参数 scene=xxxx 进行模拟，开发工具模拟时的 scene 参数值需要进行 urlencode。

表 12-47　获取小程序码接口 B 的 POST 参数信息

参　数	类　型	默认值	说　　明
scene	String	无	最大为 32 个可见字符，只支持数字、大小写英文以及部分特殊字符：!#$&'()*+,/:;=?@-._~，其他字符请自行编码为合法字符（因不支持%，中文无法使用 urlencode 处理，请使用其他编码方式）
width	Int	430	二维码的宽度
auto_color	Boolean	false	自动配置线条颜色，如果颜色依然是黑色，则说明不建议配置主色调
line_color	Object	{"r":"0","g":"0","b":"0"}	auto_color 为 false 时生效，使用 rgb 设置颜色 例如 {"r":"xxx","g":"xxx","b":"xxx"}

- 获取小程序二维码的接口 C 适用于需要的码数量较少的业务场景，接口地址为：https://api.weixin.qq.com/cgi-bin/wxaapp/createwxaqrcode?access_token=ACCESS_TOKEN，其 POST 参数说明如表 12-48 所示。通过该接口生成的小程序二维码，永久有效，二维码总量上限为 100 000，请谨慎使用。用户扫描该码进入小程序后，将直接进入 path 对应的页面。

表 12-48　获取小程序二维码的接口 C 的 POST 参数信息

参　数	类　型	默认值	说　　明
path	String	无	不能为空，最大长度为 128 字节
width	Int	430	二维码的宽度

可以用微信公众平台接口调试工具生成二维码，或用第三方网站生成（更为简单）。常见的第三方生成二维码的网址有：草料（http://cli.im/weapp）、阿拉丁（http://www.aldwx.com/）、HotApp（https://weixin.hotapp.cn/）。例如，采用草料二维码（http://cli.im/weapp）时，界面如图 12-12 所示。

在图 12-12 的左边输入开发者自己的 APP ID、APP Secret 和页面路径，单击“生成二维码”按钮，就会自动在该图的右边产生对应的微信二维码。生成二维码后，可以下载二维码、下载并对二维码进行处理，还可以在项目发布后对此二维码进行扫码。

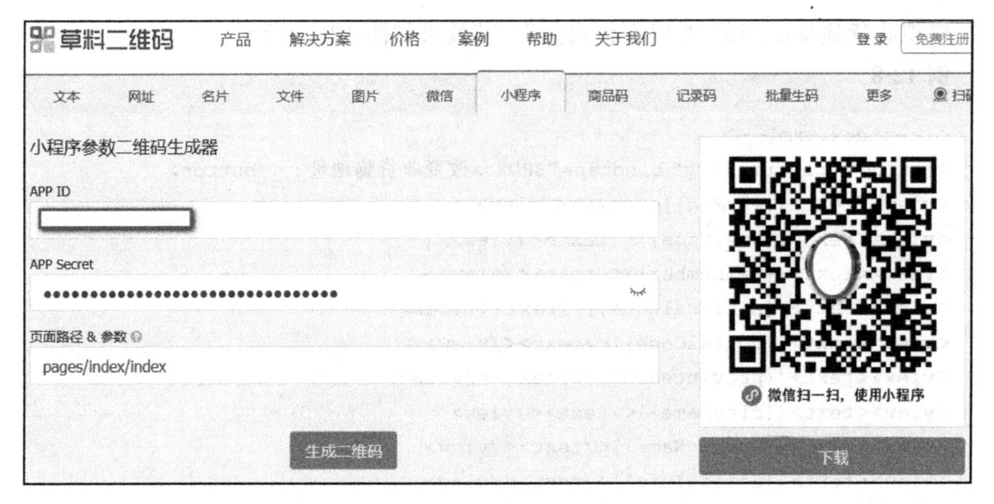

图 12-12 利用草料生成二维码的界面

12.9 收货地址 API

wx. chooseAddress(OBJECT)调起用户编辑收货地址原生界面,并在编辑完成后返回用户选择的地址。其 OBJECT 参数说明如表 12-49 所示,success 返回参数说明如表 12-50 所示。

表 12-49 wx. chooseAddress 的参数信息

参 数	类 型	必填	说 明
success	Function	否	返回用户选择的收货地址信息
fail	Function	否	接口调用失败的回调函数
complete	Function	否	接口调用结束的回调函数(调用成功、失败都会执行)

表 12-50 wx. chooseAddress 的 success 返回参数信息

参 数	类 型	说 明
errMsg	String	调用结果
userName	String	收货人姓名
postalCode	String	邮编
provinceName	String	国标收货地址第一级地址
cityName	String	国标收货地址第二级地址
countyName	String	国标收货地址第三级地址
detailInfo	String	详细收货地址信息
nationalCode	String	收货地址国家码
telNumber	String	收货人手机号码

模拟收货地址应用的例 12-8 代码如下，其效果如图 12-13 所示。

例 12-8

```
<!--index.wxml-->
<button type="primary" bindtap="SHDZ">改变收货物地址：</button>
<view><text>{{errMsg}}</text></view>
<view><text>{{userName}}</text></view>
<view><text>{{telNumber}}</text></view>
<view><text>{{nationalCode}}</text></view>
<view><text>{{postalCode}}</text></view>
<view><text>{{provinceName}}</text></view>
<view><text>{{cityName}}</text></view>
<view><text>{{countyName}}</text></view>
<view><text>{{detailInfo}}</text></view>
```

```
//index.js
Page({
data:{
   errMsg : "chooseAddress:ok",
   userName: "张三",
   telNumber: "12345678901",
   nationalCode: "510630",
   postalCode: "510000",
   provinceName: "广东省",
   cityName: "广州市",
   countyName: "天河区",
   detailInfo: "某巷某号",
},
SHDZ:function(){
if(wx.chooseAddress) {
  this.setData({
     errMsg: "NewchooseAddress:ok",
     userName: "张三丰",
     telNumber: "11023456789",
     nationalCode: "510630",
     postalCode: "622111",
     provinceName: "江苏省",
     cityName: "徐州市",
     countyName: "铜山区",
     detailInfo: "上海路 101 号",
  }),
     wx.chooseAddress({
     success: function(res) {        console.log('成功')
     },
     fail: function(res) {
       console.log('失败' )      }
```

```
    })
    }
    else {
    wx.showModal({
      title: '提示',
      content: '当前微信版本过低,不支持 chooseAddress,无法使用该功能,请升级到最新微信版本后重试。'
    })
  }
 },
    })
```

图 12-13 收货地址的模拟应用

12.10 卡券 API

wx.addCard(OBJECT)批量添加卡券,其 OBJECT 参数说明如表 12-51 所示,其请求对象说明如表 12-52 所示,其中 cardExt 的参数说明如表 12-53 所示。cardExt 需进行 JSON 序列化为字符串传入。

表 12-51 wx.addCard 的参数信息

参 数	类 型	必填	说 明
cardList	ObjectArray	是	需要添加的卡券列表,列表内对象说明请参见 wx.addCard 请求对象说明
success	Function	否	接口调用成功的回调函数
fail	Function	否	接口调用失败的回调函数
complete	Function	否	接口调用结束的回调函数(调用成功、失败都会执行)

表 12-52 wx.addCard 的请求对象信息

参 数	类 型	说 明
cardId	String	卡券 Id
cardExt	String	卡券的扩展参数

表 12-53 cardExt 的请求对象信息

参 数	类 型	必填	是否参与签名	说 明
code	String	否	是	用户领取的 code,仅自定义 code 模式的卡券须填写,非自定义 code 模式卡券不可填写
openid	String	否	是	指定领取者的 openid;只有该用户能领取;bind_openid 字段为 true 的卡券必须填写,bind_openid 字段为 false 不可填写
timestamp	Number	是	是	时间戳,东八区时间,UTC+8,单位:s
nonce_str	String	否	是	随机字符串,由开发者设置传入,加强安全性(若不填写可能被重放请求),不长于32位,推荐使用大小写字母和数字,不同添加请求的 nonce_str 须动态生成,若重复将会导致领取失败
fixed_begintimestamp	Number	否	否	卡券在第三方系统的实际领取时间,为东八区时间戳(UTC+8,精确到秒)。当卡券的有效期类为 DATE_TYPE_FIX_TERM 时专用,标识卡券的实际生效时间,用于解决商户系统内起始时间和领取微信卡券时间不同步的问题
outer_str	String	否	否	领取渠道参数,用于标识本次领取的渠道值
signature	String	是	—	签名,商户将接口列表中的参数按照指定方式进行签名,签名方式使用 SHA1,具体签名方案请参考《微信公众平台技术文档》中对微信卡券的相关说明

wx.addCard(OBJECT)的回调结果如表 12-54 所示,其 success 返回参数说明如表 12-55 所示,返回对象说明如表 12-56 所示。

表 12-54 wx.addCard 的回调结果信息

参 数	回 调 结 果	说 明
success	addCard:ok	添加卡券成功
fail	addCard:fail cancel	用户取消添加卡券
fail	addCard: fail (detail message)	添加卡券失败,其中 detail message 为后台返回的详细失败原因

表 12-55　wx.addCard 的 success 返回参数信息

参　数	类　型	说　　明
cardList	ObjectArray	卡券添加结果列表,列表内对象说明请详见 wx.addCard 返回对象说明

表 12-56　wx.addCard 的返回对象信息

参　数	类　型	说　　明
code	String	加密 code,为用户领取到卡券的 code 加密后的字符串,解密请参考《微信公众平台技术文档》中核销卡券的相关说明
cardId	String	用户领取到卡券的 Id
cardExt	String	用户领取到卡券的扩展参数,与调用时传入的参数相同
isSuccess	Boolean	是否成功

wx.openCard(OBJECT)可以用于查看微信卡包中的卡券,其 OBJECT 参数说明如表 12-57 所示,openCard 的请求对象说明如表 12-58 所示。

表 12-57　wx.openCard 的参数信息

参　数	类　型	必填	说　　明
cardList	ObjectArray	是	需要打开的卡券列表,列表内参数详见 wx.openCard 请求对象说明
success	Function	否	接口调用成功的回调函数
fail	Function	否	接口调用失败的回调函数
complete	Function	否	接口调用结束的回调函数(调用成功、失败都会执行)

表 12-58　wx.openCard 的请求对象信息

参　数	类　型	说　　明
cardId	String	需要打开的卡券 Id
cardExt	String	由 addCard 的返回对象中的加密 code 通过解密后得到,解密请参考《微信公众平台技术文档》中核销卡券的相关说明

模拟卡券的例 12-9 代码如下,其效果如图 12-14 所示。

例 12-9

```
<!--index.wxml-->
<button type="primary" bindtap="ZJ">模拟增加卡券</button>
<button bindtap="DK">模拟打开卡券</button>


//index.js
Page({
  ZJ:function(){
```

```
wx.addCard({
  cardList: [
    {
      cardId: 'c1',
      cardExt: '{"code": "", "openid": "", "timestamp": "", "signature":""}'
    }, {
      cardId: 'c2',
      cardExt: '{"code": "", "openid": "", "timestamp": "", "signature":""}'
    }
  ],
  success: function(res) {
    console.log(res)
    console.log('卡券添加成功')
  },
  fail:function(res){
    console.log(res)
    console.log('卡券添加失败')
  }
})
},
DK:function(){
  wx.openCard({
    cardList: [
      {
        cardId: 'c1',
        code: ' '
      }, {
        cardId: 'c2',
        code: ' '
      }
    ],
    success: function(res) {
      console.log(res)
      console.log('打开卡券成功')
    },
      fail:function(res) {
      console.log(res)
      console.log('打开卡券失败')
    }
  })
},
})
```

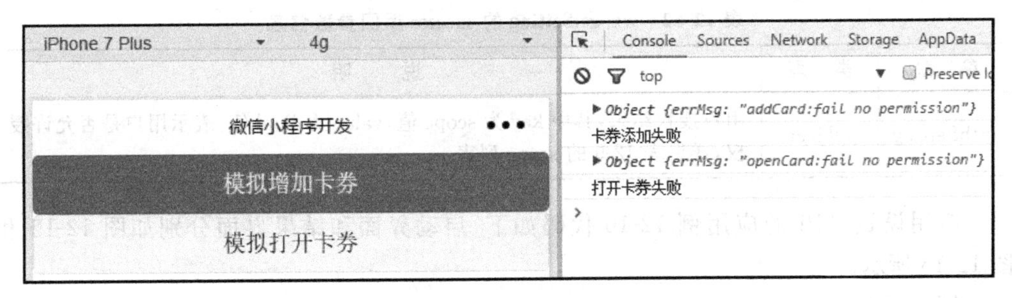

图 12-14 卡券 API 的模拟应用

12.11 设置 API

wx.openSetting(OBJECT)调起客户端小程序设置界面，返回用户设置的操作结果。其 OBJECT 参数说明如表 12-59 所示，其 success 返回参数说明如表 12-60 所示。

表 12-59 wx.openSetting 的参数信息

参 数	类 型	必填	说 明
success	Function	否	接口调用成功的回调函数，返回内容详见 wx.openSetting 的 success 返回参数说明
fail	Function	否	接口调用失败的回调函数
complete	Function	否	接口调用结束的回调函数（调用成功、失败都会执行）

表 12-60 wx.openSetting 的 success 返回参数信息

参 数	类 型	说 明
authSetting	Object	用户授权结果，其中 key 为 scope 值，value 为 Bool 值，表示用户是否允许授权，详见表 12-9 的 scope 列表

wx.getSetting(OBJECT)获取用户的当前设置。其 OBJECT 参数说明如表 12-61 所示，其 success 返回参数说明如表 12-62 所示。

表 12-61 wx.getSetting 的参数信息

参 数	类 型	必填	说 明
success	Function	否	接口调用成功的回调函数，返回内容详见 wx.getSetting 的 success 返回参数说明
fail	Function	否	接口调用失败的回调函数
complete	Function	否	接口调用结束的回调函数（调用成功、失败都会执行）

表 12-62　wx.getSetting 的 success 返回参数信息

参　数	类　型	说　明
authSetting	Object	用户授权结果,其中 key 为 scope 值,value 为 Bool 值,表示用户是否允许授权,详见表 12-9 的 scope 列表

应用设置 API 的应用例 12-10 代码如下,启动界面和结果界面分别如图 12-15 和图 12-16 所示。

例 12-10

```
<!--index.wxml-->
<button type="primary" bindtap="onKY">检查接口是否可用</button>
<button bindtap="onMAP">地图</button>

//index.js
Page({
  onKY: function() {
    wx.getSetting({
      success(res) {
        if (!res['scope.record']) {
          //接口调用询问
          wx.authorize({
            scope: 'scope.userInfo',
            success(res) {
              wx.startRecord()
              console.log('可以使用录音功能')
            }
          })
        }
      }
    })
  },
  onMAP:function(){
    wx.getLocation({
      type: 'gcj02',
      success: function(res) {
        console.log('成功获取地图')
        wx.openLocation({
          latitude: res.latitude,
          longitude: res.longitude,
          scale: 28,
        })
      },
      fail: function(res) {
        wx.openLocation({
          address:"获取授权失败 打开默认定位",
          //默认定位我就隐藏啦
          latitude: XX.XX,
          longitude: XX.XX,
```

```
          scale: 28,
        },
          wx.openSetting({
            //重新请求获取定位
            success: (res)=>{ }
          })
        )
      },
    })
  },
})
```

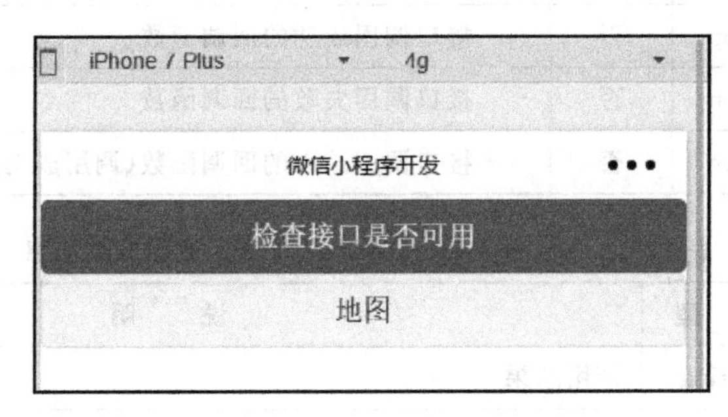

图 12-15 设置 API 应用的起始界面

图 12-16 设置 API 的应用结果界面

12.12 微信运动 API

wx.getWeRunData(OBJECT)获取用户过去 30 天微信运动步数,需要先调用 wx.login 接口。其 OBJECT 参数说明如表 12-63 所示,其 success 返回参数说明如表 12-64 所示。

表 12-63 wx.getWeRunData 的参数信息

参数	类型	必填	说明
success	Function	否	接口调用成功的回调函数
fail	Function	否	接口调用失败的回调函数
complete	Function	否	接口调用结束的回调函数(调用成功、失败都会执行)

表 12-64 wx.getWeRunData 的 success 返回参数信息

参数	类型	说明
errMsg	String	调用结果
encryptedData	String	包括敏感数据在内的完整用户信息的加密数据,详细内容参考微信小程序提供的用户数据签名验证和加解密 API 说明文档
iv	String	加密算法的初始向量,详细内容参考微信小程序提供的用户数据签名验证和加解密 API 说明文档

encryptedData 解密后为以下 json 结构,详细内容参考微信小程序提供的用户数据签名验证和加解密 API 说明文档;其属性如表 12-65 所示。stepInfo 结构信息如表 12-66 所示。

表 12-65 encryptedData 属性信息

属性	类型	说明
stepInfoList	ObjectArray	用户过去 30 天的微信运动步数

表 12-66 stepInfo 信息

属性	类型	说明
timestamp	Number	时间戳,表示数据对应的时间
step	Number	微信运动步数

模拟微信运动的例 12-11 代码如下,其效果如图 12-17 所示。

例 12-11

```
<!--index.wxml-->
<button type="primary" bindtap="MNYD">模拟运动</button>
```

```
//index.js
Page({
MNYD:function(){
  wx.getWeRunData({
    success(res) {
      const encryptedData=res.encryptedData
      console.log('成功获取运动数据')
      console.log('encryptedData')
    }
  })
},
  })
```

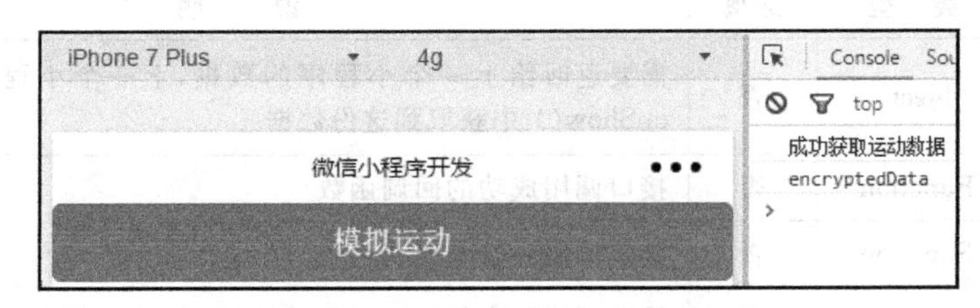

图 12-17 微信运动 API 的模拟应用

12.13 小程序跳转 API

wx.navigateToMiniProgram(OBJECT)打开同一公众号下关联的另一个小程序，iOS 微信客户端 6.5.9 版本开始支持此功能，Android 客户端即将在 6.5.10 版本开始支持此功能。其 OBJECT 参数说明如表 12-67 所示，success 返回参数说明如表 12-68 所示。

表 12-67 wx.navigateToMiniProgram 的参数信息

参 数	类 型	必填	说 明
appId	String	是	要打开的小程序 appId
path	String	否	打开的页面路径，如果为空，则打开首页
extraData	Object	否	需要传递给目标小程序的数据，目标小程序可在 App.onLaunch()、App.onShow()中获取到这份数据
envVersion	String	否	要打开的小程序版本，有效值为 develop(开发版)，trial(体验版)，release(正式版)，仅在当前小程序为开发版或体验版时此参数有效；如果当前小程序是体验版或正式版，则打开的小程序必定是正式版。默认值 release
success	Function	否	接口调用成功的回调函数
fail	Function	否	接口调用失败的回调函数
complete	Function	否	接口调用结束的回调函数(调用成功、失败都会执行)

表 12-68 wx.navigateToMiniProgram 的 success 返回参数信息

参 数	类 型	说 明
errMsg	String	调用结果

wx.navigateBackMiniProgram(OBJECT)返回到上一个小程序，只有在当前小程序被其他小程序打开时可以调用成功，iOS 微信客户端 6.5.9 版本开始支持此功能，Android 客户端即将在 6.5.10 版本开始支持此功能。其 OBJECT 参数说明如表 12-69 所示，success 返回参数说明如表 12-70 所示。

表 12-69 wx.navigateBackMiniProgram 的参数信息

参 数	类 型	必填	说 明
extraData	Object	否	需要返回给上一个小程序的数据，上一个小程序可在 App.onShow() 中获取到这份数据
success	Function	否	接口调用成功的回调函数
fail	Function	否	接口调用失败的回调函数
complete	Function	否	接口调用结束的回调函数(调用成功、失败都会执行)

表 12-70 wx.navigateBackMiniProgram 的 success 返回参数信息

参 数	类 型	说 明
errMsg	String	调用结果

模拟打开小程序的例 12-12 代码如下，其效果如图 12-18 所示。

例 12-12

```
<!--index.wxml-->
<button type="primary" bindtap="MNDKXCX">模拟打开小程序</button>
<button bindtap="FH">模拟返回小程序</button>

//index.js
Page({
MNDKXCX:function(){
  wx.navigateToMiniProgram({
    appId: '模拟打开小程序',
    path: 'pages/index/index? id=123',
    extraData: {
      foo: 'bar'
    },
    envVersion: 'develop',
    success(res) {
      console.log('打开小程序成功')
      console.log(res)
    },
```

```
        fail(res){
          console.log('打开小程序失败')
           console.log(res)
        }
      })
    },
    FH:function(){
      wx.navigateBackMiniProgram({
        extraData: {
          foo: 'bar'
        },
        success(res) {
          console.log('返回小程序成功')
          console.log(res)
        },
        fail(res) {
          console.log('返回小程序失败')
          console.log(res)
        }
      })
    },
  })
```

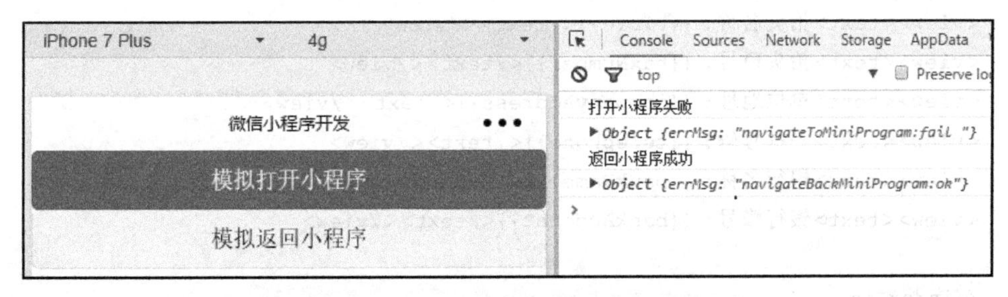

图 12-18　打开、返回小程序 API 的模拟应用

12.14　获取发票抬头 API

wx.chooseInvoiceTitle(OBJECT)选择用户的发票抬头，其 OBJECT 参数说明如表 12-71 所示，其 success 返回参数说明如表 12-72 所示。

表 12-71　wx.chooseInvoiceTitle 的参数信息

参　数	类　型	必填	说　　明
success	Function	否	接口调用成功的回调函数
fail	Function	否	接口调用失败的回调函数
complete	Function	否	接口调用结束的回调函数(调用成功、失败都会执行)

表 12-72　wx.chooseInvoiceTitle 的 success 返回参数信息

参　数	类　型	说　明
type	String	抬头类型(0：单位;1：个人)
title	String	抬头名称
taxNumber	String	抬头税号
companyAddress	String	单位地址
telephone	String	手机号码
bankName	String	银行名称
bankAccount	String	银行账号
errMsg	String	接口调用结果

模拟获取发票抬头的例 12-13 代码如下,其起始界面如图 12-19 所示,反馈信息如图 12-20 所示。

例 12-13

```
<!--index.wxml-->
<button type="primary" bindtap="MNHQ">模拟获取发票抬头</button>
<view><text>抬头类型：{{tttype}}</text></view>
<view><text>抬头名称：{{title}}</text></view>
<view><text>抬头税号：{{taxNumber}}</text></view>
<view><text>单位地址：{{companyAddress}}</text></view>
<view><text>手机号码：{{telephone}}</text></view>
<view><text>银行名称：{{bankName}}</text></view>
<view><text>银行账号：{{bankAccount}}</text></view>

//index.js
Page({
  data: {
    "tttype": "0",
    "title": "sd",
    "taxNumber": "101",
    "companyAddress": "xz ts shl",
    "telephone": "18901234567",
    "bankName": "zgyh xzsdzh",
    "bankAccount": "111"
  },
  MNHQ: function(e) {
    wx.chooseInvoiceTitle({
      success: function(res) {
        console.log('成功获取抬头')
```

```
            console.log(res)
          }
        })
      }
    })
```

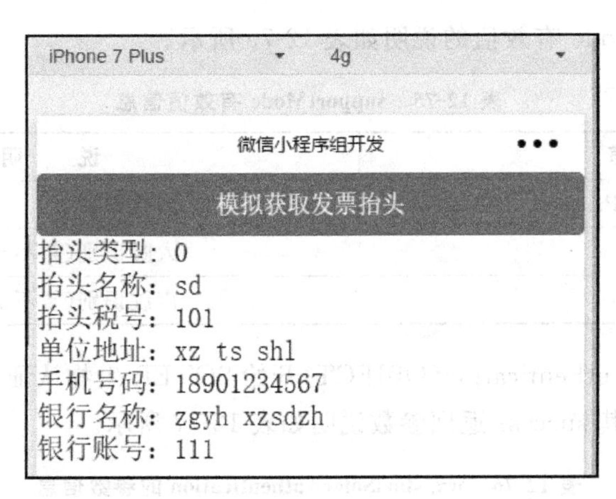

图 12-19 模拟获取发票抬头 API 应用的起始界面

```
成功获取抬头                                                    index.js [sm]:15
                                                                index.js [sm]:16
▼Object {errMsg: "chooseInvoiceTitle:ok", type: 0, title: "广州腾讯科技有限公司", taxNumber: "91440101327598294H",
  companyAddress: "广州市海珠区新港中路397号自编72号(商业街F5-1)"…}
    bankAccount: "1209 0928 2210 301"
    bankName: "招商银行股份有限公司广州市体育东路支行"
    companyAddress: "广州市海珠区新港中路397号自编72号(商业街F5-1)"
    errMsg: "chooseInvoiceTitle:ok"
    taxNumber: "91440101327598294H"
    telephone: "020-81167888"
    title: "广州腾讯科技有限公司"
    type: 0
  ▶ __proto__: Object
```

图 12-20 获取的发票抬头信息

12.15 生物认证 API

wx. checkIsSupportSoterAuthentication(OBJECT)获取本机支持的 SOTER 生物认证方式，其 OBJECT 参数说明如表 12-73 所示；success 返回参数说明如表 12-74 所示。

表 12-73 wx. checkIsSupportSoterAuthentication 的参数信息

参 数	类 型	必填	说 明
success	Function	否	接口调用成功的回调函数
fail	Function	否	接口调用失败的回调函数
complete	Function	否	接口调用结束的回调函数（调用成功、失败都会执行）

表 12-74 wx.checkIsSupportSoterAuthentication 的 success 返回参数信息

参数	类型	说明
supportMode	StringArray	该设备支持的可被 SOTER 识别的生物识别方式
errMsg	String	接口调用结果

其中,supportMode 有效值的说明如表 12-75 所示。

表 12-75 supportMode 有效值信息

值	说明
fingerPrint	指纹识别
facial	人脸识别(暂不支持)
speech	声纹识别(暂不支持)

wx.startSoterAuthentication(OBJECT)开始 SOTER 生物认证,其 OBJECT 参数说明如表 12-76 所示,其 success 返回参数说明如表 12-77 所示。

表 12-76 wx.startSoterAuthentication 的参数信息

参数	类型	必填	说明
requestAuthModes	StringArray	是	请求使用的可接受的生物认证方式
challenge	String	是	挑战因子,挑战因子为调用者为此次生物鉴权准备的用于签名的字符串关键识别信息,将作为 result_json 的一部分,供调用者识别本次请求。例如,请求用户对某订单进行授权确认,则可以将订单号填入此参数
authContent	String	否	验证描述,即识别过程中显示在界面上的对话框提示内容
success	Function	否	接口调用成功的回调函数
fail	Function	否	接口调用失败的回调函数
complete	Function	否	接口调用结束的回调函数(调用成功、失败都会执行)

表 12-77 wx.startSoterAuthentication 的 success 返回参数信息

参数	类型	说明
errCode	Number	错误码
authMode	String	生物认证方式
resultJSON	String	在设备安全区域(TEE)内获得的本机安全信息(如 TEE 名称版本号以及防重放参数等)以及本次认证信息(仅 Android 系统支持本次认证的指纹 ID)
resultJSONSignature	String	利用腾讯生物认证标准 SOTER 的安全密钥对 result_json 中内容进行数字签名(SHA256withRSA/PSS, saltlen=20)
errMsg	String	接口调用结果

resultJSON 数据在设备安全域(TEE)中,它是将传入的 challenge 和 TEE 内的其他安全信息组成的数据进行组装而来的 JSON,字段说明如表 12-78 所示。

表 12-78 字段信息

字段名	说明
raw	调用者传入的 challenge
fid	(仅 Android 系统支持)本次生物识别认证的生物信息编号(如指纹识别,则是指纹信息在本设备内部的编号)
counter	防重放特征参数
tee_n	TEE 名称(如高通或者 trustonic 等)
tee_v	TEE 版本号
fp_n	指纹以及相关逻辑模块提供商(如 FPC 等)
fp_v	指纹以及相关模块版本号
cpu_id	机器唯一识别 ID
uid	概念同 Android 系统定义 uid,即应用程序编号

模拟生物认证 API 应用的例 12-14 代码如下,其效果如图 12-21 所示。

例 12-14

```
<!--index.wxml-->
<button type="primary" bindtap="MN">模拟</button>
<button type="primary" bindtap="JC">检查</button>

//index.js
const app=getApp()
Page({
  data: {
    motto: 'Hello World',
    userInfo: {},
    hasUserInfo: false,
    canIUse: wx.canIUse('button.open-type.getUserInfo')
  },
  MN: function() {
    wx.startSoterAuthentication({
      requestAuthModes: ['fingerPrint'],
      challenge: '123456',
      authContent: '请用指纹解锁',
      success(res) {
      }
```

```
    })
    console.log("模拟成功!")
  },
  JC: function() {
    console.log('检查成功! ')
  },
  getUserInfo: function(e) {
    console.log(e)
    app.globalData.userInfo=e.detail.userInfo
    this.setData({
      userInfo: e.detail.userInfo,
      hasUserInfo: true
    })
  }
})
```

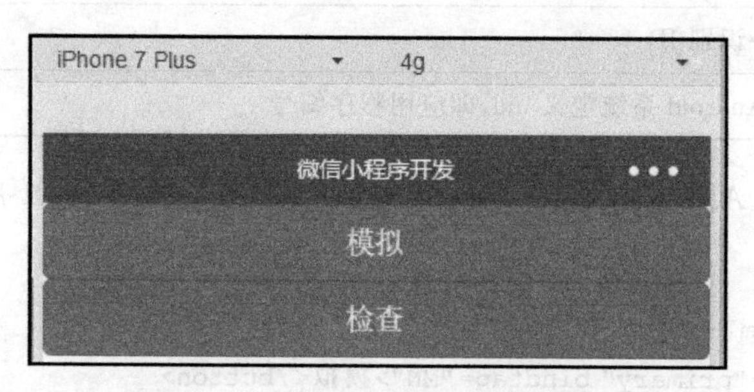

图 12-21 生物认证 API 的模拟应用

习 题 12

实验题

1. 请在实例中实现对登录 API 的应用。
2. 请在实例中实现对授权 API 的应用。
3. 请在实例中实现对用户信息 API 的应用。
4. 请在实例中实现对微信支付 API 的应用。
5. 请在实例中实现对模板消息 API 的应用。
6. 请在实例中实现对客服消息 API 的应用。
7. 请在实例中实现对转发 API 的应用。
8. 请在实例中实现对获取二维码 API 的应用。
9. 请在实例中实现对收货地址 API 的应用。
10. 请在实例中实现对卡券 API 的应用。

11. 请在实例中实现对设置 API 的应用。
12. 请在实例中实现对微信运动 API 的应用。
13. 请在实例中实现对获取发票抬头 API 的应用。
14. 请在实例中实现对生物认证 API 的应用。
15. 请在实例中实现对打开小程序 API 的应用。

第13章 Chapter 13

其他API

本章主要介绍文件API、数据缓存API、位置API、WXML节点信息API、第三方平台API、数据接口、拓展接口、调试接口的相关内容。

13.1 文件API

为了方便对文件的处理，微信小程序提供了多个API。其中，wx. saveFile(OBJECT)可以将文件保存到本地，wx. getSavedFileList(OBJECT)可以获取本地已经保存的文件列表，wx. getSavedFileInfo(OBJECT)可以获取本地文件信息，wx. removeSavedFile(OBJECT)可以删除本地文件，wx. openDocument(OBJECT)可以打开文档，wx. getFileInfo(OBJECT)可以获取文件信息。

wx. saveFile(OBJECT)可以根据文件的临时路径，将文件保存到本地，下次启动微信小程序的时候，仍然可以获取到该文件。如果是临时路径，下次启动微信小程序的时候，就无法获取到该文件。本地文件存储的大小限制为10MB，参数说明如表13-1所示，其success返回参数savedFilePath为文件的保存路径。

表13-1 wx. saveFile参数信息

参数	类型	必填	说明
tempFilePath	String	是	需要保存的文件的临时路径
success	Function	否	返回文件的保存路径，res={savedFilePath：'文件的保存路径'}
fail	Function	否	接口调用失败的回调函数
complete	Function	否	接口调用结束的回调函数(调用成功、失败都会执行)

wx. getFileInfo(OBJECT)获取文件信息，其OBJECT参数说明如表13-2所示。

表13-2 wx. getFileInfo参数信息

参数	类型	必填	说明
filePath	String	是	文件路径
digestAlgorithm	String	否	计算文件摘要的算法，默认值为md5，有效值为md5，sha1

续表

参　数	类　型	必填	说　　明
success	Function	否	接口调用成功的回调函数,返回结果见 success 返回参数说明
fail	Function	否	接口调用失败的回调函数
complete	Function	否	接口调用结束的回调函数(调用成功、失败都会执行)

wx. getFileInfo 的 success 返回参数说明如表 13-3 所示。

表 13-3　wx. getFileInfo 的 success 返回参数信息

参　数	类　型	说　　明
size	Number	文件大小,单位为 B
digest	String	按照传入的 digestAlgorithm 计算得出的文件摘要
errMsg	String	接口调用结果

wx. getSavedFileList(OBJECT)获取本地已保存的文件列表,获取到 wx. saveFile 保存的文件,其参数说明如表 13-4 所示。

表 13-4　wx. getSavedFileList 参数信息

参　数	类　型	必填	说　　明
success	Function	否	接口调用成功的回调函数,返回结果见 success 返回参数说明
fail	Function	否	接口调用失败的回调函数
complete	Function	否	接口调用结束的回调函数(调用成功、失败都会执行)

wx. getSavedFileList 的 success 返回参数说明如表 13-5 所示。

表 13-5　success 返回参数信息

参　数	类　型	说　　明
errMsg	String	接口调用结果
fileList	Object Array	文件列表

success 的参数 fileList 中项目如表 13-6 所示。

表 13-6　fileList 信息

键	类　型	说　　明
filePath	String	文件的本地路径
createTime	Number	文件保存时的时间戳,从 1970/01/01 08:00:00 到当前时间的秒数
size	Number	文件大小,单位为 B

wx. getSavedFileInfo(OBJECT)获取本地文件的文件信息,获取本地指定路径的文件信息,包括文件的创建时间、文件的大小以及接口调用结果。其 OBJECT 参数说明如

表 13-7 所示。此接口只能用于获取已保存到本地的文件，若需要获取临时文件信息，要使用 wx. getFileInfo 接口。

表 13-7 wx. getSavedFileInfo 参数信息

参 数	类 型	必填	说 明
filePath	String	是	文件路径
success	Function	否	接口调用成功的回调函数，返回结果见 success 返回参数说明
fail	Function	否	接口调用失败的回调函数
complete	Function	否	接口调用结束的回调函数(调用成功、失败都会执行)

wx. getSavedFileInfo 的 success 返回参数说明如表 13-8 所示。

表 13-8 wx. getSavedFileInfo 的 success 返回参数信息

参 数	类 型	说 明
errMsg	String	接口调用结果
size	Number	文件大小，单位为 B
createTime	Number	文件保存时的时间戳，从 1970/01/01 08:00:00 到当前时间的秒数

wx. removeSavedFile(OBJECT) 删除本地存储的文件，其 OBJECT 参数说明如表 13-9 所示。

表 13-9 wx. removeSavedFile 参数信息

参 数	类 型	必填	说 明
filePath	String	是	需要删除的文件路径
success	Function	否	接口调用成功的回调函数
fail	Function	否	接口调用失败的回调函数
complete	Function	否	接口调用结束的回调函数(调用成功、失败都会执行)

wx. openDocument(OBJECT) 可以打开 doc、xls、ppt、pdf、docx、xlsx、pptx 等多种格式的文档，其 OBJECT 参数说明如表 13-10 所示。

表 13-10 wx. openDocument 参数信息

参 数	说 明	必填	说 明
filePath	String	是	文件路径，可通过 downFile 获得
fileType	String	否	文件类型，指定文件类型打开文件，有效值 doc、xls、ppt、pdf、docx、xlsx、pptx
success	Function	否	接口调用成功的回调函数
fail	Function	否	接口调用失败的回调函数
complete	Function	否	接口调用结束的回调函数(调用成功、失败都会执行)

文件处理 API 的例 13-1 代码如下，其效果如图 13-1 所示。

例 13-1

```
<!--index.wxml-->
<view style="margin:20px">
  <button bindtap="downloadAndSavePdf">下载并保存 pdf 文档</button>
    <button style="margin-top:10px" bindtap="getSavedFileList">获取已经保存
  的文件列表</button>
  <button style="margin-top:10px" bindtap="getSavedFileInfo">获取当地文件信
  息</button>
  <button style="margin-top:10px" bindtap="removeSavedFile">删除文件</button>
  <button style="margin-top:10px" bindtap="openDocument">打开 Word 文档
  </button>
  <button style="margin-top:10px" bindtap="getFileInfo">获取文件信息</button>
</view>

//index.js
var app=getApp()
Page({
  data: {
    downloadPath: '',
    userInfo: {}
  },
  downloadAndSavePdf: function() {
    var that=this;
    wx.downloadFile({
      url: 'https://geekori.com/download/test.pdf',
      success: function(res) {
        console.log(res.tempFilePath);
        wx.saveFile({
          tempFilePath: res.tempFilePath,
          success: function(res) {
            var savedFilePath=res.savedFilePath
            console.log(savedFilePath);
            that.setData({
              downloadPath: savedFilePath
            })
          }
        })
      },
      fail: function(res) {
        console.log(res)
      }
    })
```

```
  },
  getSavedFileList: function() {
    wx.getSavedFileList({
      success: function(res) {
        console.log(res.fileList)
      }
    })
  },
  getSavedFileInfo: function() {
    wx.getSavedFileInfo({
      filePath: ' wxfile://store _ 1501748164o6zAJszSemUOnFJmMLmbkyx5rfJAef
45fc2efe6a4c74516491694b936dd5.pdf',
      success: function(res) {
        console.log('文件尺寸: ', res.size)
        console.log('文件创建时间: ', res.createTime)
      }
    })
  },
  removeSavedFile: function() {
    wx.getSavedFileList({
      success: function(res) {
        if (res.fileList.length>0) {
          wx.removeSavedFile({
            filePath: res.fileList[0].filePath,
            complete: function(res) {
              console.log(res)
            }
          })
        }
      }
    })
  },
  openDocument: function() {
    wx.downloadFile({
      url: 'https://geekori.com/download/test.docx',
      success: function(res) {
        var filePath=res.tempFilePath
        wx.openDocument({
          filePath: filePath,
          success: function(res) {
            console.log('打开文档成功')
            console.log(res)
          },
          fail: function(res) {
```

```
            console.log('fail')
            console.log(res)
          },
          complete: function(res) {
            console.log('complete')
            console.log(res)
          }
        })
      },
      fail: function(res) {
        console.log('fail')
        console.log(res)
      },
      complete: function(res) {
        console.log('完成')
        console.log(res)
      }
    })
  },
  getFileInfo: function() {
    wx.getFileInfo({
      filPath: ' wxfile://store _ 1501748164o6zAJszSemUOnFJmMLmbkyx5rfJAef45
      fc2efe6a4c74516491694b936dd5.pdf',
      success(res) {
        console.log(res.size)
        console.log(res.digest)
      },
      complete: function(res) {
        console.log('执行获取文件信息')
        console.log(res)
      }
    })
  },
  onLoad: function() {
    console.log('onLoad')
    var that=this
    //调用应用实例的方法获取全局数据
    app.getUserInfo(function(userInfo) {
      //更新数据
      that.setData({
        userInfo: userInfo
      })
    })
  }
})
```

图 13-1 文件 API 的应用

13.2 数据缓存 API

每个微信小程序都可以有自己的本地缓存,可以通过 wx. setStorage(或者 wx. setStorageSync)、wx. getStorage(或者 wx. getStorageSync)、wx. clearStorage(或者 wx. clearStorageSync)对本地缓存进行设置、获取和清理。wx. getStorageInfoSync 同步获取当前 storage 的相关信息。wx. clearStorage()清理本地数据缓存。wx. clearStorageSync()同步清理本地数据缓存。

同一个微信用户,同一个小程序 storage 上限为 10MB。localStorage 以用户维度隔离,同一台设备上,A 用户无法读取到 B 用户的数据。注意: localStorage 是永久存储的,不建议用户将关键信息全部存储在 localStorage 上,以防用户换设备而丢失信息的情况。

wx. setStorage(OBJECT)将数据存储在本地缓存中指定的 key 中,它会覆盖掉原来该 key 对应的内容,这是一个异步接口。其参数如表 13-11 所示。

表 13-11 wx. setStorage 参数信息

参 数	类 型	必填	说 明
key	String	是	本地缓存中指定的 key
data	Object/String	是	需要存储的内容
success	Function	否	接口调用成功的回调函数
fail	Function	否	接口调用失败的回调函数
complete	Function	否	接口调用结束的回调函数(调用成功、失败都会执行)

wx. setStorageSync(KEY,DATA)将 DATA 存储在本地缓存中指定的 KEY 中,会覆盖掉原来该 KEY 对应的内容,这是一个同步接口。其参数说明如表 13-12 所示。

表 13-12 wx.setStorageSync 参数信息

参　数	类　型	必填	说　明
key	String	是	本地缓存中指定的 key
data	Object/String	是	需要存储的内容

wx.getStorage(OBJECT)从本地缓存中异步获取指定 key 对应的内容。其参数说明如表 13-13 所示。其 success 返回参数 data 为 String 类型,是 key 对应的内容。

表 13-13 wx.getStorage 参数信息

参　数	类　型	必填	说　明
key	String	是	本地缓存中指定的 key
success	Function	是	接口调用成功的回调函数,res={data:key 对应的内容}
fail	Function	否	接口调用失败的回调函数
complete	Function	否	接口调用结束的回调函数(调用成功、失败都会执行)

wx.getStorageSync(KEY)从本地缓存中同步获取指定 key 对应的内容。其参数说明如表 13-14 所示。

表 13-14 wx.getStorageSync 参数信息

参　数	类　型	必填	说　明
key	String	是	本地缓存中指定的 key

wx.getStorageInfo(OBJECT)异步获取当前 storage 的相关信息,其 OBJECT 参数说明如表 13-15 所示。

表 13-15 wx.getStorageInfo 参数信息

参　数	类　型	必填	说　明
success	Function	否	接口调用成功的回调函数,详见表 13-16 中对返回参数的说明
fail	Function	否	接口调用失败的回调函数
complete	Function	否	接口调用结束的回调函数(调用成功、失败都会执行)

wx.getStorageInfo(OBJECT)的 success 返回参数说明如表 13-16 所示。

表 13-16 wx.getStorageInfo 的 success 返回参数信息

参　数	类　型	说　明
keys	StringArray	当前 storage 中所有的 key
currentSize	Number	当前占用的空间大小,单位为 KB
limitSize	Number	限制的空间大小,单位为 KB

wx.removeStorage(OBJECT)从本地缓存中异步移除指定 key。其 OBJECT 参数说明如表 13-17 所示。

表 13-17　wx.removeStorage 参数信息

参　数	类　型	必填	说　　明
key	String	是	本地缓存中指定的 key
success	Function	是	接口调用的回调函数
fail	Function	否	接口调用失败的回调函数
complete	Function	否	接口调用结束的回调函数(调用成功、失败都会执行)

wx.removeStorageSync(KEY)从本地缓存中同步移除指定 key。其参数说明如表 13-18 所示。

表 13-18　wx.removeStorageSync 参数信息

参　数	类　型	必填	说　　明
key	String	是	本地缓存中指定的 key

应用数据缓存 API 的例 13-2 代码如下,其效果如图 13-2 所示。

例 13-2

```
<!--index.wxml-->
<view style="margin:20px">
  <input style="border-bottom: 1px solid #eee;" type="text" placeholder="key"
  name="key" value="{{key}}" bindinput="keyChange">
  </input>
  <input style="margin-top:30px;border-bottom: 1px solid #eee;" type="text"
  placeholder="data" name="data" value="{{data}}" bindinput="dataChange"></
  input>
<button type="primary" bindtap="saveKeyValue">异步将数据存储在本地缓存中指定
key 中</button>
  <button bindtap="syncSaveKeyValue">同步将数据存储在本地缓存中指定的 key 中
  </button>
  <button type="primary" bindtap="loadKeyValue">异步获取指定 key 对应的内容
  </button>
  <button bindtap="syncLoadKeyValue">同步获取指定 key 对应的内容</button>
  <button type="primary" bindtap="getStorageInfo">异步获取当前 storage 的相关信
  息</button>
  <button bindtap="syncGetStorageInfo">同步获取当前 storage 的相关信息
  </button>
  <button type="primary" bindtap="removeStorage">从本地缓存中异步移除指定 key<
  /button>
  <button bindtap="syncRemoveStorage">从本地缓存中同步移除指定 key</button>
  <button type="primary" bindtap="clearStorage">异步清理本地数据缓存
  </button>
  <button bindtap="syncClearStorage">同步清理本地数据缓存</button>
```

```
</view>

//index.js
Page({
  data: {
    key: '',
    data: ''
  },
  saveKeyValue: function() {
    var that=this;
    wx.setStorage({
      key: that.data.key,
      data: that.data.data,
      success: function(res) {
        console.log('异步成功地将数据存储在本地缓存中指定的 key 中');
        console.log("res:  "+res)
      }
    })
  },
syncSaveKeyValue: function() {
    try {
      wx.setStorageSync(this.data.key, this.data.data)
      console.log('同步成功地将数据存储在本地缓存中指定的 key 中')
    }
    catch(e) {
      console.log(e)
    }
  },
  loadKeyValue: function() {
    var that=this;
    wx.getStorage({
      key: that.data.key,
      success: function(res) {
        that.setData({
          data: res.data
        })
        console.log('异步成功获取指定 key 对应的内容');
        console.log("res:  "+res)
      }
    })
  },
  syncLoadKeyValue: function() {
    try {
      var value=wx.getStorageSync(this.data.key)
```

```
      this.setData({
        data: value
      })
      console.log('同步成功获取指定 key 对应的内容');
      console.log('对应内容为: '+value);
    }
    catch(e) { }
  },
  getStorageInfo: function() {
    wx.getStorageInfo({
      success: function(res) {
        console.log('异步成功获取当前 storage 的相关信息');
        console.log('当前 storage 中所有的 key: '+res.keys);
        console.log('当前占用的空间大小: '+res.currentSize);
        console.log('限制的空间大小: '+res.limitSize)
      }
    })
  },
  syncGetStorageInfo: function() {
    try {
      var res=wx.getStorageInfoSync()
      console.log('同步成功获取当前 storage 的相关信息');
      console.log('当前 storage 中所有的 key: '+res.keys);
      console.log('当前占用的空间大小: '+res.currentSize);
      console.log('限制的空间大小: '+res.limitSize)
    }
    catch(e) { }
  },
  removeStorage: function() {
    wx.removeStorage({
      key: 'key',
      success: function(res) {
        console.log('res:  '+res)
        console.log('成功地用异步方式从本地缓存中同步移除指定 key');
      }
    })
  },
  syncRemoveStorage: function() {
    try {
      wx.removeStorageSync(this.data.key)
      console.log('成功地用同步方式从本地缓存中同步移除指定 key');
    }
    catch(e) { }
  },
  clearStorage: function() {
    wx.clearStorage()
```

```
      console.log('异步清理本地数据缓存成功')
    },
    syncClearStorage: function() {
      try {
        wx.clearStorageSync()
        console.log('同步清理本地数据缓存成功')
      }
      catch(e) { }
    },
    keyChange: function(e) {
      this.setData({
        key: e.detail.value
      })
    },
    dataChange: function(e) {
      this.setData({
        data: e.detail.value
      })
    }
  })
```

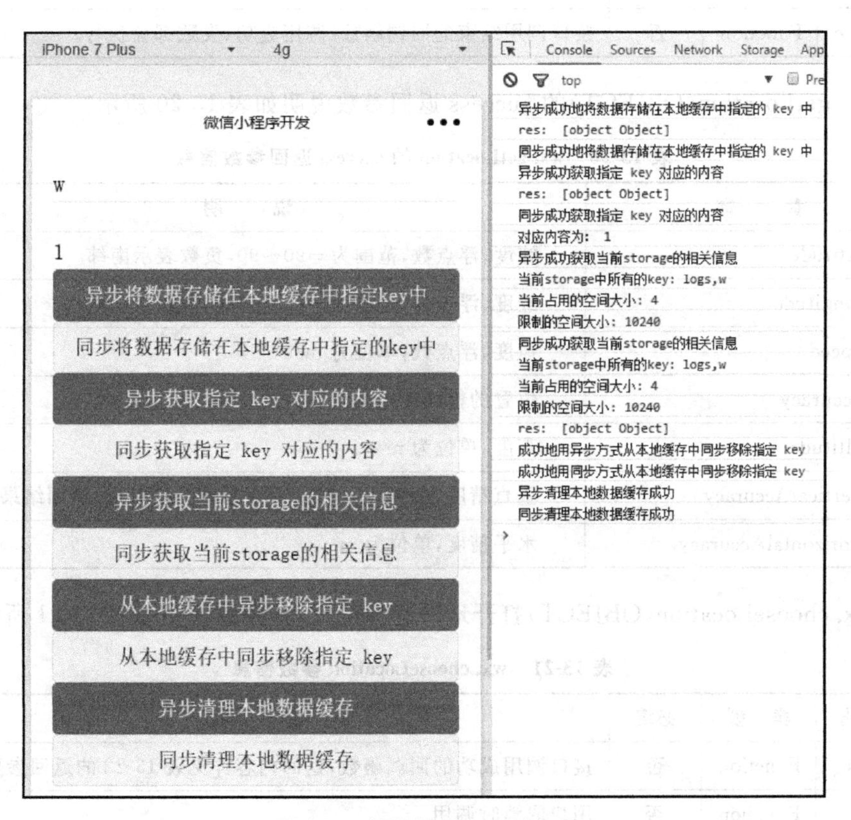

图 13-2 数据缓存 API 的应用

13.3 位置 API

微信小程序针对位置提供了 4 个 API 接口：wx. getLocation(OBJECT)获取当前位置信息；wx. chooseLocation(OBJECT)打开地图选择位置；wx. openLocation(OBJECT)使用微信内置地图查看位置；wx. createMapContext(mapId)创建并返回 map 上下文 mapContext 对象。

wx. getLocation(OBJECT)获取当前的地理位置、速度。当用户离开小程序后，此接口无法调用；当用户单击“显示在聊天顶部”时，此接口可继续调用。其参数如表 13-19 所示。

表 13-19 wx. getLocation 参数信息

参 数	类 型	必填	说 明
type	String	否	默认为 wgs84，则返回 gps 坐标；若为 gcj02，则返回可用于 wx. openLocation 的坐标
success	Function	否	接口调用成功的回调函数，返回内容详见表 13-20 的返回参数说明
fail	Function	否	接口调用失败的回调函数
complete	Function	否	接口调用结束的回调函数(调用成功、失败都会执行)

wx. getLocation(OBJECT)的 success 返回参数说明如表 13-20 所示。

表 13-20 wx. getLocation 的 success 返回参数信息

参 数	说 明
latitude	纬度，浮点数，范围为－90～90，负数表示南纬
longitude	经度，浮点数，范围为－180～180，负数表示西经
speed	速度，浮点数，单位为 m/s
accuracy	位置的精确度
altitude	高度，单位为 m
verticalAccuracy	垂直精度，单位为 m(Android 系统无法获取，返回结果为 0)
horizontalAccuracy	水平精度，单位为 m

wx. chooseLocation(OBJECT)打开地图选择位置，其参数说明如表 13-21 所示。

表 13-21 wx. chooseLocation 参数信息

参 数	类 型	必填	说 明
success	Function	否	接口调用成功的回调函数，返回内容详见表 13-22 的返回参数说明
cancel	Function	否	用户取消时调用

续表

参 数	类 型	必填	说 明
fail	Function	否	接口调用失败的回调函数
complete	Function	否	接口调用结束的回调函数(调用成功、失败都会执行)

wx.chooseLocation(OBJECT)的 success 返回参数说明如表 13-22 所示。

表 13-22 wx.chooseLocation 的 success 返回参数信息

参 数	说 明
name	位置名称
address	详细地址
latitude	纬度,浮点数,范围为−90～90,负数表示南纬
longitude	经度,浮点数,范围为−180～180,负数表示西经

使用 wx.openLocation(OBJECT)接口可以使用微信内置地图查看位置,具体参数说明如表 13-23 所示。

表 13-23 wx.openLocation 参数信息

参 数	类 型	必填	说 明
latitude	Number	是	纬度,浮点数,范围为−90～90,负数表示南纬
longitude	Number	是	经度,浮点数,范围为−180～180,负数表示西经
scale	Number	否	缩放比例,范围为 5～18,默认为 18
name	String	否	位置名
address	String	否	地址的详细说明
success	Function	否	接口调用成功的回调函数
fail	Function	否	接口调用失败的回调函数
complete	Function	否	接口调用结束的回调函数(调用成功、失败都会执行)

wx.createMapContext(mapId)创建并返回地图组件 map 的上下文 mapContext 对象。mapContext 通过 mapId 跟一个＜map/＞组件绑定,通过 mapContext 可以操作对应的＜map/＞组件。mapContext 对象的方法说明如表 13-24 所示。

表 13-24 mapContext 对象的方法列表

方 法	参 数	说 明
getCenterLocation	OBJECT	获取当前地图中心的经纬度,返回的是 gcj02 坐标系,可以用于 wx.openLocation
moveToLocation	无	将地图中心移动到当前定位点,需要配合 map 组件的 show-location 使用

续表

方　　法	参　数	说　　明
translateMarker	OBJECT	平移 marker,带动画
includePoints	OBJECT	缩放视野展示所有经纬度
getRegion	OBJECT	获取当前地图的视野范围
getScale	OBJECT	获取当前地图的缩放级别

其中,getCenterLocation 的 OBJECT 参数说明如表 13-25 所示;translateMarker 的 OBJECT 参数说明如表 13-26 所示;includePoints 的 OBJECT 参数说明如表 13-27 所示;getRegion 的 OBJECT 参数说明如表 13-28 所示;getScale 的 OBJECT 参数说明如表 13-29 所示。

表 13-25　getCenterLocation 的参数信息

参　数	类　型	必填	说　　明
success	Function	否	接口调用成功的回调函数,res={ longitude: "经度", latitude: "纬度"}
fail	Function	否	接口调用失败的回调函数
complete	Function	否	接口调用结束的回调函数(调用成功、失败都会执行)

表 13-26　translateMarker 的参数信息

参　数	类　型	必填	说　　明
markerId	Number	是	指定 marker
destination	Object	是	指定 marker 移动到的目标点
autoRotate	Boolean	是	移动过程中是否自动旋转 marker
rotate	Number	是	marker 的旋转角度
duration	Number	否	动画持续时长,默认值为 1000ms,平移与旋转分别计算
animationEnd	Function	否	动画结束的回调函数
fail	Function	否	接口调用失败的回调函数

表 13-27　includePoints 的参数信息

参　数	类　型	必填	说　　明
points	Array	是	要显示在可视区域内的坐标点列表,[{latitude, longitude}]
padding	Array	否	坐标点形成的矩形边缘到地图边缘的距离,单位为像素,格式为[上,右,下,左],Android 系统上只能识别数组第一项,与上下左右的 padding 一致。开发者工具暂不支持 padding 参数

表 13-28 getRegion 的参数信息

参数	类型	必填	说明
success	Function	否	接口调用成功的回调函数，res={southwest，northeast}，西南角与东北角的经纬度
fail	Function	否	接口调用失败的回调函数
complete	Function	否	接口调用结束的回调函数(调用成功、失败都会执行)

表 13-29 getScale 的参数信息

参数	类型	必填	说明
success	Function	否	接口调用成功的回调函数，res={scale}
fail	Function	否	接口调用失败的回调函数
complete	Function	否	接口调用结束的回调函数(调用成功、失败都会执行)

应用位置 API 的例 13-3 代码如下，其效果如图 13-3 所示。

例 13-3

```
<!--index.wxml-->
<view>
  <button type="primary" bindtap="DKDT_gcj02">用 gcj02 方式打开地图</button>
  <button bindtap="DKDT_wgs84">用 wgs84 方式打开地图</button>
  <button type="primary" bindtap="XZWZ">打开地图选择位置</button>
  <button bindtap="CKWZ">使用微信内置地图查看位置</button>
</view>
<map id="myMap" show-location />
<button type="primary" bindtap="getCenterLocation">获取位置</button>
<button bindtap="moveToLocation">移动位置</button>
<button type="primary" bindtap="translateMarker">移动标注</button>
<button bindtap="includePoints">缩放视野展示所有经纬度</button>

//index.js
Page({
  DKDT_gcj02: function() {
    wx.getLocation({
      type: 'gcj02',
      success: function(res) {
        var latitude=res.latitude
        var longitude=res.longitude
        var speed=res.speed
        var accuracy=res.accuracy
        var altitude=res.altitude
        var verticalAccuracy=res.verticalAccuracy
        var horizontalAccuracy=res.horizontalAccuracy
        console.log('gcj02 方式: ')
```

```
          console.log('纬度 latitude: '+latitude)
          console.log('经度 longitude: '+longitude)
          console.log('速度 speed: '+speed)
          console.log('位置的精确度 accuracy : '+accuracy)
          console.log('高度 altitude : '+altitude)
          console.log('垂直精度 verticalAccuracy: '+res.verticalAccuracy)
          console.log('水平精度 horizontalAccuracy : '+res.horizontalAccuracy)
        }
      })
  },
  DKDT_wgs84: function() {
    wx.getLocation({
      type: 'wgs84',
      success: function(res) {
        varlatitude=res.latitude
        var longitude=res.longitude
        var speed=res.speed
        var accuracy=res.accuracy
        var altitude=res.altitude
        var verticalAccuracy=res.verticalAccuracy
        var horizontalAccuracy=res.horizontalAccuracy
        console.log('wgs84方式：')
        console.log('纬度 latitude: '+latitude)
        console.log('经度 longitude: '+longitude)
        console.log('速度 speed: '+speed)
        console.log('位置的精确度 accuracy : '+accuracy)
        console.log('高度 altitude : '+altitude)
        console.log('垂直精度 verticalAccuracy: '+res.verticalAccuracy)
        console.log('水平精度 horizontalAccuracy : '+res.horizontalAccuracy)
      }
    })
  },
  XZWZ: function() {
    var that=this;
    wx.chooseLocation({
      success: function(res) {
        console.log('res: '+res)
        that.setData({
          location: {
            name: res.name,
            address: res.address,
            latitude: res.latitude,
            longitude: res.longitude,
          }
    });
  },
```

```
      fail: function(res) {
        console.log('所选择的位置失败的话 ')
      }
    })
  },
  CKWZ: function() {
    wx.getLocation({
      //type: 'gcj02', //返回可以用于 wx.openLocation 的经纬度
      type: 'wgs84',
      success: function(res) {
        var latitude=res.latitude
        var longitude=res.longitude
        wx.openLocation({
          latitude: latitude,
          longitude: longitude,
          scale: 28,
          success: function(res) {
            console.log(latitude)
            console.log(longitude)
            console.log(res)
          }
        })
      }
    })
  },
  onReady: function(e) {
    //使用 wx.createMapContext 获取 map 上下文
    this.mapCtx=wx.createMapContext('myMap')
  },
  getCenterLocation: function() {
    this.mapCtx.getCenterLocation({
      success: function(res) {
        console.log(res.longitude)
        console.log(res.latitude)
      }
    })
  },
  moveToLocation: function() {
    this.mapCtx.moveToLocation()
  },
  translateMarker: function() {
    this.mapCtx.translateMarker({
      markerId: 0,
      autoRotate: true,
      duration: 1000,
      destination: {
```

```
          latitude: 23.10229,
          longitude: 113.3345211,
        },
        animationEnd() {
          console.log('animation end')
        }
      })
    },
    includePoints: function() {
      this.mapCtx.includePoints({
        padding: [10],
        points: [{
          latitude: 23.10229,
          longitude: 113.3345211,
        }, {
          latitude: 23.00229,
          longitude: 113.3345211,
        }]
      })
    },
  })
```

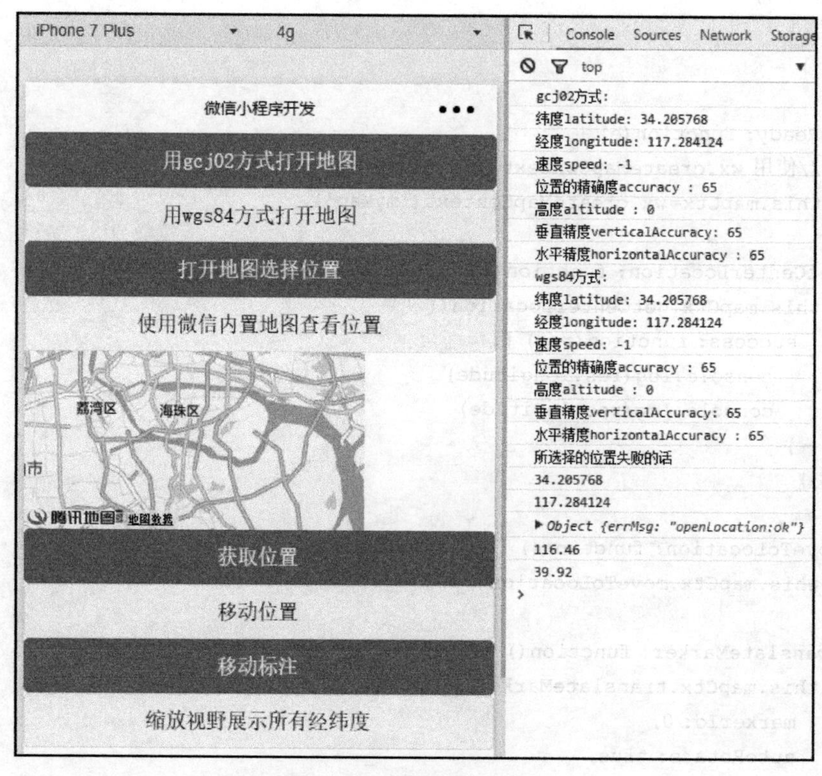

图 13-3　位置 API 的应用

13.4 WXML节点信息API

wx. createSelectorQuery()返回一个 SelectorQuery 对象实例。可以在这个实例上使用 select 等方法选择节点,并使用 boundingClientRect 等方法选择需要查询的信息。selectorQuery 对象的方法列表如表 13-30 所示。

表 13-30 selectorQuery 对象的方法列表

方 法	参 数	说 明
select	selector	参考下面详细介绍
selectAll	selector	参考下面详细介绍
selectViewport	无	参考下面详细介绍
exec	[callback]	参考下面详细介绍

selectorQuery. select(selector)在当前页面下选择第一个匹配选择器 selector 的节点,返回一个 NodesRef 对象实例,可以用于获取节点信息。selector 类似于 CSS 的选择器,但仅支持下列语法。

- ID 选择器:#the-id。
- class 选择器(可以连续指定多个):. a-class. another-class。
- 子元素选择器:. the-parent > #the-child. a-class。
- 多选择器的并集:#a-node,. some-other-nodes。

selectorQuery. selectAll(selector)在当前页面下选择匹配选择器 selector 的节点,返回一个 NodesRef 对象实例。与 selectorQuery. selectNode(selector)不同的是,它选择所有匹配选择器的节点。

selectorQuery. selectViewport()选择显示区域,可用于获取显示区域的尺寸、滚动位置等信息,返回一个 NodesRef 对象实例。

nodesRef. boundingClientRect([callback])添加节点的布局位置的查询请求,相对于显示区域,以像素为单位。其功能类似于 DOM 的 getBoundingClientRect。返回值是 nodesRef 对应的 selectorQuery。返回的节点信息中,每个节点的位置用 left、right、top、bottom、width、height 字段描述。如果提供了 callback 回调函数,在执行 selectQuery 的 exec 方法后,节点信息会在 callback 中返回。

nodesRef. scrollOffset([callback])添加节点的滚动位置查询请求,以像素为单位。节点必须是 scroll-view 或者 viewport。返回值是 nodesRef 对应的 selectorQuery。返回的节点信息中,每个节点的滚动位置用 scrollLeft、scrollHeight 字段描述。如果提供了 callback 回调函数,在执行 selectQuery 的 exec 方法后,节点信息会在 callback 中返回。

nodesRef. fields(fields, [callback])获取节点的相关信息,需要获取的字段在 fields 中指定。返回值是 nodesRef 对应的 selectorQuery。可指定获取的字段信息如表 13-31 所示。

表 13-31　nodesRef. fields 可指定字段信息

字段名	必填	说　明
id	否	是否返回节点 id
dataset	否	是否返回节点 dataset
rect	否	是否返回节点布局位置(left、right、top、bottom)
size	否	是否返回节点尺寸(width、height)
scrollOffset	否	是否返回节点的 scrollLeft、scrollTop，节点必须是 scroll-view 或者 viewport
properties	否	指定属性列表，返回节点对应属性的当前属性值(只能获得组件文档中标注的常规属性值，id class style 和事件绑定的属性值不可获取)

selectorQuery. exec([callback])执行所有的请求，请求结果按请求次序构成数组，在 callback 的第一个参数中返回。

应用 WXML 节点信息 API 的例 13-4 代码如下，其效果如图 13-4 所示。

例 13-4

```
<!--index.wxml-->
<view>
  <button type="primary" bindtap="DSL">返回对象实例</button>
  <button bindtap="DDJX">得到第一个矩形区域节点</button>
  <button type="primary" bindtap="SYJX">得到所有矩形区域节点</button>
  <button bindtap="PY">滚动偏移</button>
  <button  type="primary" bindtap="ZD">得到字段信息</button>
  </view>

//index.js
Page({
   DSL: function() {
  var query=wx.createSelectorQuery()
   query.select('#the-id').boundingClientRect()
  query.selectViewport().scrollOffset()
  query.exec()
  console.log('成功返回对象实例')
  },
  DDJX: function() {
    wx.createSelectorQuery().select('#the-id').boundingClientRect
    (function(rect) {
    0//rect.id              //节点的 ID
    0//rect.dataset         //节点的 dataset
    0//rect.left            //节点的左边界坐标
    0//  rect.right         //节点的右边界坐标
    0//rect.top             //节点的上边界坐标
```

```
    0//rect.bottom            //节点的下边界坐标
    10//  rect.width          //节点的宽度
    10//  rect.height         //节点的高度
    }).exec()
    console.log('成功得到第一个矩形区域节点')
  },
  SYJX: function() {
    wx. createSelectorQuery ( ). selectAll ('. a - class '). boundingClientRect
    (function(rects) {
      rects.forEach(function(rect) {
        rect.id               //节点的 ID
        rect.dataset          //节点的 dataset
        rect.left             //节点的左边界坐标
        rect.right            //节点的右边界坐标
        rect.top              //节点的上边界坐标
        rect.bottom           //节点的下边界坐标
        rect.width            //节点的宽度
        rect.height           //节点的高度
      })
    }).exec()
    console.log('成功得到所有矩形区域节点')
  },
  PY: function() {
   wx.createSelectorQuery().selectViewport().scrollOffset(function(res) {
    res.id                    //节点的 ID
    res.dataset               //节点的 dataset
    res.scrollLeft            //节点的水平滚动位置
    res.scrollTop             //节点的竖直滚动位置
   }).exec()
   console.log('成功滚动后的偏移')
  },
  ZD: function() {
   wx.createSelectorQuery().select('#the-id').fields(
    {
    dataset: true,
    size: true,
    scrollOffset: true,
    properties: ['scrollX', 'scrollY']
   },
    function(res) {
    0//res.dataset            //节点的 dataset
    20//res.width             //节点的宽度
    20//res.height            //节点的高度
    50//res.scrollLeft        //节点的水平滚动位置
```

```
    50//res.scrollTop          //节点的竖直滚动位置
    100//res.scrollX           //节点 scroll-x 属性的当前值
    100//res.scrollY           //节点 scroll-y 属性的当前值
  }
  ).exec()
  console.log('成功得到字段信息')
 }
})
```

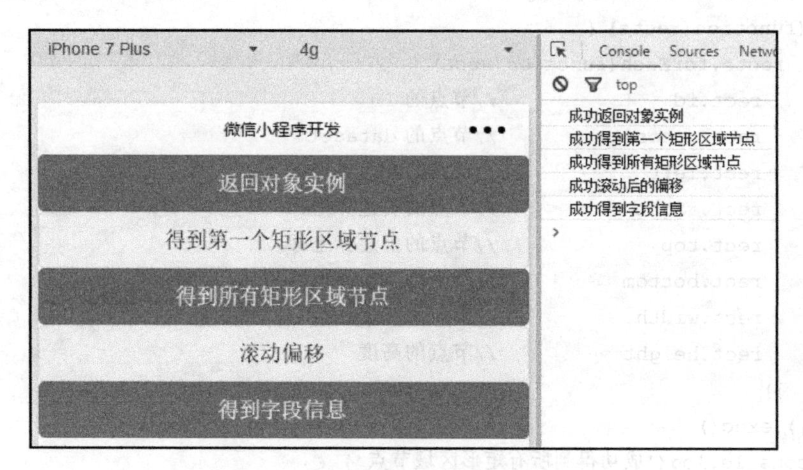

图 13-4　WXML 节点信息 API 的应用

13.5　第三方平台 API

wx. getExtConfig(OBJECT)获取第三方平台自定义的数据字段，其参数说明如表 13-32 所示。

表 13-32　wx. getExtConfig 参数信息

参　数	类　型	必填	返　回
success	Function	否	返回第三方平台自定义的数据
fail	Function	否	接口调用失败的回调函数
complete	Function	否	接口调用结束的回调函数(调用成功、失败都会执行)

wx. getExtConfig(OBJECT)的 success 返回参数信息如表 13-33 所示。

表 13-33　wx. getExtConfig 的 success 返回参数信息

参　数	类　型	说　明
errMsg	String	成功：ok；错误：详细信息
extConfig	Object	第三方平台自定义的数据

wx. getExtConfigSync(OBJECT)获取第三方平台自定义的数据字段的同步接口，其返回参数说明如表13-34所示。

表 13-34 wx. getExtConfigSync 的返回参数信息

参 数	类 型	说 明
extConfig	Object	第三方平台自定义的数据

应用第三方平台 API 的例 13-5 代码如下，其效果如图 13-5 所示。

例 13-5

```
<!--index.wxml-->
<button type="primary" bindtap="HQZD">获取第三方平台自定义的数据字段
</button>
<button bindtap="TBJK">获取第三方平台自定义的数据字段的同步接口</button>

//index.js
Page({
  HQZD: function(e) {
    if (wx.getExtConfig) {
     wx.getExtConfig({
        success: function(res) {
          console.log(res.extConfig)
          console.log('获取第三方平台自定义的数据字段')
        }
      })
    }
    console.log('成功获取字段')
  },
  TBJK: function(e) {
    let extConfig=wx.getExtConfigSync ? wx.getExtConfigSync() : {}
    if (extConfig) {
         console.log(extConfig);
         console.log('获取第三方平台自定义的数据字段的同步接口')
      }
    console.log('成功获取同步接口')
  },
})
```

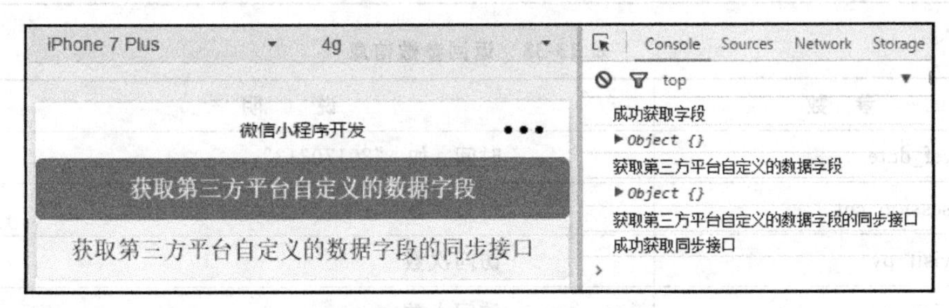

图 13-5 第三方平台 API 的应用

13.6 数据接口

数据接口的用法包括数据的常规分析、自定义分析等内容。开发者通过数据分析接口,可获取到小程序的各项数据指标,便于进行数据存储和整理。

用户访问小程序的详细数据可从访问分析中获取,概况中提供累计用户数等部分指标数据。

- 概括趋势的接口地址为:https://api.weixin.qq.com/datacube/getweanalysisappiddailysummarytrend?access_token=ACCESS_TOKEN,其 POST 请求参数说明如表 13-35 所示,返回参数说明如表 13-36 所示。

表 13-35 POST 请求参数信息

参 数	必填	说 明
begin_date	是	开始日期
end_date	是	结束日期,限定查询 1 天数据,end_date 允许设置的最大值为昨日

表 13-36 返回参数信息

参 数	说 明
visit_total	累计用户数
share_pv	转发次数
share_uv	转发人数

- 日趋势的接口地址为:https://api.weixin.qq.com/datacube/getweanalysisappiddailyvisittrend?access_token=ACCESS_TOKEN,其 POST 请求参数说明如表 13-37 所示;返回参数说明如表 13-38 所示。

表 13-37 POST 请求参数信息

参 数	必填	说 明
begin_date	是	开始日期
end_date	是	结束日期,限定查询 1 天数据,end_date 允许设置的最大值为昨日

表 13-38 返回参数信息

参 数	说 明
ref_date	时间:如:"20170313"
session_cnt	打开次数
visit_pv	访问次数
visit_uv	访问人数

续表

参 数	说 明
visit_uv_new	新增用户数
stay_time_uv	人均停留时长（浮点型，单位：s）
stay_time_session	次均停留时长（浮点型，单位：s）
visit_depth	平均访问深度（浮点型）

- 周趋势的接口地址为：https://api.weixin.qq.com/datacube/getweanalysisappidweeklyvisittrend?access_token=ACCESS_TOKEN，其POST请求参数说明如表13-39所示，返回参数说明如表13-40所示。请求json和返回json与日趋势一致，这里限定查询一个自然周的数据，时间必须按照自然周的方式输入。如：20170306（周一），20170312（周日）。

表13-39 POST请求参数信息

参 数	必填	说 明
begin_date	是	开始日期，为周一日期
end_date	是	结束日期，为周日日期，限定查询一周数据

表13-40 返回参数信息

参 数	说 明
ref_date	时间，如："20170306-20170312"
session_cnt	打开次数（自然周内汇总）
visit_pv	访问次数（自然周内汇总）
visit_uv	访问人数（自然周内去重）
visit_uv_new	新增用户数（自然周内去重）
stay_time_uv	人均停留时长（浮点型，单位：s）
stay_time_session	次均停留时长（浮点型，单位：s）
visit_depth	平均访问深度（浮点型）

- 月趋势的接口地址为：https://api.weixin.qq.com/datacube/getweanalysisappidmonthlyvisittrend?access_token=ACCESS_TOKEN，其POST请求参数说明如表13-41所示；返回参数说明如表13-42所示。注意：请求json和返回json与天的一致，这里限定查询一个自然月的数据，时间必须按照自然月的方式输入。如：20170201（月初），20170228（月末）。

表13-41 POST请求参数信息

参 数	必填	说 明
begin_date	是	开始日期，为自然月第一天
end_date	是	结束日期，为自然月最后一天，限定查询一个月数据

表 13-42 返回参数信息

参　数	说　明
ref_date	时间，如："201702"
session_cnt	打开次数(自然月内汇总)
visit_pv	访问次数(自然月内汇总)
visit_uv	访问人数(自然月内去重)
visit_uv_new	新增用户数(自然月内去重)
stay_time_uv	人均停留时长(浮点型，单位：s)
stay_time_session	次均停留时长(浮点型，单位：s)
visit_depth	平均访问深度(浮点型)

- 访问分布的接口地址为：https://api.weixin.qq.com/datacube/getweanalysisappidvisitdistribution?access_token=ACCESS_TOKEN，其 POST 请求参数说明如表 13-43 所示，返回参数说明如表 13-44 所示。list 的每一项信息如表 13-45 所示。分布类型(index)的取值范围如表 13-46 所示。每个数据项所包括内容的说明如表 13-47 所示。key 对应关系如表 13-48 所示。

表 13-43 POST 请求参数信息

参　数	必填	说　明
begin_date	是	开始日期
end_date	是	结束日期，限定查询 1 天数据，end_date 允许设置的最大值为昨日

表 13-44 返回参数信息

参　数	说　明
ref_date	时间：如："20170313"
list	存入所有类型的指标情况

表 13-45 list 的每一项属性

参　数	说　明
index	分布类型
item_list	分布数据列表

表 13-46 分布类型(index)的取值范围

值	说　明
access_source_session_cnt	访问来源分布
access_staytime_info	访问时长分布
access_depth_info	访问深度的分布

表 13-47 每个数据项所包括的内容

参 数	说 明
key	场景 id
value	场景下的值(均为整数型)

表 13-48 key 对应关系

项 目	对 应 关 系		
访问来源:(index="access_source_session_cnt")	1:小程序历史列表; 2:搜索; 3:会话; 4:二维码; 5:公众号主页; 6:聊天顶部;	7:系统桌面; 8:小程序主页; 9:附近的小程序; 10:其他; 11:模板消息; 12:客服消息;	13:公众号菜单; 14:App 分享; 15:支付完成页; 16:长按识别二维码; 17:相册选取二维码; 18:公众号文章
访问时长:(index="access_staytime_info")	1:0~2s; 2:3~5s; 3:6~10s;	4:11~20s; 5:21~30s; 6:31~50s;	7:51~100s; 8:>100s
平均访问深度:(index="access_depth_info")	1:1 页; 2:2 页; 3:3 页;	4:4 页; 5:5 页; 6:6~10 页;	7:>10 页

- 访问日留存的接口地址为:https://api.weixin.qq.com/datacube/getweanalysisappiddailyretaininfo?access_token=ACCESS_TOKEN,其 POST 请求参数说明如表 13-49 所示,返回参数说明如表 13-50 所示。visit_uv、visit_uv_new 的每一项包括的内容说明如表 13-51 所示。

表 13-49 POST 请求参数信息

参 数	必填	说 明
begin_date	是	开始日期
end_date	是	结束日期,限定查询 1 天数据,end_date 允许设置的最大值为昨日

表 13-50 返回参数信息

参 数	说 明
visit_uv	活跃用户留存
visit_uv_new	新增用户留存

表 13-51 visit_uv、visit_uv_new 的每一项包括内容说明信息

参数	说 明
key	标识,0 开始,表示当天,1 表示 1 天后,以此类推,key 取值分别是 0、1、2、3、4、5、6、7、14、30
value	key 对应日期的新增用户数/活跃用户数(key=0 时)或留存用户数(key>0 时)

• 周留存的接口地址为：https://api. weixin. qq. com/datacube/getweanalysisappidweeklyretaininfo?access_token＝ACCESS_TOKE，其 POST 请求参数说明如表 13-52 所示，返回参数说明如表 13-53 所示，visit_uv、visit_uv_new 的每一项包括的内容说明如表 13-54 所示。请求 json 和返回 json 与日留存一致，这里限定查询一个自然周的数据，时间必须按照自然周的方式输入。如：20170306（周一），20170312（周日）。

表 13-52　POST 请求参数信息

参　数	必填	说　明
begin_date	是	开始日期，为周一日期
end_date	是	结束日期，为周日日期，限定查询一周数据

表 13-53　返回参数信息

参　数	说　明
ref_date	时间，如："20170306-20170312"
visit_uv	活跃用户留存
visit_uv_new	新增用户留存

表 13-54　visit_uv、visit_uv_new 的每一项包括内容说明信息

参数	说　明
key	标识，0 开始，表示当周，1 表示 1 周后，以此类推，key 取值分别是 0、1、2、3、4
value	key 对应日期的新增用户数/活跃用户数（key＝0 时）或留存用户数（key＞0 时）

• 月留存的接口地址为：https://api. weixin. qq. com/datacube/getweanalysisappidmonthlyretaininfo?access_token＝ACCESS_TOKEN，其 POST 请求参数说明如表 13-55 所示，返回参数说明如表 13-56 所示，visit_uv、visit_uv_new 的每一项包括的内容说明如表 13-57 所示。注意：请求 json 和返回 json 与日留存一致，这里限定查询一个自然月的数据，时间必须按照自然月的方式输入，如：20170201（月初），20170228（月末）。

表 13-55　POST 请求参数信息

参　数	必填	说　明
begin_date	是	开始日期，为自然月第一天
end_date	是	结束日期，为自然月最后一天，限定查询一个月数据

表 13-56　返回参数信息

参　数	说　明
ref_date	时间，如："201703"
visit_uv	活跃用户留存
visit_uv_new	新增用户留存

表 13-57 visit_uv、visit_uv_new 每一项包括的内容说明信息

参 数	说 明
key	标识,0 开始,表示当月,1 表示 1 月后,key 取值分别是 0、1
value	key 对应日期的新增用户数/活跃用户数(key=0 时)或留存用户数(key>0 时)

- 访问页面的接口地址为:https://api.weixin.qq.com/datacube/getweanalysisappidvisitpage?access_token=ACCESS_TOKEN,其 POST 请求参数说明如表 13-58 所示,返回参数说明如表 13-59 所示。

表 13-58 POST 请求参数信息

参 数	必填	说 明
begin_date	是	开始日期
end_date	是	结束日期,限定查询 1 天数据,end_date 允许设置的最大值为昨日

表 13-59 返回参数信息

参 数	说 明	参 数	说 明
page_path	页面路径	entrypage_pv	进入页次数
page_visit_pv	访问次数	exitpage_pv	退出页次数
page_visit_uv	访问人数	page_share_pv	转发次数
page_staytime_pv	次均停留时长	page_share_uv	转发人数

可以获取小程序新增或活跃用户的画像分布数据。时间范围支持昨天、最近 7 天、最近 30 天。其中,新增用户数为时间范围内首次访问小程序的去重用户数,活跃用户数为时间范围内访问过小程序的去重用户数。画像属性包括用户年龄、性别、省份、城市、终端类型、机型。

用户画像的接口地址为:https://api.weixin.qq.com/datacube/getweanalysisappiduserportrait?access_token=ACCESS_TOKEN,其 POST 请求参数说明如表 13-60 所示,每次请求返回选定的时间范围以及指标项如表 13-61 所示,每个指标项下包括的属性如表 13-62 所示,每个属性下包括的数据项如表 13-63 所示。

表 13-60 POST 请求参数信息

参 数	必填	说 明
begin_date	是	开始日期
end_date	是	结束日期,开始日期与结束日期相差的天数限定为 0/6/29,分别表示查询最近 1/7/30 天数据,end_date 允许设置的最大值为昨日

表 13-61 返回指定时间和指标项

参　数	说　明
ref_date	时间范围，如："20170611-20170617"
visit_uv_new	新增用户
visit_uv	活跃用户

表 13-62 每个指标项下包括的属性信息

参　数	说　明
province	省份，如北京、广东等
city	城市，如北京、广州等
genders	性别，包括男、女、未知
platforms	终端类型，包括 iPhone、Android、其他
devices	机型，如苹果 iPhone6、OPPO R9 等
ages	年龄，包括 17 岁以下、18～24 岁等区间

表 13-63 每个属性下包括的数据项信息

参　数	说　明
id	属性值 id
name	属性值名称，与 id 一一对应，如属性为 province 时，返回的属性值名称包括"广东"等
value	属性值对应的指标值，如指标为 visit_uv，属性为 province，属性值名称为"广东省"，value 对应广东省的活跃用户数

wx.reportAnalytics(eventName, data)自定义分析数据上报接口。使用前，需要在小程序管理后台自定义分析中新建事件，配置好事件名与字段。其参数说明如表 13-64 所示。

表 13-64 reportAnalytics 参数信息

参　数	类　型	必填	说　明
eventName	String	是	事件名
data	Object	是	上报的自定义数据，key 为配置中的字段名，value 为上报的数据

模拟数据上报的例 13-6 代码如下，其效果如图 13-6 所示。

例 13-6

```
<!--index.wxml-->
<button type="primary" bindtap="SJSB">模拟数据上报</button>
```

```
//index.js
Page({
SJSB:function(){
  wx.reportAnalytics('purchase', {
    price: 120,
    color: 'red'
  })
}
  })
```

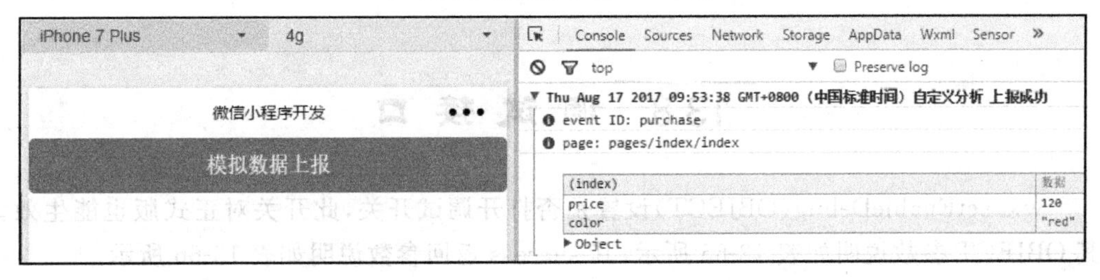

图 13-6 数据 API 的模拟上报

13.7 拓展接口

wx.arrayBufferToBase64(arrayBuffer)将 ArrayBuffer 数据转成 Base64 字符串。wx.base64ToArrayBuffer(base64)将 Base64 字符串转成 ArrayBuffer 数据。

应用拓展接口的例 13-7 代码如下，其效果如图 13-7 所示。

例 13-7

```
<!--index.wxml-->
<button type="primary" bindtap="TZJK">模拟拓展接口</button>

//index.js
Page({
  TZJK:function(){
    const arrayBuffer=new Uint8Array([11, 22, 33])
    const base64=wx.arrayBufferToBase64(arrayBuffer)
    console.log("arrayBuffer : "+arrayBuffer)
    console.log("base64 : "+base64)
    const arrayBuffer2=wx.base64ToArrayBuffer(base64)
    console.log("arrayBuffer2:"+arrayBuffer2)
    var base64new='CaDf'
    var arrayBuffernew=wx.base64ToArrayBuffer(base64)
    console.log("arrayBuffernew : "+arrayBuffernew)
    console.log("base64new : "+base64new)
```

```
  }
})
```

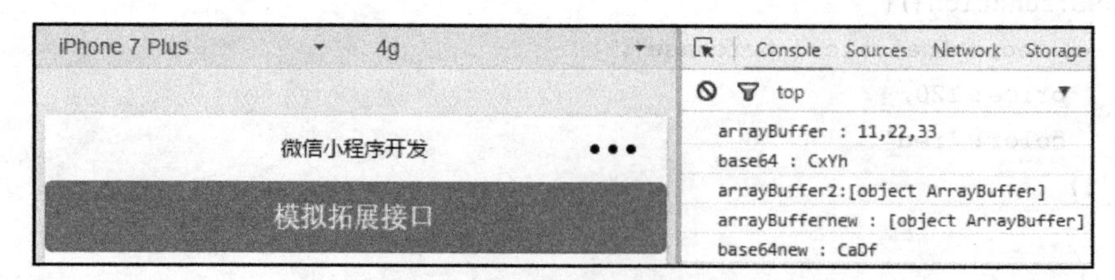

图 13-7　拓展接口的模拟应用

13.8 调试接口

wx.setEnableDebug(OBJECT)设置是否打开调试开关，此开关对正式版也能生效。其 OBJECT 参数说明如表 13-65 所示，其 success 返回参数说明如表 13-66 所示。

表 13-65　wx.setEnableDebug 参数信息

参　数	类　型	必填	说　　明
enableDebug	Boolean	是	是否打开调试
success	Function	否	接口调用成功的回调函数
fail	Function	否	接口调用失败的回调函数
complete	Function	否	接口调用结束的回调函数（调用成功、失败都会执行）

表 13-66　wx.setEnableDebug 的 success 返回参数信息

参　数	类　型	说　明
errMsg	String	调用结果

应用调试接口的例 13-8 代码如下，其效果如图 13-8 所示。

例 13-8

```
<!--index.wxml-->
<button type="primary" bindtap="DK">模拟打开调试</button>
<button bindtap="GB">模拟关闭调试</button>

//index.js
Page({
  DK:function(){
    wx.setEnableDebug({
     enableDebug: true,            //打开调试
     success:function(res){
      console.log(res)
```

```
        console.log('成功打开调试')
      }
    })
  },
  GB:function(){
      wx.setEnableDebug({
      enableDebug: false,                //关闭调试
      success: function(res) {
        console.log(res)
        console.log('成功关闭调试')
      }
    })
  }
})
```

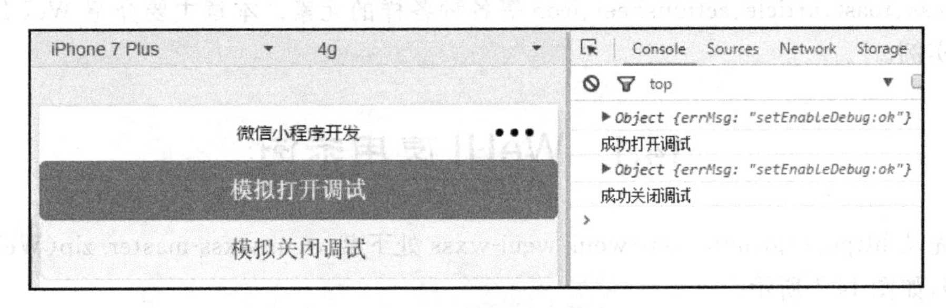

图 13-8 调试接口的模拟应用

习 题 13

实验题

1. 请在实例中实现对文件 API 的应用。
2. 请在实例中实现对数据缓存 API 的应用。
3. 请在实例中实现对位置 API 的应用。
4. 请在实例中实现对 WXML 节点信息 API 的应用。
5. 请在实例中实现对第三方平台 API 的应用。
6. 请在实例中实现对数据接口的应用。
7. 请在实例中实现对拓展接口的应用。
8. 请在实例中实现对调试接口的应用。

第14章 Chapter 14

使用 WeUI 进行设计

WeUI 是一套同微信原生视觉体验一致的基础样式库，由微信官方设计团队为微信内网页和微信小程序量身设计，令用户的使用感知更加统一。包含 button、cell、dialog、progress、toast、article、actionsheet、icon 等各种各样的元素。本章主要介绍 WeUI 的用法和实例。

14.1 WeUI 使用示例

先从 https://github.com/weui/weui-wxss 处下载 weui-wxss-master.zip(WeUI 压缩包)，如图 14-1 所示。

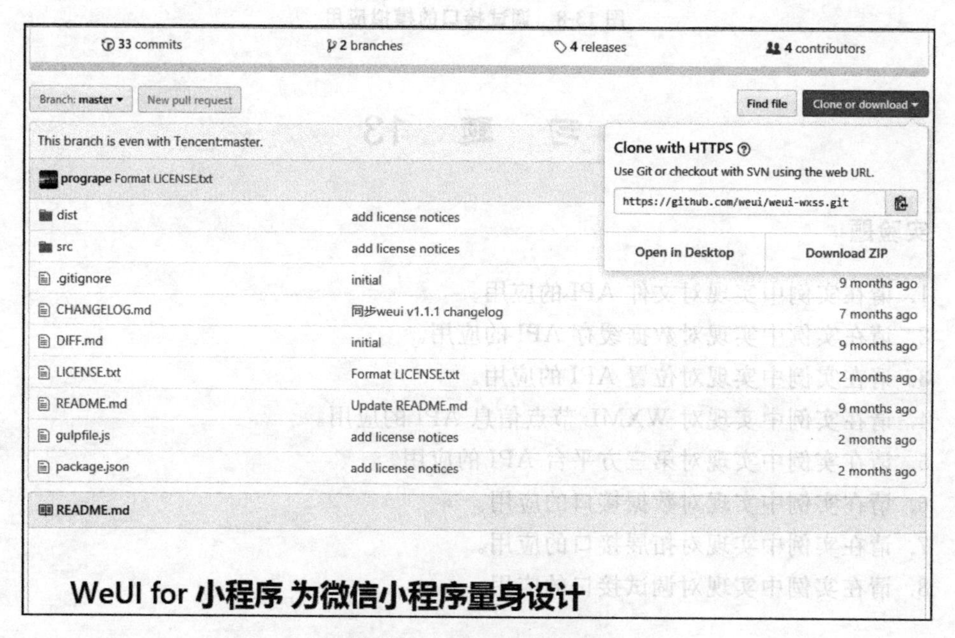

图 14-1 下载 WeUI 示意图

对所下载的压缩包进行解压后，其中有一个 dist 目录，dist 目录下有两个子文件夹，其中 example 子文件夹里存放的是每个使用 WeUI 的例子相关文件，style 子文件夹存放的是可以使用的样式文件。

为了说明如何使用 WeUI，首先建立了“测试使用 WeUI”项目。然后，将 style 子文件夹复制到新建的项目中，和 app. wxss 文件、pages 文件夹处在同一层目录下。接着，将 image(包含要用到的图片)文件夹复制到新建项目的 pages 文件夹下。再在 app. wxss 文件的开始部分增加代码“@import 'style/weui. wxss';”，接下来就可以应用 WeUI 了。

以 WeUI 的 Badge 例子为例，用 weui-wxss-master/dist/example/badge 中的 badge. wxml 和 badge. js 文件的代码分别替换新建的“测试使用 WeUI”项目中 pages/index 目录下的 index. wxml 和 index. js 代码。

例 14-1 代码如下，结果界面示意图如图 14-2 所示。

例 14-1

```
<!--index.wxml-->
<view class="page">
  <view class="page__hd">
    <view class="page__title">Badge</view>
    <view class="page__desc">徽章</view>
  </view>
  <view class="page__bd">
    <view class="weui-cells__title">新消息提示跟摘要信息后,统一在列表右侧
    </view>
    <view class="weui-cells weui-cells_after-title">
      <view class="weui-cell weui-cell_access">
        <view class="weui-cell__bd">单行列表</view>
        <view class="weui-cell__ft weui-cell__ft_in-access" style="font-size:
        0">
          <view style="display: inline-block;vertical-align:middle; font-
          size: 17px;">详细信息</view>
          <view class="weui-badge weui-badge_dot" style="margin-left: 5px;
          margin-right: 5px;">
          </view>
        </view>
      </view>
    </view>
    <view class="weui-cells__title">未读数红点跟在主题信息后,统一在列表左侧
    </view>
    <view class="weui-cells weui-cells_after-title">
      <view class="weui-cell">
        <view class="weui-cell__hd" style="position: relative;margin-right:
        10px;">
          <image src="../images/pic_160.png" style="width: 50px; height: 50px;
          display: block" />
          <view class="weui-badge" style="position: absolute;top: -.4em;right:
```

```
    -.4em;">8</view>
  </view>
  <view class="weui-cell__bd">
    <view>联系人名称</view>
    <view style="font-size: 13px;color: #888888;">摘要信息</view>
  </view>
</view>
<view class="weui-cell weui-cell_access">
  <view class="weui-cell__bd">
    <view style="display: inline-block; vertical-align: middle">单行列表
    </view>
    <view class="weui-badge" style="margin-left: 5px;">8</view>
  </view>
  <view class="weui-cell__ft weui-cell__ft_in-access"></view>
</view>
<view class="weui-cell weui-cell_access">
<view class="weui-cell__bd">
    <view style="display: inline-block; vertical-align: middle">单行列表
    </view>
    <view class="weui-badge" style="margin-left: 5px;">8</view>
  </view>
  <view class="weui-cell__ft weui-cell__ft_in-access">详细信息
  </view>
</view>
<view class="weui-cell weui-cell_access">
  <view class="weui-cell__bd">
    <view style="display: inline-block; vertical-align: middle">单行列表
    </view>
    <view class="weui-badge" style="margin-left: 5px;">New</view>
  </view>
  <view class="weui-cell__ft weui-cell__ft_in-access"></view>
</view>
    </view>
  </view>
</view>

//index.js
Page({})

/**app.wxss**/
@import 'style/weui.wxss';
.container {
  height: 100%;
```

```
    display: flex;
    flex-direction: column;
    align-items: center;
    justify-content: space-between;
    padding: 200rpx 0;
    box-sizing: border-box;
}
```

图 14-2 使用 WeUI 的 Badge 结果界面示意图

14.2 WeUI 常用组件

页脚是在页面的底端显示文本或链接，例如版本、点击进入某个页面等信息。例 14-2 代码如下，其效果如图 14-3 所示。

例 14-2

```
<!--footer.wxml-->
<view class="page">
    <view class="page__hd">
        <view class="page__title">Footer</view>
        <view class="page__desc">页脚</view>
    </view>
    <view class="page__bd page__bd_spacing">
```

```
        <view class="weui-footer">
            <view class="weui-footer__text">Copyright © 2008-2016 weui.io
            </view>
        </view>
        <view class="weui-footer">
            <view class="weui-footer__links">
                <navigator url="" class="weui-footer__link">底部链接
                </navigator>
            </view>
            <view class="weui-footer__text">Copyright © 2008-2016 weui.io
            </view>
        </view>
        <view class="weui-footer">
                <view class="weui-footer__links">
                <navigator url="" class="weui-footer__link">底部链接
                </navigator>
                <navigator url="" class="weui-footer__link">底部链接
                </navigator>
            </view>
            <view class="weui-footer__text">Copyright © 2008-2016 weui.io
            </view>
        </view>
        <view class="weui-footer weui-footer_fixed-bottom">
            <view class="weui-footer__links">
                <navigator url="" class="weui-footer__link">WeUI 首页
                </navigator>
            </view>
            <view class="weui-footer__text">Copyright © 2008-2016 weui.io
            </view>
        </view>
    </view>
</view>

/**footer.wxss**/
.weui-footer{
    margin-bottom: 50px;
}
.weui-footer_fixed-bottom{
    margin-bottom: 0;
}
```

WeUI 提供了与网格(grid)有关的样式，也就是 weui-grids。例 14-3 代码如下，其效果如图 14-4 所示。

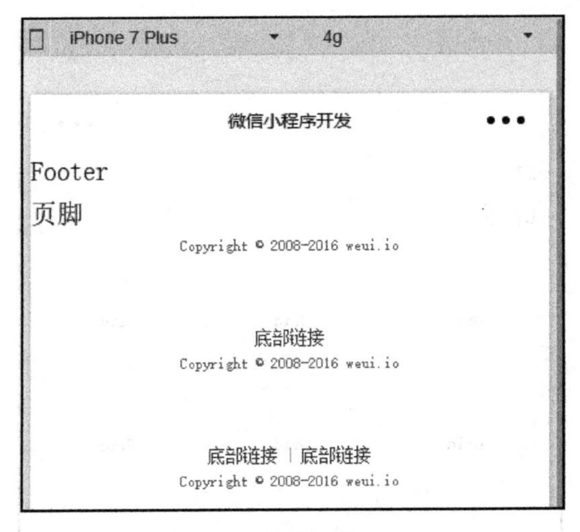

图 14-3　使用页脚 Footer

例 14-3

```
<!--grid.wxml-->
<view class="page">
    <view class="page__hd">
        <view class="page__title">Grid</view>
        <view class="page__desc">九宫格</view>
    </view>
    <view class="page__bd">
        <view class="weui-grids">
            <block wx:for="{{grids}}" wx:key="*this">
                <navigator url="" class="weui-grid" hover-class="weui-grid_
                active">
                    <image class="weui-grid__icon" src="../images/icon_tabbar.
                    png" />
                    <view class="weui-grid__label">Grid</view>
                </navigator>
            </block>
        </view>
    </view>
</view>

//grid.js
Page({
    data: {
        grids: [0, 1, 2, 3, 4, 5, 6, 7, 8]
    }
})
```

图 14-4 使用网格 Grid

装载动画通常在装载数据之前，也就是数据没有显示出来之时。装载动画的例 14-4 代码如下，其效果如图 14-5 所示。

例 14-4

```
<!--loadmore.wxml-->
<view class="page">
    <view class="page__hd">
        <view class="page__title">Loadmore</view>
        <view class="page__desc">加载更多</view>
</view>
<view class="page__bd">
        <view class="weui-loadmore">
            <view class="weui-loading"></view>
            <view class="weui-loadmore__tips">正在加载</view>
        </view>
        <view class="weui-loadmore weui-loadmore_line">
      <view class="weui-loadmore__tips weui-loadmore__tips_in-line">暂无数据
      </view>
        </view>
        <view class="weui-loadmore weui-loadmore_line weui-loadmore_dot">
    <view class="weui-loadmore__tips weui-loadmore__tips_in-line
    weui-loadmore__tips_in-dot"></view>
        </view>
    </view>
</view>
```

```
/**loadmore.wxss**/
page{
    background-color: #FFFFFF;
}
```

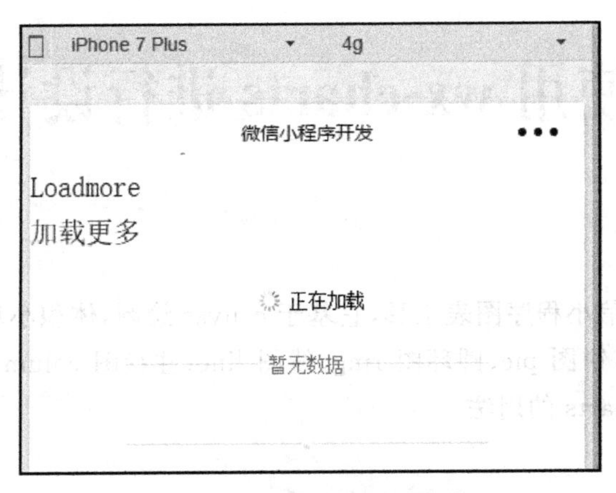

图 14-5　使用加载更多 loadmore

习　题　14

实验题

请在实例中实现对 WeUI 的应用。

第15章 Chapter 15

使用 wx-charts 进行设计

wx-charts 是微信小程序图表工具，它基于 canvas 绘制，体积小巧，持续优化更新中。它支持的图表类型有饼图 pie、圆环图 ring、线图 line、柱状图 column、区域图 area 等图。本章主要介绍 wx-charts 的用法。

15.1 饼形图

先从 https://github.com/xiaolin3303/wx-charts 处下载 wx-charts-master.zip（wx-charts 压缩包），如图 15-1 所示。

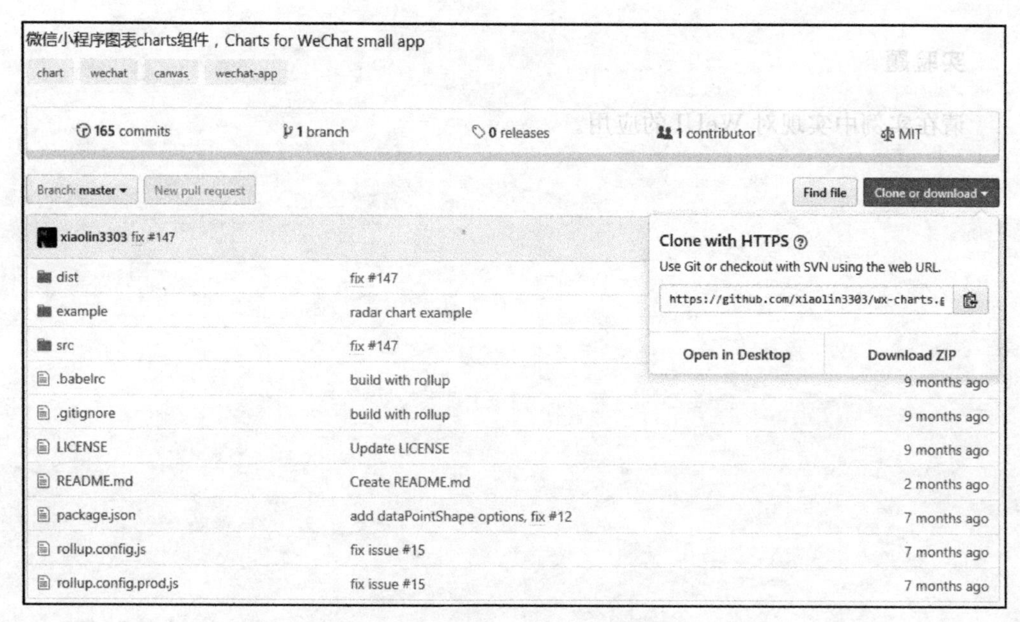

图 15-1 下载 wx-charts 示意图

对所下的压缩包进行解压后，其中有一个“dist”目录和 example 文件夹，“dist”目录下有 wxcharts.js 和 wxcharts-min.js 两个文件，每次使用 wx-charts 时要将 wxcharts.js 包括到相关的应用 js 文件。

为了说明如何使用 wx-charts，首先建立新项目。然后，将“wxcharts.js”文件复制到新建的项目“utils”目录下。

以饼状图为例，例 15-1 代码如下，其效果如图 15-2 所示。

例 15-1

```
<!--index.wxml-->
<view class="container">
    <canvas canvas-id="pieCanvas" class="canvas" style="height:300px">
    </canvas>
</view>

//index.js
var wxCharts=require('../../utils/wxcharts.js');
var app=getApp();
Page({
  data: {
  },
  onLoad: function(e) {
    var windowWidth=320;
    try {
      var res=wx.getSystemInfoSync();
      windowWidth=res.windowWidth;
    } catch(e) {
      console.error('getSystemInfoSync failed! ');
    }
    new wxCharts({
      animation: true,
      canvasId: 'pieCanvas',
      type: 'pie',
      series: [{
        name: '成交量 1',
        data: 15,
      }, {
        name: '成交量 2',
        data: 35,
      }, {
        name: '成交量 3',
        data: 78,
      }, {
        name: '成交量 4',
        data: 63,
      }, {
```

```
        name: '成交量 2',
        data: 35,
      }, {
        name: '成交量 3',
        data: 78,
      }, {
        name: '成交量 4',
        data: 63,
      }, {
        name: '成交量 2',
        data: 35,
      }, {
        name: '成交量 3',
        data: 78,
      }, {
        name: '成交量 3',
        data: 78,
      }],
      width:200,
      height: 200,
      dataLabel: true,
    });
  }
})
```

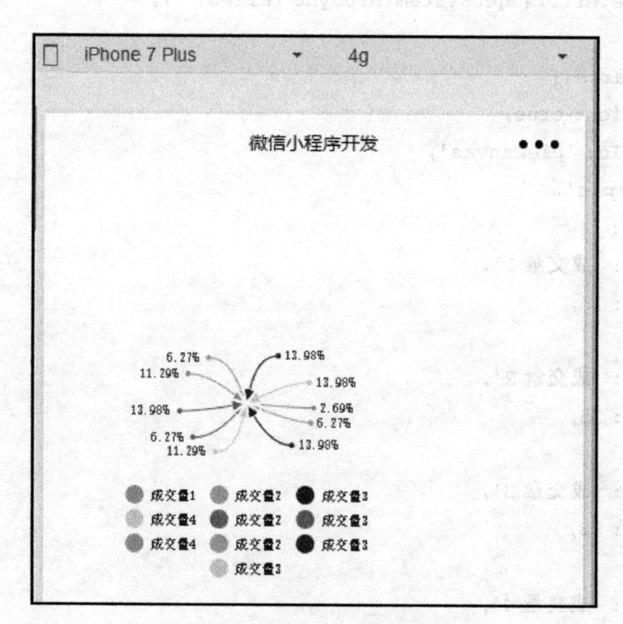

图 15-2　wx-charts 应用的饼形图

15.2 面 积 图

显示面积图布局的例 15-2 代码如下，其效果如图 15-3 所示。

例 15-2

```
<!--index.wxml-->
<view class="container">
    <canvas canvas-id="areaCanvas" class="canvas"></canvas>
</view>

//index.js
var wxCharts=require('../../utils/wxcharts.js');
var app=getApp();
Page({
  data: {
  },
  onLoad: function(e) {
    var windowWidth=320;
    try {
      var res=wx.getSystemInfoSync();
      windowWidth=res.windowWidth;
    } catch(e) {
      console.error('getSystemInfoSync failed! ');
    }
    new wxCharts({
      canvasId: 'areaCanvas',
      type: 'area',
      categories: ['1', '2', '3', '4', '5', '6'],
      animation: true,
      series: [{
        name: '成交量 1',
        data: [32, 45, null, 56, 33, 34],
        format: function(val) {
          return val.toFixed(2)+'万';
        }
      }],
      yAxis: {
        title: '成交金额 (万元)',
        format: function(val) {
          return val.toFixed(2);
      },
        min: 0,
```

```
        fontColor: '#8085e9',
        gridColor: '#8085e9',
        titleFontColor: '#f7a35c'
      },
      xAxis: {
        fontColor: '#7cb5ec',
        gridColor: '#7cb5ec'
      },
      width: windowWidth,
      height: 180
    });
  }
})
```

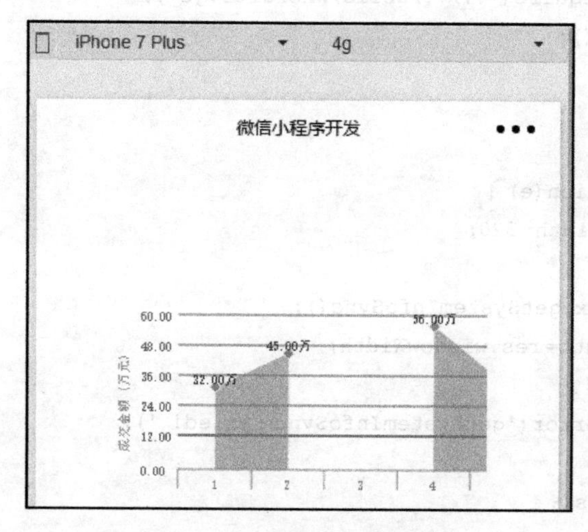

图 15-3　面积图的应用

15.3 环 形 图

应用环形图的例 15-3 代码如下，其效果如图 15-4 所示。

例 15-3

```
<!--index.wxml-->
<view class="container">
    <canvas canvas-id="ringCanvas" class="canvas"></canvas>
</view>

//index.js
var wxCharts=require('../../utils/wxcharts.js');
var app=getApp();
```

```
var ringChart=null;
Page({
  data: {
  },
  onReady: function(e) {
    var windowWidth=500;
    try {
      var res=wx.getSystemInfoSync();
      windowWidth=res.windowWidth;
    } catch(e) {
      console.error('getSystemInfoSync failed! ');
    }
    ringChart=new wxCharts({
      animation: true,
      canvasId: 'ringCanvas',
      type: 'ring',
      extra: {
        ringWidth: 25
      },
      title: {
        name: '70%',
        color: '#7cb5ec',
        fontSize: 25
      },
      subtitle: {
        name: '收益率',
        color: '#666666',
        fontSize: 15
      },
      series: [{
        name: '成交量 1',
        data: 15,
        stroke: false
      }, {
        name: '成交量 2',
        data: 35,
        stroke: false
      }, {
        name: '成交量 3',
        data: 78,
        stroke: false
      }, {
        name: '成交量 4',
        data: 63,
```

```
        stroke: false
      }],
      disablePieStroke: true,
      width: windowWidth,
      height: 170,
      dataLabel: false,
      legend: false,
      padding: 0
    });
    ringChart.addEventListener('renderComplete', ()=>{
      console.log('renderComplete');
    });
    setTimeout(()=>{
      ringChart.stopAnimation();
    }, 500);
  }
})
```

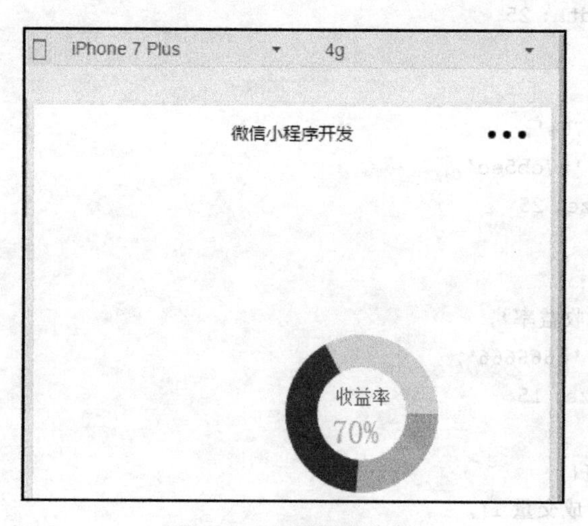

图 15-4　环形图的应用

15.4　柱　状　图

应用柱状图的例 15-4 代码如下，其效果如图 15-5 所示。

例 15-4

```
<!--index.wxml-->
<view class="container">
    <canvas canvas-id="columnCanvas" class="canvas"></canvas>
</view>
```

```
//index.js
var wxCharts=require('../../utils/wxcharts.js');
var app=getApp();
Page({
  onReady: function(e) {
    var windowWidth=320;
    try {
      var res=wx.getSystemInfoSync();
      windowWidth=res.windowWidth;
    } catch(e) {
      console.error('getSystemInfoSync failed! ');
    }
    new wxCharts({
      canvasId: 'columnCanvas',
      type: 'column',
      animation: true,
      categories: ['2012', '2013', '2014', '2015', '2016', '2017'],
      series: [{
        name: '成交量 1',
        data: [15, 20, 45, 37, 4, 80],
        format: function(val, name) {
          return val.toFixed(2)+'万';
        }
      }, {
        name: '成交量 2',
        data: [70, 40, 65, 100, 34, 18],
        format: function(val, name) {
          return val.toFixed(2)+'万';
        }
      }],
      yAxis: {
        format: function(val) {
          return val+'万';
        },
        title: 'hello'
      },
      xAxis: {
        disableGrid: false,
        type: 'calibration'
     },
      width: windowWidth,
      height: 180,
    });
  }
})
```

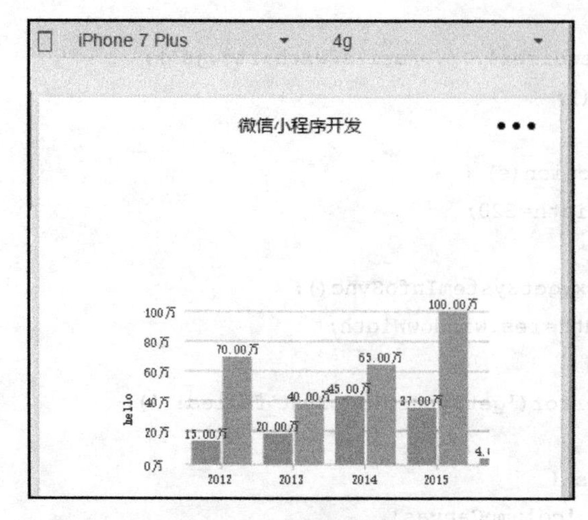

图 15-5　柱状图的应用

15.5　曲　线　图

应用曲线图的例 15-5 代码如下，其效果如图 15-6 所示。

例 15-5

```
<!--index.wxml-->
<view class="container">
    <canvas canvas-id="lineCanvas" class="canvas"></canvas>
    <button type="primary" bindtap="updateData">更新数据</button>
</view>

//index.js
var wxCharts=require('../../utils/wxcharts.js');
var app=getApp();
var lineChart=null;
Page({
  data: {
  },
  createSimulationData: function() {
    var categories=[];
    var data=[];
    for (var i=0; i<50; i++) {
      categories.push('2016-'+(i+1));
      data.push(Math.random() * (20-10)+10);
    }
    return {
      categories: categories,
```

```
        data: data
      }
    },
    updateData: function() {
      var simulationData=this.createSimulationData();
      var series=[{
        name: '成交量 1',
        data: simulationData.data,
        format: function(val, name) {
          return val.toFixed(2)+'万';
        }
      }];
      lineChart.updateData({
        categories: simulationData.categories,
        series: series
      });
    },
    onLoad: function(e) {
      var windowWidth=320;
      try {
        var res=wx.getSystemInfoSync();
        windowWidth=res.windowWidth;
      } catch(e) {
        console.error('getSystemInfoSync failed! ');
      }
      var simulationData=this.createSimulationData();
      lineChart=new wxCharts({
        canvasId: 'lineCanvas',
        type: 'line',
        categories: simulationData.categories,
        animation: false,
        background: '#f5f5f5',
        series: [{
          name: '成交量 1',
          data: simulationData.data,
          format: function(val, name) {
            return val.toFixed(2)+'万';
          }
        }],
        xAxis: {
          disableGrid: true
        },
        yAxis: {
          title: '成交金额 (万元)',
```

```
            format: function(val) {
              return val.toFixed(2);
            },
            min: 0
          },
          width: windowWidth,
          height: 155,
          dataLabel: false,
          dataPointShape: false
        });
      }
    })
```

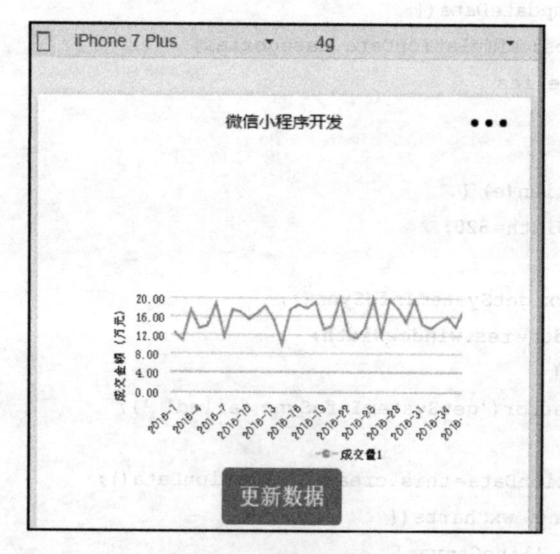

图 15-6 曲线图的应用

习 题 15

实验题

请在实例中实现对 wx-charts 的应用。

第 16 章 Chapter 16

项　目

本章介绍旅游、菜谱两个项目,体现微信小程序开发中组件、API 的综合运用。本章的目标是帮助读者更好地掌握如何将前面所学的知识点综合起来解决实际问题。

16.1　旅游项目

旅游项目涉及多个表单组件的综合运用,该项目的目标主要是帮助读者更好地掌握综合运用多个组件的方法。

例 16-1 代码如下,其效果如图 16-1 所示。

例 16-1

```
app.json
{
  "pages": [
    "pages/index/index"
  ],
  "window": {
    "backgroundTextStyle": "light",
    "navigationBarBackgroundColor": "#D73E3E",
    "navigationBarTitleText": "旅游项目",
    "navigationBarTextStyle": "white"
  }
}
<!--index.wxml-->
<view class="content">
  <form bindsubmit="formSubmit" bindreset="formReset">
    <view class="section section_gap">
      <view class="section__title">输入预算¥: </view>
      <input name="ys" placeholder="请在此输入预算" value="{{ys}}" />
    </view>
    <view class="section section_gap">
      <view class="section__title">自由行还是跟团: </view>
```

```
  <radio-group name="radio-group-sex">
      <label><radio value="zyx" checked/>自由行</label>
      <label><radio value="gt" style="margin-left:20rpx;"/>跟团</label>
    </radio-group>
   </view>
   <view class="section section_gap">
     <view class="section__title">想去的国家：</view>
     <checkbox-group name="region">
       <label class="checkbox" wx:for-items="{{regions}}">
<checkbox value="{{item.name}}" checked="{{item.checked}}"/>{{item.value}}
   </label>
     </checkbox-group>
   </view>
   <view class="section ">
     <view class="section__title">想去的城市：</view>
     <picker bindchange="bindPickerChange" value="{{index}}" range=
     "{{citys}}">
       <view class="picker">
         当前选择：{{citys[index]}}
       </view>
     </picker>
   </view>
   <view class="section">
     <view class="section__title">预计的出发日期</view>
     <picker mode="date" name="date1" value="{{date}}" start="2015-09-01" end
     ="2017-09-01"
         bindchange="bindDateChange">
       <view class="picker">
         当前选择：{{date}}
       </view>
     </picker>
   </view>
   <view class="section">
     <view class="section__title">请输入有效身份信息：</view>
   <textarea name="sfxx" style="height:40rpx;" value="{{sfxx}}"
   placeholder="如身份证号码" />
   </view>
   <view class="btn-area">
     <button type="primary" bindtap="modalTap3">使用 API 显示对话框</button>
     <button form-type="submit">提交</button>
     <button type="primary" form-type="reset">重置</button>
   </view>
  </form>
</view>

//index.js
Page({
  data: {
    ys: 0,
```

```
    regions: [
      { name: 'USA', value: '美国' },
      { name: 'CHN', value: '中国', checked: 'true' },
      { name: 'BRA', value: '巴西' },
      { name: 'JPN', value: '日本' },
      { name: 'ENG', value: '英国' },
      { name: 'TUR', value: '法国' },
    ],
    citys:['BJ', 'SH', 'SZ', 'NJ', 'XZ', 'CZ'],
    index: 0,
    date: '2017-9-1',
    sfxx: '',
  },
  formSubmit: function(e) {
    console.log('form发生了submit事件,携带数据为：', e.detail.value);
    console.log('提交表单事件');
  },
  formReset: function() {
    console.log('form发生了reset事件')
  },
  //地区选择
  bindPickerChange: function(e) {
    console.log('picker发送选择改变,携带值为', e.detail.value);
    this.setData({
      index: e.detail.value
    })
  },
  //日期选择
  bindDateChange: function(e) {
    console.log('日期值发生改变,携带值为', e.detail.value);
    this.setData({
      date: e.detail.value
    })
  },
  modalTap3: function() {
    wx.showModal({
      title: '提示',
      content: '这是使用API显示的弹出框',
      success: function(res) {
        if (res.confirm) {
          console.log('用户点击了确定按钮')
        }
      }
    })
  }
})

/**index.wxss**/
.content{
```

```
  margin: 10rpx;
}
.section{
  margin-bottom: 10rpx;
  border: 1px solid #e9e9e9;
  border-radius: 6rpx;
}
.section_gap{
   padding: 0 30 rpx;
}
.section__title{
  margin-bottom: 10rpx;
  padding-left:10rpx;
  padding-right:10rpx;
  background-color: aqua;
}
.btn-area{
  padding: 0 10 rpx;
}
button{
  margin: 10rpx 0;
}
radio-group{
  padding: 10 rpx;
}
```

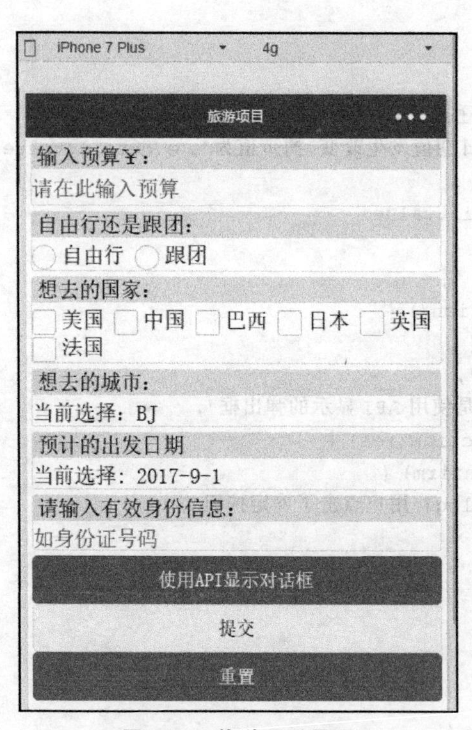

图 16-1　旅游项目界面

16.2 菜谱项目

菜谱项目涉及了多个页面的相互跳转、组件和API之间的综合运用，该项目的主要目标是为了帮助读者更好地理解页面之间关系，掌握页面实现方法，初步掌握组件和API的综合应用。

例16-2代码如下，该例先修改app.json，修改之后的app.json如下所示。

例16-2

```
{
  "pages": [
    "pages/cook/cook",
    "pages/food/food",
    "pages/me/me",
    "pages/cd/cd",
    "pages/zs/zs",
    "pages/sg/sg"
  ],
  "window": {
    "backgroundTextStyle": "light",
    "navigationBarBackgroundColor": "#494949",
    "navigationBarTitleText": "学做菜",
    "navigationBarTextStyle": "#ffffff"
  },
  "tabBar": {
    "backgroundColor": "#ffffff",
    "color": "#999999",
    "selectedColor": "#CC1004",
    "borderStyle": "black",
    "list": [
      {
        "pagePath": "pages/cook/cook",
        "text": "学做菜",
        "iconPath": "pages/images/tab/cook-0.jpg",
        "selectedIconPath": "pages/images/tab/cook-1.jpg"
      },
      {
        "pagePath": "pages/food/food",
        "text": "美食圈",
        "iconPath": "pages/images/tab/food-0.jpg",
        "selectedIconPath": "pages/images/tab/food-0.jpg"
      },
      {
```

```
        "pagePath": "pages/me/me",
        "text": "我的",
        "iconPath": "pages/images/tab/me-0.jpg",
        "selectedIconPath": "pages/images/tab/me-1.jpg"
      }
    ]
  }
}
```

底部标签导航界面如图 16-2 所示。

图 16-2　底部标签导航 tabBar 界面

接着，增加 cook 相关文件，代码如例 16-3 所示，界面如图 16-3 所示。

例 16-3

```
<!--pages/cook/cook.wxml-->
<text>首页</text>
<text>pages/cook/cook.wxml</text>
<swiper class="swiper" indicator-dots="true" autoplay="true" interval="5000"
duration="1000" style="width:90%;height:300px;">
  <block wx:for="{{movies}}" wx:for-index="index">
    <swiper-item>
    <image src="{{item.url}}" class="slide-image" mode="aspectFill" />
    </swiper-item>
  </block>
  </swiper>
  <view class="nav">
    <view class="nav-item">
        <view><image src="../images/icon/fenlei.jpg"
        style="width:25px;height:23px;"></image></view>
        <view><button type="primary" bindtap="FL">菜谱分类</button></view>
    </view>
        <view class="nav-item">
        <view><image src="../images/icon/meishi.jpg"
        style="width:25px;height:23px;"></image></view>
        <view><button type="primary" bindtap="ZS">美食知识</button></view>
    </view>
    <view class="nav-item">
        <view><image src="../images/icon/shangou.jpg"
        style="width:25px;height:23px;"></image></view>
```

```
      <view><button type="primary" bindtap="SG">模拟闪购</button></view>
    </view>
  </view>

//pages/cook/cook.js
Page({
  data:{
    movies: [
      { url: '../images/haibao/haibao-1.jpg' },
      { url: '../images/haibao/haibao-2.jpg' },
      { url: '../images/haibao/haibao-3.jpg' },
           ]
  },
  FL: function() {
    wx.navigateTo({
      url: '../cd/cd',
    })
  },
  ZS: function() {
    wx.navigateTo({
      url: '../zs/zs',
    })
  },
  SG: function() {
    wx.navigateTo({
      url: '../sg/sg',
    })
  },
})

/* pages/cook/cook.wxss */
.nav{
  display: flex;
  flex-direction: row;
  text-align: center;
}
.nav-item{
  width: 25%;
  margin-top:20px;
  font-size: 12px;
}
```

图 16-3　cook 界面

点击“菜谱分类”，进入 cd.wxml 文件，代码如例 16-4 所示，界面如图 16-4 所示。

例 16-4

```
<!--pages/cd/cd.wxml-->
<text>pages/cd/cd.wxml</text>
<view>菜谱信息:</view>
<view>肉类</view>
<view>禽类</view>
<view>水产</view>
<view>蛋羹</view>
```

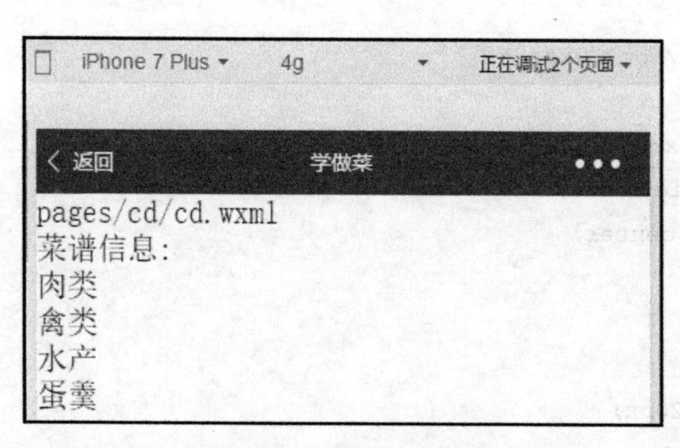

图 16-4　菜谱分类界面

点击“美食知识”，进入 zs.wxml 文件，代码如例 16-5 所示，界面如图 16-5 所示。

例 16-5

```
<!--pages/zs/zs.wxml-->
<text>pages/zs/zs.wxml</text>
<view class="classname">美食知识</view>
<view>川菜</view>
<view>粤菜</view>
<view>湘菜</view>
<view>鲁菜</view>
<view>浙菜</view>
<view>闽菜</view>
<view>徽菜</view>
<view>苏菜</view>
<view>湖北菜</view>
<view>东北菜</view>
```

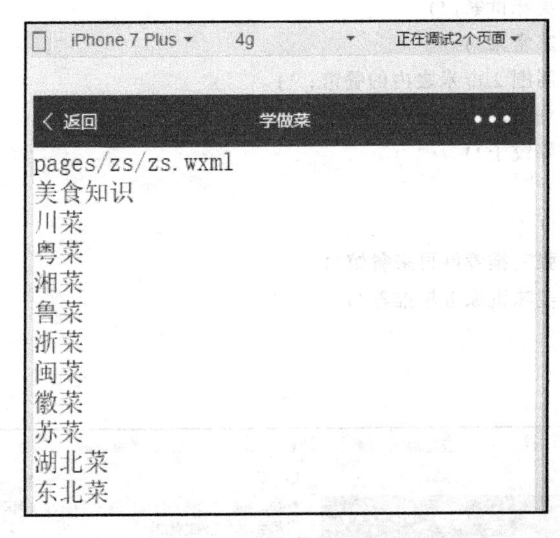

图 16-5 美食知识界面

点击“模拟闪购”，进入 sg.wxml 文件，代码如例 16-6 所示，界面如图 16-6 所示。

例 16-6

```
<!--pages/sg/sg.wxml-->
<text>pages/sg/sg.wxml</text>
<view>模拟闪购</view>
```

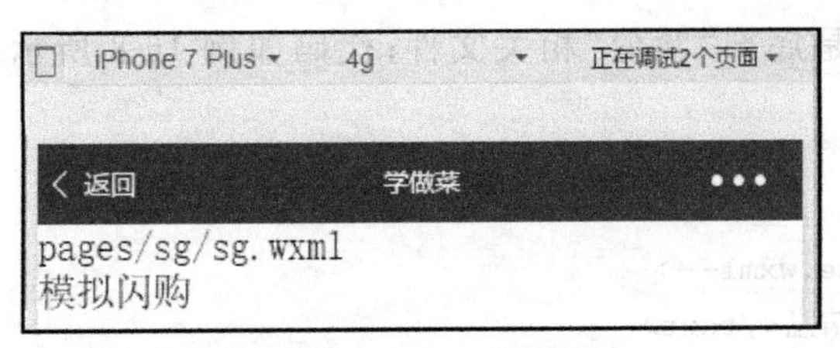

图 16-6 模拟闪购界面

处理完“学做菜”cook的底部导航后，接着要实现的是底部“美食圈”相关文件；代码如例16-7所示，food界面和点击后的效果如图16-7所示。

例16-7

```
<!--pages/food/food.wxml-->
<text>美食圈</text>
<text>pages/food/food.wxml</text>
<button type="primary" bindtap="ZBMS">寻找周边的美食</button>
<button type="primary" bindtap="KTJ">看推荐的美食</button>

//pages/food/food.js
Page({
  ZBMS:function(){
  console.log('周围 100 米之内的餐馆：')
  console.log('美味世家,')
  console.log('家常菜')
  console.log('周围 200 米之内的餐馆：')
  console.log('\n 羊肉馆,')
  console.log('好饺子')
  },
  KTJ: function() {
  console.log('张三推荐好再来餐馆')
  console.log('美味世家五星推荐')
  },
})
```

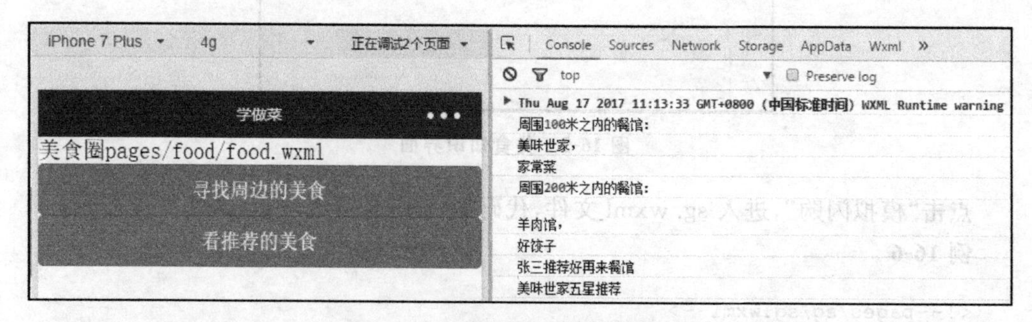

图16-7 food界面和点击后的效果

点击两个按钮之后的效果如图16-8所示。

最后，要实现的是底部“我的”相关文件；代码如例16-8所示，对应“我的”界面如图16-9所示。

例16-8

```
<!--pages/me/me.wxml-->
<text>我的个人信息</text>
<text>pages/me/me.wxml</text>
```

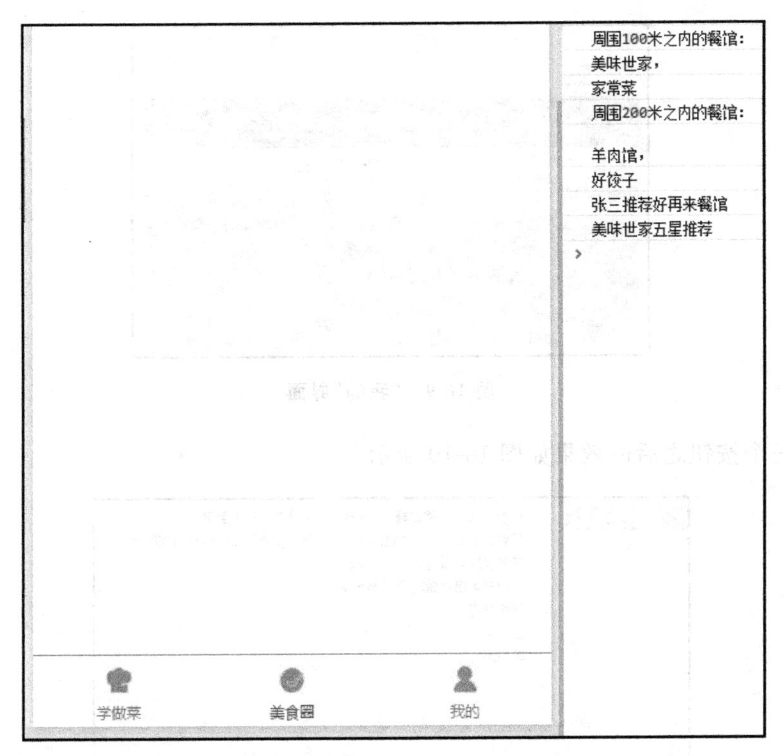

图 16-8 点击两个按钮之后的效果

```
<button type="primary" bindtap="SCCP">收藏菜谱</button>
<button type="primary" bindtap="SCDCXX">收藏的订餐信息</button>
<button type="primary" bindtap="GRXHC">个人喜欢的菜</button>

//pages/me/me.js
Page({
  SCCP:function(){
    console.log('麻酱苦瓜：只用白糖、芝麻酱调料调节苦瓜的苦味')
    console.log('巧克力奶油棒冰:浓浓的黑巧克力配上丝滑爽口的酸奶做成的冰棒')
  },
  SCDCXX: function() {
    console.log('美味世家订餐电话：88886666')
    console.log('好再来餐馆订餐电话:83456712')
  },
  GRXHC: function() {
    console.log('辣椒炒肉')
    console.log('回锅肉')
    console.log('羊肉串')
  }
})
```

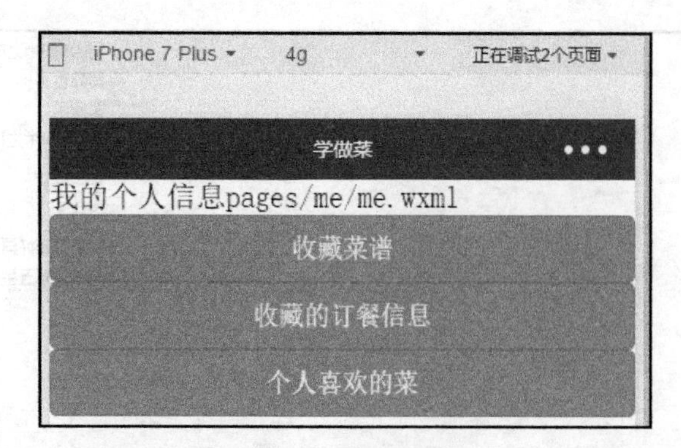

图 16-9 “我的”界面

点击三个按钮之后的效果如图 16-10 所示。

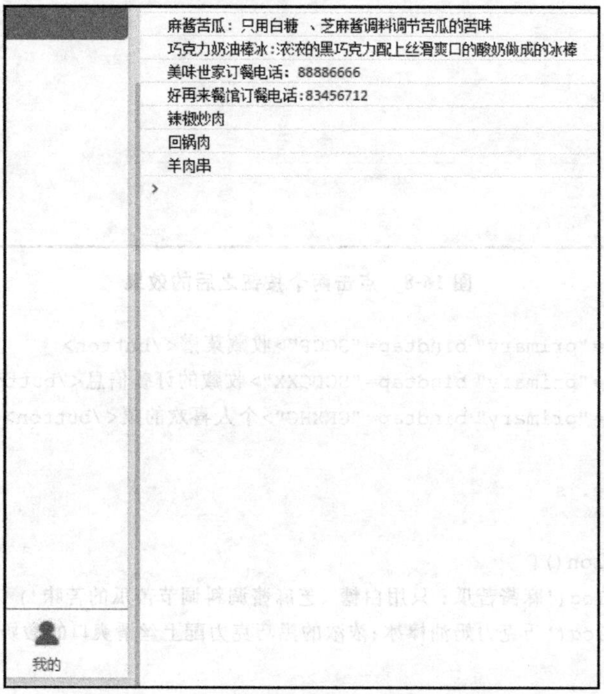

图 16-10 点击三个按钮之后的效果

习 题 16

实验题

1. 请实现旅游项目。
2. 请实现简易菜谱项目。

附录 A Appendix A

Spring Boot 作为后台的简单应用

Spring Boot 因其轻量级的开发方式而受到大家的追捧，这使得它成为微信小程序后台开发比较好的开发工具。本附录介绍 Spring Boot 项目作为微信小程序项目后台的一个简单应用，对 Spring Boot 项目与微信小程序项目的整合开发提供一个入门性的介绍。

A.1 IntelliJ IDEA 的安装

在进行 Spring Boot 开发之前，先要配置好开发环境。本附录以 IntelliJ IDEA(后文简称 IDEA)为开发工具，安装 IDEA 之前需要先安装 JDK。

A.1.1 安装和配置 JDK

从 Java 的官网(http://www.oracle.com)下载安装包，如图 A-1 所示。

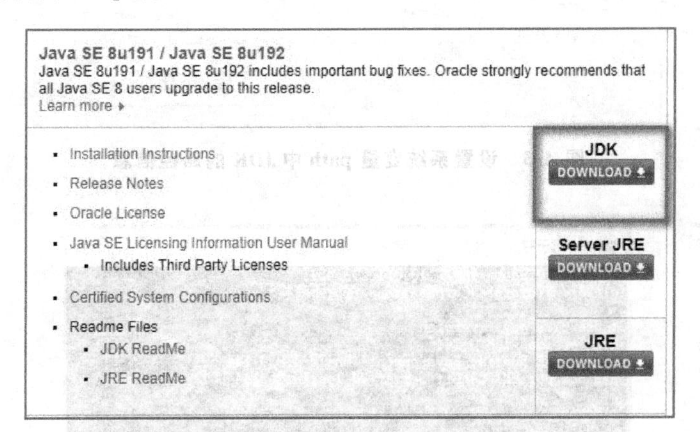

图 A-1 从官网下载 JDK 安装包

安装完成后，设置系统变量 JAVA_HOME，如图 A-2 所示。配置好 JAVA_HOME 之后，将%JAVA_HOME%\bin 加入到系统的环境变量 path 中，如图 A-3 所示。

完成安装后，打开命令行窗口，输入命令 java -version，如果见到如图 A-4 所示的版本信息就说明 JDK 安装成功了。

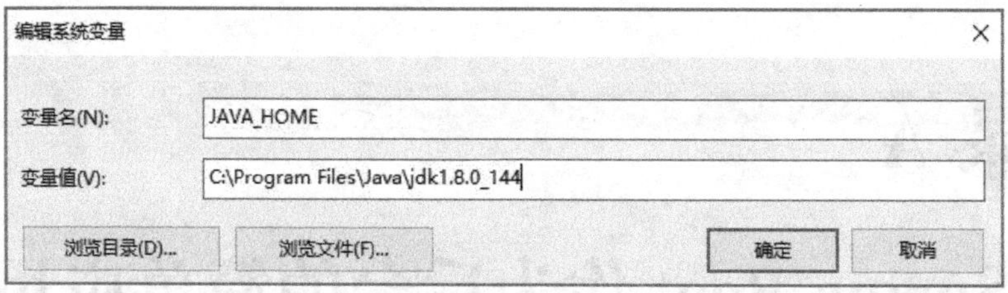

图 A-2 设置系统变量 JAVA_HOME

图 A-3 设置系统变量 path 中 JDK 的路径信息

图 A-4 JDK 安装成功后显示的版本信息

A.1.2 安装 IDEA

可以从 IDEA 官网(https://www.jetbrains.com)下载免费的社区版或者旗舰试用版 IDEA。然后进行安装,安装完成后打开 IDEA;将显示如图 A-5 所示的欢迎界面。

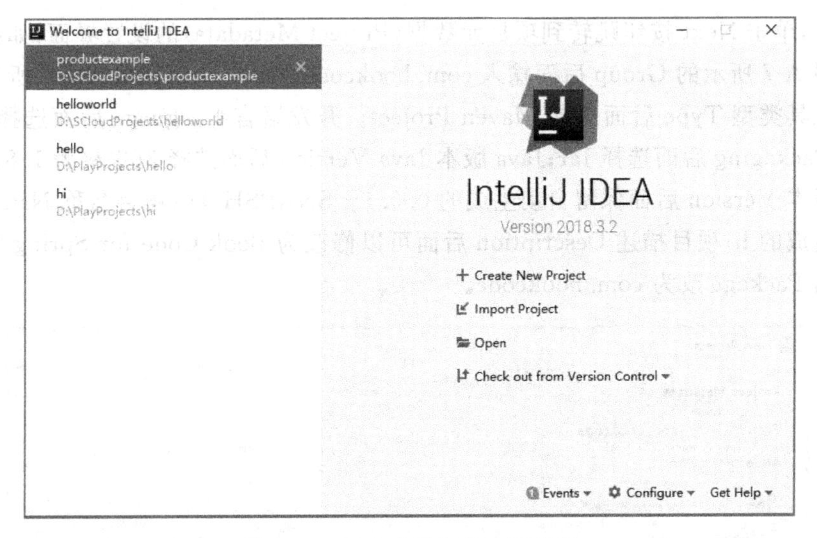

图 A-5 IDEA 启动后的欢迎界面

A.2 用 IDEA 创建项目与项目基本情况

A.2.1 利用 IDEA 创建项目

先在如图 A-5 所示的欢迎界面中选择 Create New Projcet 链接，进入创建项目界面；并选择 Spring Initializr 类型的项目，如图 A-6 所示。

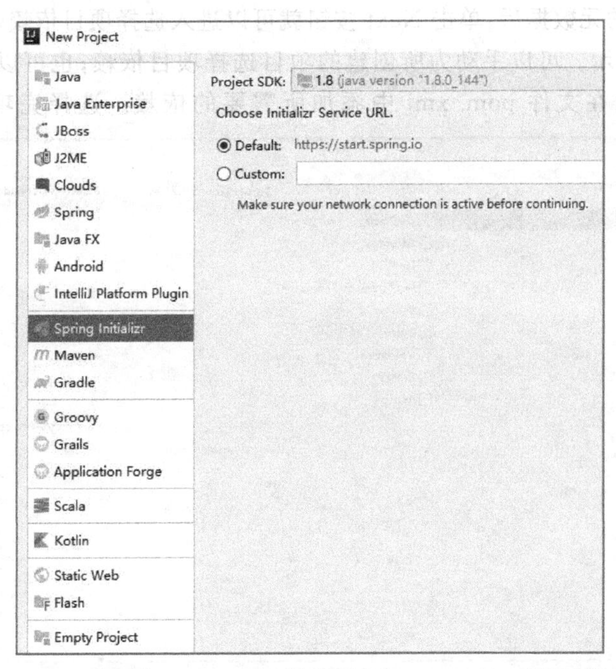

图 A-6 IDEA 中创建 New Projcet 时选择 Spring Initializr 类型项目的界面

接着，单击 Next 按钮跳转到项目元数据(Project Metadata)的设置界面，如图 A-7 所示。在图 A-7 所示的 Group 后面输入 com. bookcode，Artifact 后面输入 h。所创建项目的管理工具类型 Type 后面选择 Maven Project。开发语言 Language 后面选择 Java；打包方式 Packaging 后面选择 Jar；Java 版本 Java Version 后面选择 8(也称为 1.8)；所创建项目的版本 Version 后面保留自动生成的 0.0.1－SNAPSHOT；项目名称 Name 后面保留自动生成的 h；项目描述 Description 后面可以修改为 Book Code for Spring Boot。将项目包名 Package 改为 com. bookcode。

New Project

Project Metadata

Group:	com.bookcode
Artifact:	h
Type:	Maven Project (Generate a Maven based project archive)
Language:	Java
Packaging:	Jar
Java Version:	8
Version:	0.0.1-SNAPSHOT
Name:	h
Description:	Book Code for Spring Boot
Package:	com.bookcode

图 A-7　IDEA 创建新项目时设置项目元数据(Project Metadata)的界面

填写完项目的元数据后，单击 Next 按钮就可以进入选择项目依赖(Dependencies)的界面，如图 A-8 所示。可以手动为所创建的项目选择项目依赖；也可以在创建项目时不选择任何依赖，而在文件 pom. xml 中添加所需要的依赖。选择完项目依赖的同时，

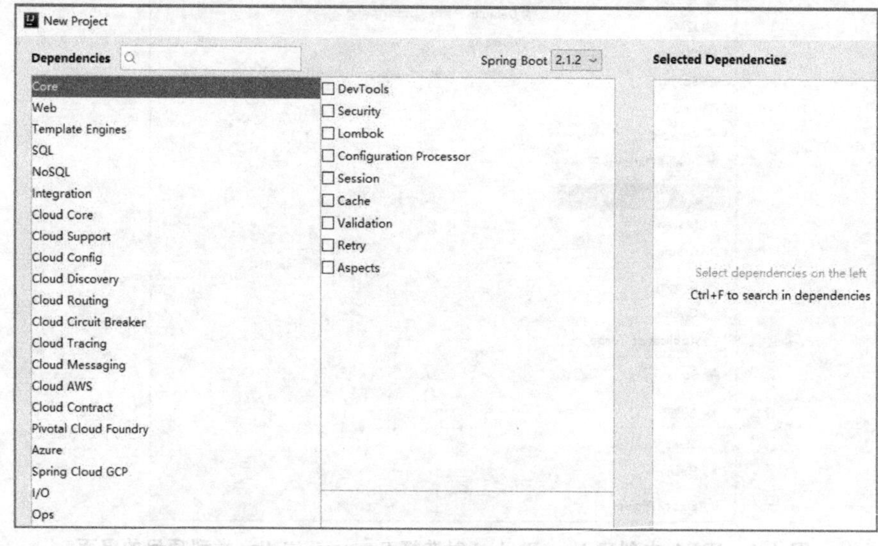

图 A-8　IDEA 创建新项目时选择依赖(Dependencies)的界面

IDEA会自动选择项目创建时Spring Boot的最新版本；也可以手动选择所需要的版本，还可以在文件pom. xml中修改Spring Boot的版本信息。

单击Next按钮后，自动生成项目名称(Project name)和项目路径(Project location)，可以保存默认生成的项目名称和项目路径不变，如图A-9所示。单击Finsh按钮，就可以进入到项目界面。

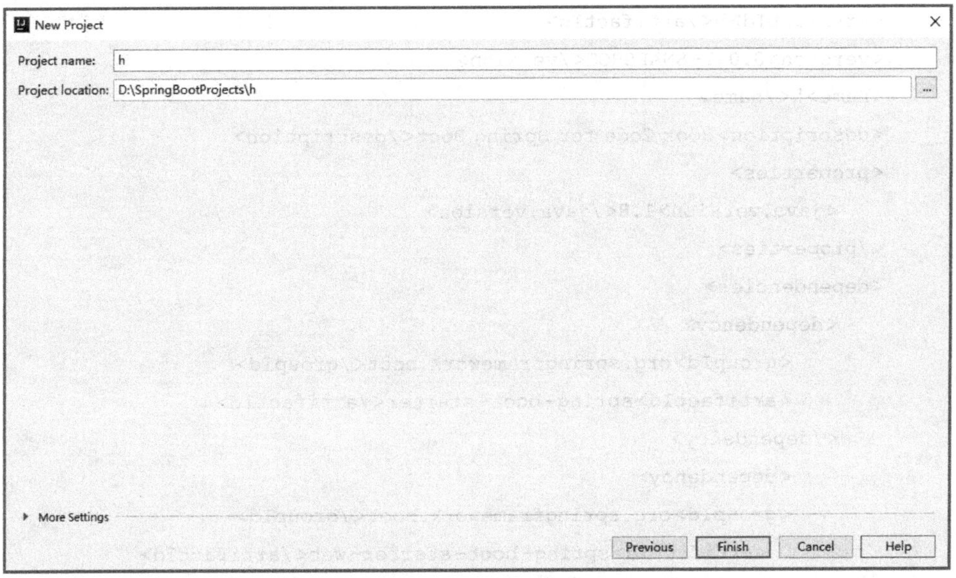

图A-9 自动生成的项目名称和项目路径的界面

由于所创建项目的管理类型为Maven Project，所以文件pom. xml是项目中的关键文件，其代码如例A-1所示。其中，<parent></parent>之间的内容表示父依赖，是一般项目都要用到的基础内容；其中包含了项目中用到的Spring Boot的版本信息。<properties></properties>之间的内容表示了项目中所用到的Java版本信息。<dependencies></dependencies>之间的内容包含了项目所要用到的依赖信息；创建项目时IDEA会自动添加了对spring-boot－starter(支持开箱即用)和spring－boot－starter－test(支持测试)的依赖，其他依赖需要手动添加。<build></build>之间的内容表示了编译运行时要用到的相关插件。

例A-1 pom. xml文件代码示例。

```
<?xml version="1.0" encoding="UTF-8"?>
<project xmlns="http://maven.apache.org/POM/4.0.0"
xmlns:xsi="http://www.w3.org/2001/XMLSchema-instance"
  xsi:schemaLocation="http://maven.apache.org/POM/4.0.0
http://maven.apache.org/xsd/maven-4.0.0.xsd">
    <modelVersion>4.0.0</modelVersion>
    <parent>
        <groupId>org.springframework.boot</groupId>
```

```
        <artifactId>spring-boot-starter-parent</artifactId>
        <!--可以手动修改下面语句来修改 Spring Boot 的版本信息-->
        <version>2.1.2.RELEASE</version>
        <relativePath/><!--lookup parent from repository-->
    </parent>
  <groupId>com.bookcode</groupId>
    <artifactId>h</artifactId>
    <version>0.0.1-SNAPSHOT</version>
    <name>h</name>
    <description>Book Code for Spring Boot</description>
    <properties>
        <java.version>1.8</java.version>
    </properties>
    <dependencies>
        <dependency>
            <groupId>org.springframework.boot</groupId>
            <artifactId>spring-boot-starter</artifactId>
        </dependency>
            <dependency>
            <groupId>org.springframework.boot</groupId>
              <artifactId>spring-boot-starter-web</artifactId>
    </dependency>
    <dependency>
            <groupId>org.springframework.boot</groupId>
            <artifactId>spring-boot-starter-data-jpa</artifactId>
        </dependency>
        <dependency>
            <groupId>mysql</groupId>
            <artifactId>mysql-connector-java</artifactId>
        </dependency>
        <dependency>
            <groupId>org.projectlombok</groupId>
            <artifactId>lombok</artifactId>
        </dependency>
        <dependency>
            <groupId>org.springframework.boot</groupId>
            <artifactId>spring-boot-starter-test</artifactId>
            <scope>test</scope>
        </dependency>
    </dependencies>
    <build>
          <plugins>
```

```
            <plugin>
              <groupId>org.springframework.boot</groupId>
              <artifactId>spring-boot-maven-plugin</artifactId>
            </plugin>
        </plugins>
    </build>
</project>
```

至此，完成了 Spring Boot 项目的创建工作；在此基础上就可以进行 Spring Boot 项目的开发了。

A.2.2 创建项目的基本构成情况

IDEA 创建完项目之后，项目中目录和文件的构成情况如图 A-10 所示。项目中关键的目录、文件可以分为三大部分。其中，src/main/java 目录下包括主程序入口类 HApplication，可以运行该类来运行程序；开发时需要在此目录下添加所需的接口、类等文件。src/main/resources 是资源目录，该目录用来存放项目的资源，例如配置文件 application.properties。src/test 是单元测试目录，自动生成的测试文件 HApplicationTests 位于该目录下，用该测试文件可以测试程序。另外，pom.xml 文件是项目管理(特别是管理项目依赖)的重要文件。

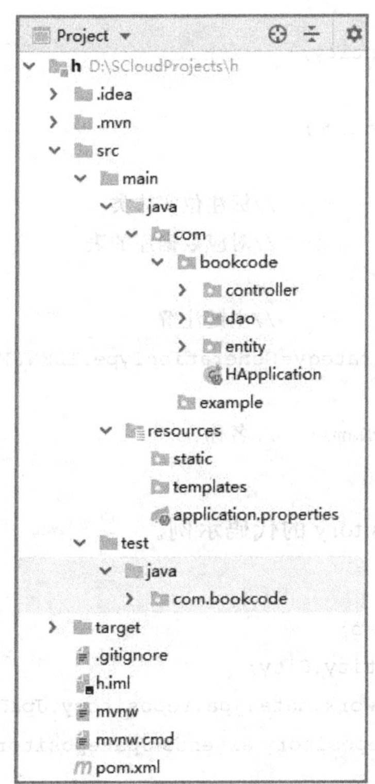

图 A-10 IDEA 创建项目后项目的目录和文件构成情况

A.3 作为后台的 Spring Boot 简单应用开发

A.3.1 新建 Spring Boot 项目并添加依赖

新建项目 h，确保在文件 pom. xml 的＜dependencies＞和＜/dependencies＞之间添加了 Web、Data JPA、MySQL 驱动、Lombok 等依赖，代码如例 A-1 所示。

A.3.2 新建 Spring Boot 项目文件

依次在包 com. bookcode 下创建 entity、dao、controller 等子包。并在包 com. bookcode. entity 中创建类 City，代码如例 A-2 所示。在包 com. bookcode. dao 中创建接口 CityRepository，代码如例 A-3 所示。在包 com. bookcode. controller 中创建类 CityController，代码如例 A-4 所示。修改在目录 src/main/resources 下的配置文件 application. properties，代码如例 A-5 所示。

完成上述任务后，整个项目的核心目录和文件结构如图 A-10 所示。Spring Boot 后台项目的完整代码请从清华大学出版社官网上下载。

例 A-2 类 City 的代码示例。

```
//City.java
package com.bookcode.entity;
import lombok.Data;
import javax.persistence.*;
@Data
@Entity                         //标注位实体类
@Table(name="city")             //对应数据库的表
public class City  {
    @Id                         //主键注解
    @GeneratedValue(strategy=GenerationType.IDENTITY)     //主键自增
    private Long id;
    private String cityName;    //名称
}
```

例 A-3 接口 CityRepository 的代码示例。

```
//CityRepository.java
package com.bookcode.dao;
import com.bookcode.entity.City;
import org.springframework.data.jpa.repository.JpaRepository;
public interface CityRepository extends JpaRepository<City,Long>{
}
```

例 A-4 类 CityController 的代码示例。

```
//CityController.java
package com.bookcode.controller;
import com.bookcode.dao.CityRepository;
import com.bookcode.entity.City;
import org.springframework.beans.factory.annotation.Autowired;
import org.springframework.web.bind.annotation.*;
import java.util.*;
@RestController
public class CityController {
    @Autowired
    private CityRepository userService;
    @RequestMapping("/")
    public String hi(){
        return "Congratulations! It works!";
    }
    @GetMapping(value="/listcity")
    private Map<String, Object>listCity() {
        Map<String, Object>modelMap=new HashMap<String, Object>();
        List<City>cities=userService.findAll();
        modelMap.put("cityList", cities);
        return modelMap;
    }
    @GetMapping(value="/getcitybyid")
    private Map<String, Object>getCityById(Long id) {
        Map<String, Object>modelMap=new HashMap<String, Object>();
      Optional <City>city=userService.findById(id);
        modelMap.put("city", city);
        return modelMap;
    }
    @PostMapping(value="/addcity")
    private Map<String, Object>addCity(@RequestBody City city) {
        Map<String, Object>modelMap=new HashMap<String, Object>();
        userService.save(city);
        boolean isSuccess=false;
        if(  city !=null)  isSuccess=true;
            modelMap.put("success", isSuccess);
        return modelMap;
    }
    @PostMapping(value="/modifycity")
    private Map<String, Object>modifyCity(@RequestBody City city) {
        Map<String, Object>modelMap=new HashMap<String, Object>();
         userService.saveAndFlush(city);
        boolean b=false;
        if(city !=null)  b=true;
        modelMap.put("success", b);
        return modelMap;
```

```
    }
    @GetMapping(value="/removecity")
    private Map<String, Object>removeCity(Long id) {
        Map<String, Object>modelMap=new HashMap<String, Object>();
        Optional <City>city=userService.findById(id);
        boolean isSuccess=false;
        if(city !=null) {
            userService.deleteById(id);
             isSuccess=true;
        }
        modelMap.put("success", isSuccess);
        return modelMap;
    }
}
```

例 A-5 配置文件 application. properties 的代码示例。

```
#配置文件 application.properties
spring.datasource.url = jdbc:mysql://localhost:3306/test?serverTimezone =
UTC&useUnicode=true&characterEncoding=UTF-8&useSSL=false
spring.datasource.driver-class-name=com.mysql.cj.jdbc.Driver
spring.datasource.username=root
spring.datasource.password=sa
spring.jpa.hibernate.ddl-auto=update
spring.jpa.database-platform=org.hibernate.dialect.MySQLDialect
```

A.3.3 在浏览器中直接访问后台项目的结果示例

运行程序，在浏览器中输入 localhost:8080 后结果如图 A-11 所示。在浏览器中输入 localhost:8080/listcity 后结果如图 A-12 所示。

图 A-11 在浏览器中输入 localhost:8080 后浏览器的输出结果

```
{"cityList":[{"id":1,"cityName":"南京"},{"id":2,"cityName":"无锡"},
{"id":3,"cityName":"徐州"},{"id":4,"cityName":"常州"},
{"id":9,"cityName":"苏州"},{"id":10,"cityName":"xz"}]}
```

图 A-12 在浏览器中输入 localhost:8080/listcity 后浏览器的输出结果

A.4 作为前台的微信小程序简单应用开发

A.4.1 新建微信小程序项目文件

依次在目录 pages 文件中添加 hi、hello、list、operation 4 组文件，每组包括 4 个文件，如 hello. js、hello. wxml、hello. wxss、hello. json 为一组文件。项目增加的目录、文件结构如图 A-13 所示。

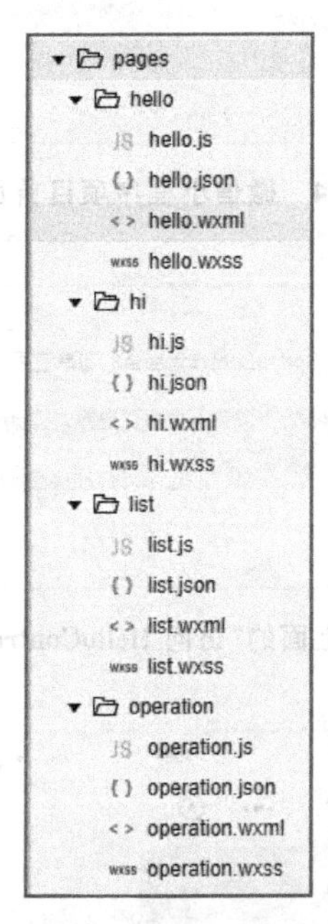

图 A-13 微信小程序项目增加的目录和文件结构

A.4.2 微信小程序项目运行结果

编译微信小程序，并在 Nexus 6 手机模拟器中显示的首页界面（与 hi. wxml 文件对应）如图 A-14 所示。单击图 A-14 中上面的“访问 HelloController”按钮，跳转到如图 A-15 所示的界面（与 hello. wxml 文件对应）。单击图 A-15 中“访问 http://localhost:8080 的结果”按钮，在微信小程序开发工具的控制台中输出访问后台 Spring Boot 得到的内容，如图 A-16 所示。对比图 A-16 和图 A-11，可以发现二者的内容一致。单击图 A-14 中下面的“调用 CityController”按钮，跳转到如图 A-17 所示的界面（与 list. wxml 文件对应）。对比图 A-17 和图 A-12，可以发现二者的内容一致。单击图 A-17 中“添加城市”按钮，跳转到如图 A-18 所示的界面（与 operation. wxml 文件对应）。在图 A-18 的文本框中输入要增加的城市名称（如“北京”）后单击“提交”按钮，结果如图 A-19 所示。再次在浏览器中输入 localhost:8080/listcity，结果如图 A-20 所示。对比图 A-19 和图 A-20，可以发现二者的内容一致；这说明前台微信小程序的操作和后台 Spring Boot 项目进行了关联，并将操作结果存储到了 MySQL 数据库中。

图 A-14 微信小程序项目首页界面

图 A-15 单击图 A-14 中上面的"访问 HelloController"按钮后跳转到的界面

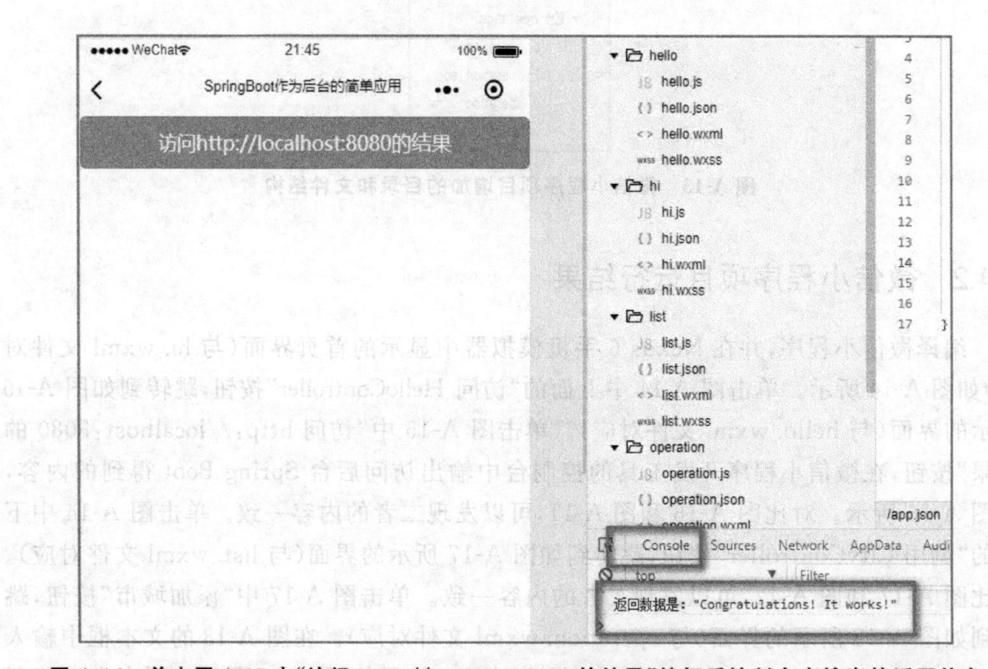

图 A-16 单击图 A-15 中"访问 http://localhost:8080 的结果"按钮后控制台中输出的返回信息

●●●●● WeChat 21:46 100%

城市列表

编号	城市名称	操作
1	南京	编辑 | 删除
2	无锡	编辑 | 删除
3	徐州	编辑 | 删除
4	常州	编辑 | 删除
9	苏州	编辑 | 删除
10	xz	编辑 | 删除

添加城市

图 A-17 单击图 A-14 中下面的“调用 CityController”按钮后跳转到的界面

图 A-18 单击图 A-17 中“添加城市”按钮后跳转到的界面

●●●●● WeChat 21:47 100%

城市列表

编号	城市名称	操作
1	南京	编辑 | 删除
2	无锡	编辑 | 删除
3	徐州	编辑 | 删除
4	常州	编辑 | 删除
9	苏州	编辑 | 删除
10	xz	编辑 | 删除
11	北京	编辑 | 删除

添加城市

图 A-19 在图 A-18 文本框中输入要增加的城市名称后单击“提交”按钮的结果

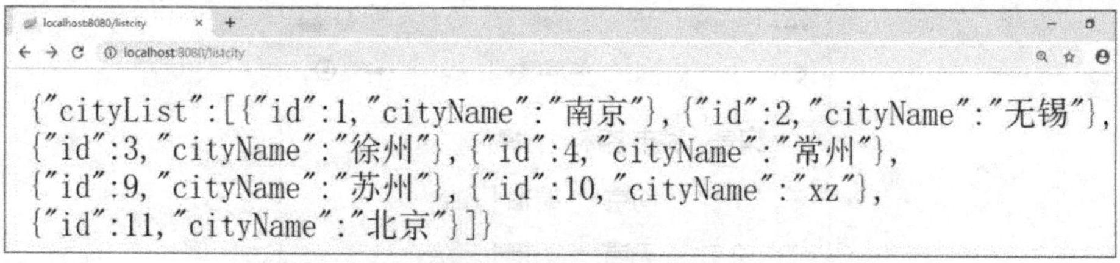

localhost:8080/listcity

{"cityList":[{"id":1,"cityName":"南京"},{"id":2,"cityName":"无锡"},
{"id":3,"cityName":"徐州"},{"id":4,"cityName":"常州"},
{"id":9,"cityName":"苏州"},{"id":10,"cityName":"xz"},
{"id":11,"cityName":"北京"}]}

图 A-20　再次在浏览器中输入 localhost:8080/listcity 后的结果

A.5　Spring Boot 项目和微信小程序项目整合的关键点

A.5.1　二者整合的关键代码

Spring Boot 和微信小程序整合的关键是在微信小程序中访问 Spring Boot 后台项目提供的服务，二者关联的关键代码如例 A-6 所示。

例 A-6　二者关联的核心代码示例。

```
//pages/hello/hello.js
……//省略了代码
sayhello: function (e) {
    wx.request({
      url: 'http://localhost:8080/',
      method: 'GET',
      data: {},
      success: function (res) {
        console.log("返回数据是: "+JSON.stringify(res.data));
      }
    })
  },
……//省略了代码
```

A.5.2　注意事项

微信小程序和服务器进行网络通信的方式包括 https 协议(请注意不是 http 协议)和 Websocket 等。默认情况下，微信小程序后台只接受 https 域名，开发时可以申请此类域名；或者在微信小程序开发工具中进行设置后使用 http 域名。设置方法是单击工具中"详情"按钮后勾选"不校验合法域名、web-view(业务域名)、TLS 版本以及 HTTPS 证书"前的方框；勾选后微信小程序就可以使用访问 http 域名(如 localhost:8080)。

与本示例类似的代码可以参考网址 https://blog.csdn.net/sinat_25295611/article/details/79611316，读者可以对比此网址的代码和本书附带的源代码，加深对 Spring Boot 项目和微信小程序项目整合开发的认识。

参考文献

[1] 百度百科.小程序[EB/OL].[2017-07-06]. http://baike. baidu. com/link? url = QmJn7-BYGOTCSc0C2phkswKzySuXULvwTMgiJFLCnsBwAqPDmBEjCQzVEXkmHAc17KcxenzJbg0cJOuGgRQ1h9T4Yc4pAXeEhJ5USiEnhBHV5UCVG49skuv5sfKt6dt_Kc-hdBMoUmr4PW-MMDZmQK.

[2] 初雪.如何入门微信小程序开发,有哪些学习资料?[EB/OL].[2017-07-06]. https://www.zhihu. com/question/50907897.

[3] 赵启明.微信小程序架构分析(上)[EB/OL].[2017-07-06]. https://zhuanlan. zhihu. com/p/22754296?refer=fedevs.

[4] DragonDean.微信小程序全面实战,架构设计 & 躲坑攻略(小程序入门捷径教程)[EB/OL].[2017-07-06]. http://www. cnblogs. com/dragondean/p/6247643. html.

[5] 杰瑞教育.小程序框架 MINA 简介[EB/OL].[2017-07-06]. https://wenku. baidu. com/view/4f57e857f6ec4afe04a1b0717fd5360cba1a8dfe.

[6] 姜家志.微信小程序开发:MINA[EB/OL].[2017-07-06]. http://www. jianshu. com/p/83fe02e417d0.

[7] 微信小程序官方文档.微信.简易教程[EB/OL].[2017-07-06]. https://mp. weixin. qq. com/debug/wxadoc/dev/index. html.

[8] DereMonster.微信小程序分析[EB/OL].[2017-07-06]. http://www. jianshu. com/p/c9089483f761.

[9] 知晓程序.微信小程序如何做到好看又好用?|官方文档解读[EB/OL].[2017-07-06]. http://www. sohu. com/a/118463265_114949.

[10] 李宁.微信小程序开发入门精要[M].北京:人民邮电出版社,2017.

[11] 刘刚.微信小程序开发图解案例教程:附精讲视频[M].北京:人民邮电出版社,2017.

[12] 熊普江,谢宇华.小程序,巧应用:微信小程序开发实战[M].北京:机械工业出版社,2017.

[13] 高洪涛.从零开始学习微信小程序开发[M].北京:电子工业出版社,2017.

[14] goldenfrog.腾讯云微信小程序一站式解决方案客户端例[EB/OL].[2017-07-09]. https://www.ctolib. com/wafer-client-demo. html.

[15] 路的方向.迷茫.微信小程序一个坑的地方(uploadFile: fail Error: unable to verify the first certificate)[EB/OL].[2017-07-09]. http://www. bubuko. com/infodetail-1877736. html.

[16] 浮生如梦梦若浮生.微信小程序上传文件详解[EB/OL].[2017-07-09]. http://blog. csdn. net/qq_35730500/article/details/53639079?locationNum=2&fps=1.

[17] 顺子_RTFSC.微信小程序把玩(三十三)Record API[EB/OL].[2017-07-10]. http://blog. csdn. net/u014360817/article/details/52688561.

[18] 顺子_RTFSC.微信小程序把玩[EB/OL].[2017-07-10]. http://blog. csdn. net/u014360817/article/category/6433383.

[19] Michael.微信小程序教程序列[EB/OL].[2017-07-20]. http://blog. csdn. net/michael_ouyang/category/6693800.

[20] FutrueJet.微信小程序开发例子[EB/OL].[2017-07-20]. http://blog. csdn. net/futruejet.

[21] Phodal——手工艺人.微信小程序「官方例代码」剖析(下)：运行机制[EB/OL].[2017-07-23]. https://zhuanlan.zhihu.com/p/22579053.

[22] 高辉彩.随笔分类—— 微信小程序[EB/OL].[2017-07-23]. http://www.cnblogs.com/bellagao/category/939272.html.

[23] 阿东.阿东的微信小程序探索[EB/OL].[2017-07-24]. http://blog.csdn.net/column/details/13483.html.

[24] smallerpig 被占用.微信开发[EB/OL].[2017-07-26]. http://www.smallerpig.com/category/wechat.

[25] 飘着小雪的清晨.微信小程序开发[EB/OL].[2017-07-28]. http://blog.csdn.net/qingchen1016/article/category/6436138.